AF588438

Roman Geier
Volkhard Angelmaier
Carl-Alexander Graubner
Jaroslav Kohoutek

Integrale Brücken

Integrale Brücken

Entwurf, Berechnung, Ausführung, Monitoring

Roman Geier

Volkhard Angelmaier

Carl-Alexander Graubner

Jaroslav Kohoutek

Roman Geier
Schimetta Consult ZT GmbH
Wien
Österreich

Volkhard Angelmaier
LAP Consult
Stuttgart
Deutschland

Carl-Alexander Graubner
König und Heunisch
Planungsgesellschaft
Frankfurt
Deutschland

Jaroslav Kohoutek
Pfinztal
Deutschland

Titelbild: Murrtalbrücke (Foto: Reinhard Mederer)

Bibliografische Information der Deutschen Nationalbibliothek
Die Deutsche Nationalbibliothek verzeichnet diese Publikation in der Deutschen Nationalbibliografie; detaillierte bibliografische Daten sind im Internet über <http://dnb.d-nb.de> abrufbar.

Umschlaggestaltung: Sonja Frank, Berlin
Herstellung: pp030 – Produktionsbüro Heike Praetor, Berlin
Satz: Reemers Publishing Services GmbH, Krefeld
Druck und Bindung: CPI books GmbH, Leck

Print ISBN: 978-3-433-03030-1
ePDF ISBN: 978-3-433-60646-9
ePub ISBN: 978-3-433-60647-6
eMobi ISBN: 978-3-433-60645-2
oBook ISBN: 978-3-433-60644-5

Vorwort

Seit etwa 15 Jahren sind in der D-A-CH-Region (Deutschland – Österreich – Schweiz) Rahmenbauwerke – sogenannte integrale Brücken – stärker in den Fokus von Bauherren, Planern, Prüfern und ausführenden Firmen gerückt. Folglich waren in den Normungs- und Fachausschüssen der einzelnen Länder vermehrte Aktivitäten zu verzeichnen, um für die integrale Bauweise abgesicherte Grundlagen und Regelwerke zur Verfügung stellen zu können, welche zu einer weiteren Verbreitung und Anwendung dieses Brückentyps führen sollten.

Im Zuge des internationalen Austausches dieser Arbeitsausschüsse zwischen Deutschland, Österreich und der Schweiz hat sich im Jahr 2011 auf Anregung des Verlags Ernst & Sohn eine internationale Gruppe von Ingenieuren formiert. Die Gemeinsamkeit dieser Personen bestand neben maßgebenden Rollen in den jeweiligen nationalen Arbeitsausschüssen darin, dass in ihrem beruflichen Wirken der integralen Bauweise sehr viel Aufmerksamkeit geschenkt wurde, da sie in der Bauweise großes Zukunftspotenzial erkennen konnten. Ziel der Verfasser war es daher, den integralen Brücken ein eigenes Fachbuch zu widmen, mit dem die bisher vorliegenden Erfahrungswerte zusammenfassend für die Ingenieurgemeinschaft aufbereitet werden sollten.

In der Konzeptphase des vorliegenden Buches war auch Prof. Dr.-Ing. Michael Pötzl Teil der Gruppe, der sich bereits in den 1990er-Jahren intensiv mit diesem Brückentyp befasste und zahlreiche, heute gebräuchliche Grundlagen erforschte und Denkansätze publizierte. Leider ist er kurz vor Fertigstellung dieses Buches im Juni 2016 unerwartet verstorben. Die integrale Bauweise hat dadurch einen sehr starken Fürsprecher verloren.

Gerade die integrale Bauweise bietet eine Vielzahl von Ansätzen, Gestaltung und Funktion in Einklang zu bringen und der Nachwelt außergewöhnliche und dauerhafte Bauwerke zu hinterlassen. Dieses Buch soll daher den praktizierenden Ingenieuren einen Denkanstoß bieten, um künftig innovative, dauerhafte und ästhetisch ansprechende Bauwerke zu entwerfen.

Wien, im Januar 2017 — Dr.-Ing. Roman Geier

Inhaltsverzeichnis

1 Einführung

Die Entwicklung im Brückenbau hat durch den Einsatz neuer Berechnungs- und Baumethoden sowie neuer Werkstoffe zu architektonisch ansprechenden Bauwerken geführt, die durch schlankere und leichtere Konstruktionen sowie größere Stützweiten gekennzeichnet sind. Dieser Fortschritt ist für alle Betrachter eindeutig erkennbar. Andere Innovationen finden hingegen häufig im Verborgenen statt, beeinflussen die Technologie des Brückenbaus jedoch ebenso entscheidend.

Eine solche Innovation ist beispielsweise die Weiterentwicklung der integralen Bauweise im Brückenbau, welche auf Fugen zwischen Überbau und Unterbauten verzichtet. Im deutschen Sprachgebrauch wurden derartige Bauwerke ursprünglich als Rahmentragwerke bezeichnet. Bei kurzen Brückenlängen stoßen solche Systeme auf sehr große Akzeptanz und finden verbreitet Anwendung, da ausreichende Erfahrungswerte aus Planung, Ausführung und Erhaltung vorliegen. Größere Tragwerkslängen werden hingegen immer noch eher in Einzelfällen ausgeführt.

Die Bezeichnung „integrale Brücken" anstelle von Rahmenbrücken wurde mit der vermehrten Anwendung dieses Brückentyps und dem Einsatz bei größeren Tragwerkslängen aus der englischen Bezeichnung „integral bridges" in den deutschen Sprachgebrauch übernommen. Wörtlich übersetzt ist darunter unter anderem „aus einem Stück" bzw. „fest eingebaut" zu verstehen. Der Ursprung dieser Bezeichnung stammt aus dem Lateinischen und ist auf das Adjektiv „integralis" mit der Bedeutung „lückenlos, komplett, vollständig" und das Verb „tangere" mit der Bedeutung „sich berühren" zurückzuführen. Bei integralen Brücken bilden Unterbau und Überbau eine monolithische Einheit – sie berühren sich also lückenlos.

Integrale Brücken sind im letzten Jahrzehnt auf stetig wachsendes Interesse seitens der Bauwerkseigner gestoßen. Durch die Berücksichtigung der Lebenszykluskosten als wesentliches Entscheidungskriterium beim Entwurf eines Bauwerks müssen neben den Errichtungskosten insbesondere die Aufwände für die Instandhaltung, also für Wartung, Prüfung und Instandsetzungen, berücksichtigt werden. Erfahrungswerte der für die Bauwerkserhaltung zuständigen Fachleute zeigen, dass über den Lebenszyklus von 80 bis 100 Jahren für die laufende Instandhaltung mindestens die Herstellungskosten anfallen, d. h. diese in einer jährlichen Größenordnung von rund 1 bis 2 % der Herstellkosten liegen. Eine Verringerung dieser Ausgaben über die Lebenszeit hat daher eine sehr hohe Priorität. Ein großer Teil dieser Kosten ist auf Fugen bzw. auf Folgeschäden von über Fugen in das Bauwerk eindringendes Wasser zurückzuführen. Lager selbst sind zwar nicht so häufig die primäre Ursache für hohe Instandsetzungskosten, jedoch erfordern diese Bauteile bei Wartung und regelmäßiger Prüfung entsprechende Aufmerksamkeit und Sorgfalt, um die Gebrauchstauglichkeit, Dauerhaftigkeit und Tragfähigkeit über die Nutzungsdauer gewährleisten zu können.

Das grundlegende Prinzip der integralen Bauweise im Brückenbau ist nicht neu, sondern kann auf eine lange Geschichte verweisen. Auch die Natur hat Bauwerke hervorgebracht, die als Vorbild moderner Konstruktionen gelten und über die Bionik gezielt herangezogen werden könnten, um Phänomene der Natur auf unsere Bauwerke zu übertragen. In diesem Zusammenhang ist beispielsweise der Landscape Arch im

Integrale Brücken: Entwurf, Berechnung, Ausführung, Monitoring, Erste Auflage.
Roman Geier, Volkhard Angelmaier, Carl-Alexander Graubner, Jaroslav Kohoutek.

Arches National Park (Nevada, USA) anzuführen (Bild 1.1). Es handelt sich dabei um eine monolithische Struktur mit einer Stützweite von 93 m und im Aufriss leichter, bogenförmiger Krümmung. Betrachtet man diesen Steinbogen als ein von der Natur geschaffenes Bauwerk, so wirkt dieses ausgewogen und sehr ästhetisch.

Bild 1.1 Landscape Arch mit einer Stützweite von 93 m

Natürlich kann man dieses Steinbauwerk nicht mit unseren modernen Brückenbauten vergleichen, dennoch sind einige Aspekte auch auf unsere Entwürfe übertragbar. Ein in Feldmitte schlanker Überbau mit geringem Eigengewicht, dessen „Bauhöhe" in Richtung der Einspannung zunimmt. Bei unseren Tragwerken wird dies im Rahmeneck durch Vouten ebenfalls so realisiert. Im Aufriss weist das Tragwerk eine leichte Krümmung auf und kann so – in Kombination mit dem schlanken Überbau – Längenänderungen aufgrund von Temperaturschwankungen durch Anheben und Absenken des Überbaus zwängungsarm kompensieren.

Weitere Anleihen sind bei römischen Bauwerken der Antike möglich, die inzwischen ein Alter von mehr als 2000 Jahren aufweisen und teilweise immer noch voll funktionstüchtig sind bzw. sogar noch unter ständiger Nutzung stehen. Ausgeführte Bauwerke wie beispielsweise das Aquädukt von Segovia mit einer Länge von 813 m (Bild 1.2) oder zahlreiche andere noch bestehende Konstruktionen, die ohne Brückenlager und Fahrbahnübergangskonstruktionen auskommen, sind eindrucksvolle Nachweise für die Dauerhaftigkeit der monolithischen Bauweise. Das Tragverhalten dieser Bauwerke, die zumeist aus einzelnen, behauenen Steinblöcken bestehen und zwischen den einzelnen Steinen Fugen aufweisen, ist ebenfalls nicht direkt mit der modernen Vorstellung monolithischer Bauwerke vergleichbar. Doch beweisen diese Brücken über ihre Lebenszeit eindrucksvoll, wie dauerhaft und robust unsere Konstruktionen sein könnten, wenn empfindliche Bauwerksteile wie Fugen und Lager vermieden werden. Wird eine fein verteilte Rissbildung eines Stahlbetonüberbaus jedoch gezielt eingesetzt, kombiniert mit zahlreichen kurzen Stützweiten, kann das Tragverhalten dieser alten Steinbrücken auch auf unsere heutigen Bauwerke übertragen werden.

Bild 1.2 Aquädukt von Segovia in Spanien

Mit der industriellen Revolution in Europa und der zunehmenden Mobilisierung von Personen und Gütern, insbesondere durch die Eisenbahn, ist auch der Bedarf an ausgebauten Verkehrswegen sehr stark angestiegen. Dies hat unter anderem dazu geführt, dass große Fortschritte im Brückenbau erzielt wurden und viele berühmte Bauwerke auf diese Epoche zurückzuführen sind. Ein großer Teil der Brücken bestand aus sogenanntem Puddeleisen (Schmiedeeisen aus dem Puddelofen) – einem Vorläufer von Stahl, doch wurden in dieser Zeit auch weiterhin große Steinbrücken errichtet. Ein solches Tragwerk ist die im sächsischen Vogtlandkreis bestehende Göltzschtalbrücke, die im Zuge der Eisenbahnstrecke zwischen Leipzig und Hof in den Jahren 1846 bis 1851 errichtet wurde. Es handelt sich dabei um die weltweit größte Ziegelbrücke mit einer Länge von 574 m, bestehend aus 29 Einzelbögen (Bild 1.3). Durch die vermörtelten Ziegelsteine hat das Tragwerk keine Fugen und weist auch keine Lager in den beiden Widerlagerachsen auf. Es handelt sich somit um eine integrale Brücke, die inzwischen seit mehr als 150 Jahren unter Verkehr steht.

Bild 1.3 Göltzschtalbrücke

Im Zuge des Autobahnbaus in Deutschland in den 1930er-Jahren entstanden auch einige Brücken, die aus Beton und Steinblöcken vollständig monolithisch hergestellt wurden. Eines der größten Tragwerke dieser Art ist die in den Jahren 1937 bis 1939 errichtete Autobahnbrücke über die Saale in Göschwitz, welche die BAB A 4 zwischen Frankfurt am Main und Dresden überführt (Bild 1.4). Das Tragwerk weist eine Länge von 784 m auf und es wurden 95.000 m³ Beton und 46.000 t Steine verbaut [1].

Integrale Brücken in Form einfacher Rahmentragwerke wurden seit Beginn des Stahlbetonbaus ausgeführt. Die lichten Weiten der Tragwerke waren naturgemäß beschränkt und lagen etwa im Bereich von bis zu 15 m. Im Zuge des Ausbaus des deutschen Autobahnnetzes in den 1930er-Jahren wurde versucht, bei Überführungsbauwerken ohne Mittelstützen zwischen den Richtungsfahrbahnen auszukommen, wodurch fallweise Stützweiten von 25 m in Rahmenbauweise erreicht wurden.

Bild 1.4 Autobahnbrücke über die Saale bei Göschwitz (Foto: Thorsten Grödel)

Da ab den 1940er-Jahren die Spannbetonbauweise vermehrt zur Anwendung kam und insbesondere im Zuge des Wiederaufbaus nach dem Zweiten Weltkrieg flächendeckend eingesetzt wurde, ist die monolithische Bauweise von der Forderung einer möglichst zwängungsfreien Lagerung des Überbaus stark in den Hintergrund gedrängt worden. Obwohl sich damit einhergehend die Grundregeln des Spannbetonbaus mit der Notwendigkeit von Längenänderungen in Lehre und Praxis etabliert hatten, wurden auch in dieser Zeit weiterhin fugen- und lagerlose Brücken errichtet. Diesbezüglich ist die zwischen 1955 und 1956 im Zuge der B 145 gebaute Traunbrücke in Ebensee, Österreich, anzuführen. Es handelt sich dabei um ein vorgespanntes Einfeldtragwerk ohne Fugen und Lager mit einer Stützweite von 72,0 m, einer Bauhöhe von 1,20 m in Feldmitte und der daraus resultierender Schlankheit von 60 (Bild 1.5). In der Vergangenheit durchgeführte Instandsetzungsarbeiten haben das Tragsystem der Brücke nicht betroffen und das Objekt wurde bis 2016 ohne Einschränkungen für den Verkehr genutzt. Die steigenden Lasten und sonstigen Anforderungen an das Tragwerk führten jedoch dazu, dass die Brücke aktuell durch einen Neubau ersetzt wird.

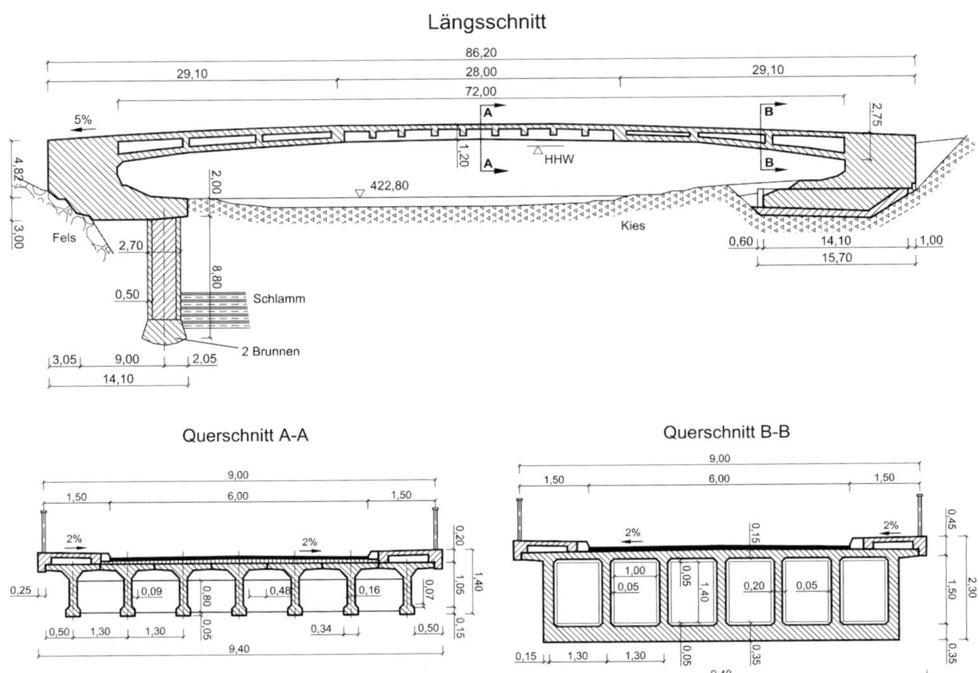

Bild 1.5 Traunbrücke in Ebensee, Längsschnitt und Querschnitte

In den letzten Jahrzehnten sind zahlreiche besonders gelungene Bauwerke in integraler Bauweise entstanden, bei denen Form und Funktion hervorragend in Einklang gebracht und durch die neue Perspektiven im Brückenbau eröffnet wurden. Um die Möglichkeiten integraler Brücken künftig besser nutzen zu können, wird aber auch ein Umdenken der Bauingenieure erforderlich sein, da in der Praxis häufig noch Vorbehalte gegen diese Bauweise bestehen. So wird beispielsweise in Standardwerken des Spannbetonbaus – wie den Büchern von *Leonhardt* [2] – unter seinen „10 Geboten für den Spannbeton-Ingenieur" für den Entwurf an oberster Stelle folgender Grundsatz definiert: „Vorspannen bedeutet Zusammendrücken des Betons. Druck entsteht nur dort, wo Verkürzung möglich ist. Sorge dafür, dass sich Dein Bauwerk in der Spannrichtung verkürzen kann." Der Entwurf und die Bemessung integraler Bauwerke stehen in einem diametralen Gegensatz zu dieser grundlegenden Forderung. Im Bauwerk können Zwangsschnittkräfte entstehen, die bei der Bemessung berücksichtigt werden müssen. Hinzu kommt, dass in den meisten europäischen Ländern keine fertigen Regelwerke bzw. keine ausreichenden Langzeiterfahrungen bei größeren Tragwerkslängen vorliegen. Gerade in der Ausbildung sollte daher verständlicher vermittelt werden, welche Reaktionen Zwangsbeanspruchungen im Tragwerk hervorrufen und in welchen Fällen – auch bei längeren Bauwerken – auf eine vollständig zwängungsfreie Lagerung des Überbaus verzichtet werden kann.

Das vorliegende Buch soll dazu beitragen, der integralen Bauweise im Brückenbau weiteren Zuspruch zu verleihen und über die gezeigten Zusammenhänge die Kreativität der Bauingenieure zu neuen Lösungen anzuspornen. In diesem Kontext werden gestalterische Aspekte angesprochen und Besonderheiten bei Entwurf und Bemessung sowie Konstruktionsdetails und Fragen der Bauwerkserhaltung behandelt. Zusätzlich bietet auch die beschriebene Umrüstung bestehender Tragwerke in integrale Brücken ein sehr interessantes und wirtschaftlich äußerst sinnvolles Anwendungsgebiet.

2 Grundlagen

2.1 Begriffe und Definitionen

Bei integralen Brücken kann die konventionelle Trennung in Unterbau und Überbau in der Lagerebene bzw. entlang von Fugen nicht eindeutig gezogen werden. Dennoch spricht man auch bei diesem Brückentyp weiterhin von Unter- und Überbauten. Dabei werden Gründungen, Widerlager inkl. Flügel und Schleppplatten sowie Pfeiler den Unterbauten zugeordnet. Im Detail können für integrale Brücken die in Bild 2.1 dargestellten, wesentlichen Elemente definiert werden.

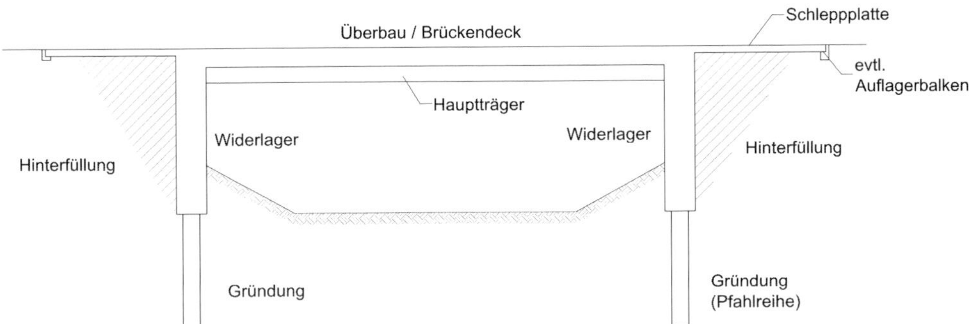

Bild 2.1 Wesentliche Elemente einer integralen Brücke

Neben dem Begriff integral kommen auch häufig die Bezeichnungen monolithisch sowie fugenlos und lagerlos vor. Eine monolithische Struktur beschreibt im Brückenbau grundsätzlich ein nicht trennbares und somit aus einem Stück bestehendes Bauwerk. Überbau und Unterbau bilden eine monolithische Einheit und kommen somit gänzlich ohne Lager und Fugen aus. Das Bauwerk ist in seiner Gesamtheit in den Baugrund eingebettet und steht daher mit diesem in einer engen Wechselwirkung.

Fugenlos bedeutet, dass es im Überbau selbst bzw. zwischen Überbau und Unterbau keine Spalte gibt. Dadurch sind Relativverschiebungen zwischen einzelnen Bauteilen nicht möglich. In diesem Zusammenhang ist anzuführen, dass bewehrte Betongelenke als fugenlose Verbindung gelten. Dies bedeutet in weiterer Folge, dass bei einer fugenlosen Verbindung zumindest die Übertragung von Normalkräften und Querkräften immer gewährleistet sein muss.

Lagerlos im Brückenbau bedeutet, dass auf vorgefertigte Lager, die zwischen Überbau und Unterbau angeordnet werden, zur Gänze verzichtet wird. Gemäß diesen Festlegungen ist eine integrale Brücke daher ein vollständig fugen- und lagerloses Bauwerk (Bild 2.2).

Integrale Brücken: Entwurf, Berechnung, Ausführung, Monitoring, Erste Auflage.
Roman Geier, Volkhard Angelmaier, Carl-Alexander Graubner, Jaroslav Kohoutek.

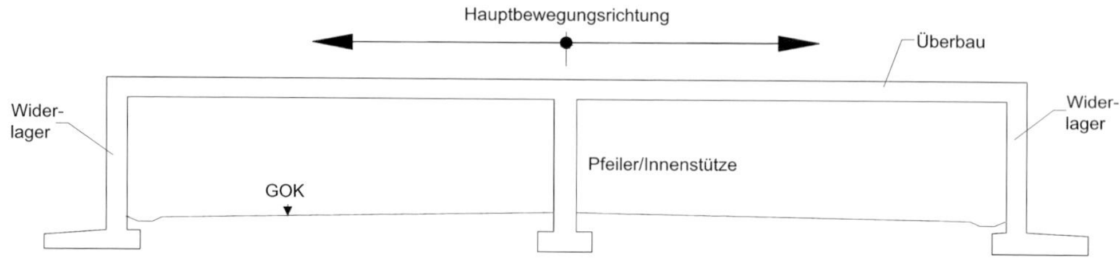

Bild 2.2 Integrale Brücke

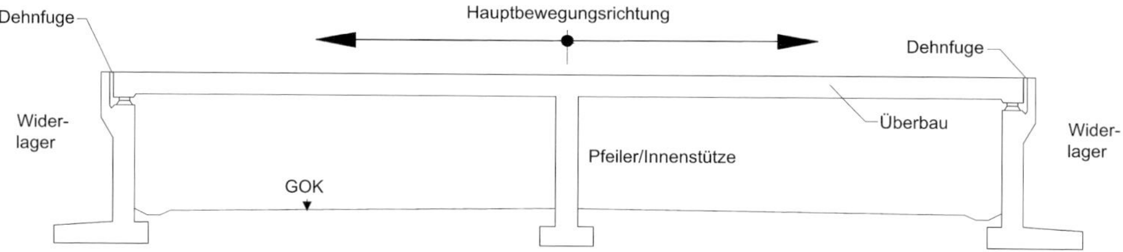

Bild 2.3 Semi-integrale Brücke

Wenn im Bereich der Widerlagerachsen jedoch Lager und/oder Fugen vorhanden sind und nur weitere Pfeiler monolithisch an den Überbau angeschlossen werden, so handelt es sich um semi-integrale Brücken (Bild 2.3). Sind zusätzlich an allen Pfeilern Lager und/oder Fugen angeordnet, liegt ein konventionelles Tragwerk vor.

Im Gegensatz zu konventionellen Brücken, bei denen die maximale Stützweite zumeist den limitierenden Faktor darstellt, werden integrale Brücken durch die maximale Tragwerkslänge bzw. die thermische Entwicklungslänge ausgehend vom Bewegungsruhepunkt begrenzt. Die Bewegung im Widerlagerbereich über den Jahreszyklus wird hauptsächlich von dieser Länge und den wirkenden Temperaturgradienten bestimmt. Eine sprachliche Differenzierung zwischen Brückenlänge und Einzelstützweiten ist daher bei integralen Brücken wichtig.

Grundsätzlich bilden bei der integralen Bauweise Unterbau und Überbau eine monolithische Einheit. Bei der weiteren Betrachtung der integralen Bauweise ist in diesem Zusammenhang zu beachten, dass es in Hinblick auf die Lagerungskonzepte bei der semi-integralen Bauweise und den zugehörigen Begriffen in den einzelnen Ländern verschiedene Definitionen gibt. Aus diesem Grund sollen für das vorliegende Buch einheitliche Festlegungen getroffen werden, wobei zuvor die in der D-A-CH-Region (Deutschland – Österreich – Schweiz) verwendeten Begrifflichkeiten detaillierter dargestellt werden.

Deutschland

Gemäß den Definitionen in Deutschland nach RE-ING wird die Bezeichnung fugenlos durchlaufender Überbau im Brückenbau verwendet, wenn vorbehaltlos – also bei Widerlagerachsen und Pfeilerachsen – keine Fugen ausgebildet werden, jedoch durchaus Lager vorhanden sein können. Als integrale Brücken werden Bauwerke bezeichnet, welche vollständig ohne Fugen und Lager auskommen. Der Überbau einer integralen

Brücke ist über die gesamte Brückenlänge fugenlos durchlaufend und weder von den Stützen noch von den Widerlagern durch Fugen oder Lager getrennt [3]. Die Brücke ist daher ein monolithisches Bauwerk, wobei auch Stahlbetongelenke definitionsgemäß als fugenlose Verbindungen gelten.

Nach deutscher Definition (RE-ING) sind semi-integrale Brücken Rahmentragwerke, die keine integralen Bauwerke darstellen und bei denen in mindestens zwei Stützenachsen eine monolithische Verbindung zwischen Überbau und Unterbau besteht (Bild 2.4).

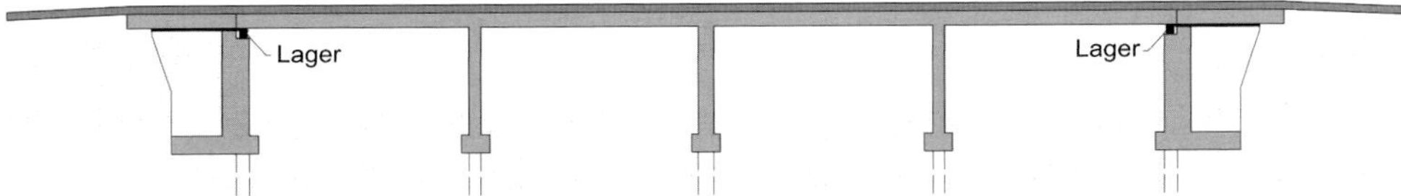

Bild 2.4 Schema einer semi-integralen Brücke in Deutschland

Das bedeutet demzufolge, dass semi-integrale Brücken an den Widerlagerachsen gleichzeitig Fugen und Lager aufweisen können und auch an einzelnen Stützenachsen Lager möglich sind, sofern 2 Pfeiler fugen- und lagerlos ausgeführt werden. Brücken, die im Überbau Fugen aufweisen, der Überbau mit dem Unterbau jedoch monolithisch verbunden ist, werden demzufolge ebenfalls als semi-integrale Tragwerke bezeichnet.

Tabelle 2.1 Abgrenzung der unterschiedlichen Bezeichnungen in Deutschland

<table>
<tr><th rowspan="2">Überbau und Stützen
Widerlagerachsen</th><th colspan="2">Überbau fugenlos</th><th rowspan="2">Überbau mit Fugen</th></tr>
<tr><th>ohne Lager (monolithisch)</th><th>Lager</th></tr>
<tr><td>Ohne Lager, ohne Fuge</td><td>integral</td><td>semi-integral</td><td>semi-integral</td></tr>
<tr><td rowspan="2">Mit Lager oder Fuge</td><td rowspan="2">semi-integral</td><td>semi-integral 1)</td><td rowspan="2">konventionell</td></tr>
<tr><td>konventionell</td></tr>
</table>

1) Mindestens 2 Stützen weisen eine monolithische Verbindung mit dem Überbau auf.

Österreich

In Österreich hat sich in der aktuell in Ausarbeitung befindlichen Richtlinie und Vorschrift für das Straßenwesen zu den integralen Brücken RVS 15.02.12 folgende Definition etabliert: Als integrale Brücken gelten nur jene Bauwerke, die an jeder Stelle des Tragwerks ohne Fugen und Lager auskommen. Diese Festlegungen beziehen sich auf alle Stützen- sowie Widerlagerachsen.

Die Definition semi-integraler Bauwerke unterscheidet sich in Österreich hingegen grundsätzlich von der zuvor beschriebenen deutschen Festlegung. Semi-integrale Brücken haben entweder Fugen oder Lager zwischen Überbau und Unterbau im Bereich der Widerlagerachsen, aber niemals beides. Brücken mit Fugen und Lagern an den Widerlagerachsen und monolithischer Verbindung der Stützen werden hingegen als konventionell gelagerte Tragwerke angesehen. Daher ist eine weitere Unterscheidung in fugenlose und lagerlose semi-integrale Brücken notwendig.

Fugenlose semi-integrale Brücken sind Tragwerke, bei denen die Stützen mit dem Tragwerk und den zugehörigen Gründungen monolithisch verbunden sind. Die Relativbewegung zwischen Tragwerk und dem Widerlager wird allerdings durch Lager gewährleistet (Bild 2.5). Der Übergang zwischen Bauwerk und Strecke erfolgt jedoch ohne Fuge.

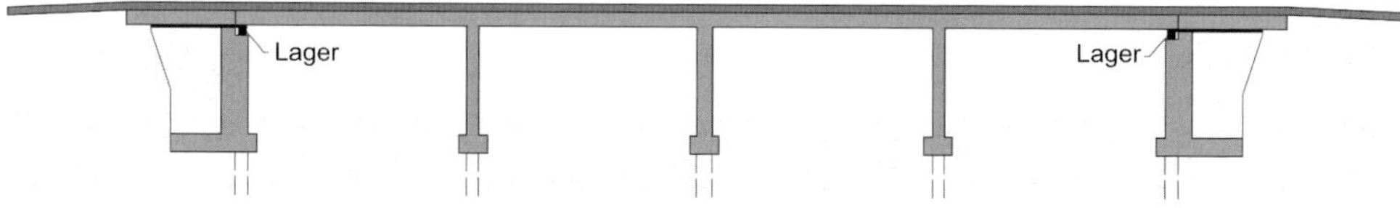

Bild 2.5 Fugenlose semi-integrale Brücke nach österreichischer Definition

Die lagerlose semi-integrale Brücke kommt in allen Bauwerksachsen ohne Lager zwischen Überbau und Unterbau aus. Der Übergang zwischen dem Tragwerk und dem umgebenden Boden erfolgt jedoch durch Ausbildung einer Fuge zur Aufnahme der Längsbewegungen (Bild 2.6). In diesem Zusammenhang ist anzumerken, dass gemäß der österreichischen Festlegung ein monolithisches Tragwerk mit einer Belagsdehnfuge als lagerloses semi-integrales Bauwerk gilt.

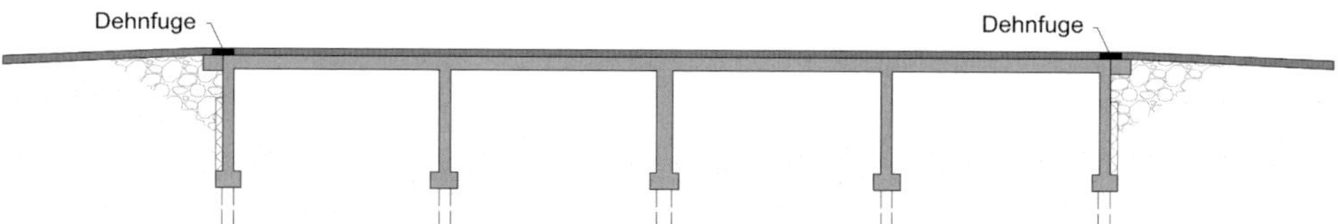

Bild 2.6 Lagerlose semi-integrale Brücke

Tabelle 2.2 Abgrenzung der unterschiedlichen Bezeichnungen in Österreich

Überbau und Stützen / Widerlagerachsen	Überbau fugenlos		Überbau mit Fugen
	ohne Lager (monolithisch)	Lager	
Ohne Lager, ohne Fuge	integral	konventionell	konventionell
Mit Lager oder Fuge	semi-integral	konventionell	konventionell

Tabelle 2.3 Spezifizierung der semi-integralen Lagerung

Widerlagerachse / Fuge Belag	Ohne Lager (monolithisch)	Lager
Ohne Fahrbahnübergang	integral	fugenlos semi-integral
Mit Fahrbahnübergang	lagerlos semi-integral	konventionell

Schweiz

Gemäß [4] wird in der Schweiz eine Brücke dann als integrales Bauwerk bezeichnet, wenn sie ohne Lager und ohne Fugen im Überbau sowie zwischen Überbau und Unterbau auskommt. Semi-integrale Brücken weisen entweder Lager oder Fahrbahnübergänge im Bereich der Widerlager auf, aber nicht beides. Hier gibt es bei den Bezeichnungen in Österreich und der Schweiz eine Übereinstimmung. Zusätzlich existieren in der Schweiz noch weitere Begriffe, die nachfolgend erläutert werden.

Monolithische Brücken weisen Lager und Fugen ausschließlich in den Widerlagerachsen auf. Die Stützen sind lager- und fugenlos mit dem Überbau verbunden.

Semi-monolithische Brücken haben neben Lagern und Fugen bei den Widerlagern auch einzelne Lager in den Stützenachsen, der Überbau ist aber fugenlos durchlaufend (Bild 2.7 a). Ebenfalls als semi-monolithisch gilt ein Bauwerk, wenn eine monolithische Verbindung im Bereich der Widerlager und Stützenachsen besteht, der Überbau jedoch durch Querfugen getrennt ist (Bild 2.7 b)

Es ist jedoch in der Schweiz gebräuchlich, semi-monolithische Brücken als konventionell gelagerte Tragwerke anzusehen und bei den zugehörigen Begriffen fugen- und lagerloser Brücken nur zwischen integralen und semi-integralen Bauwerken zu unterscheiden.

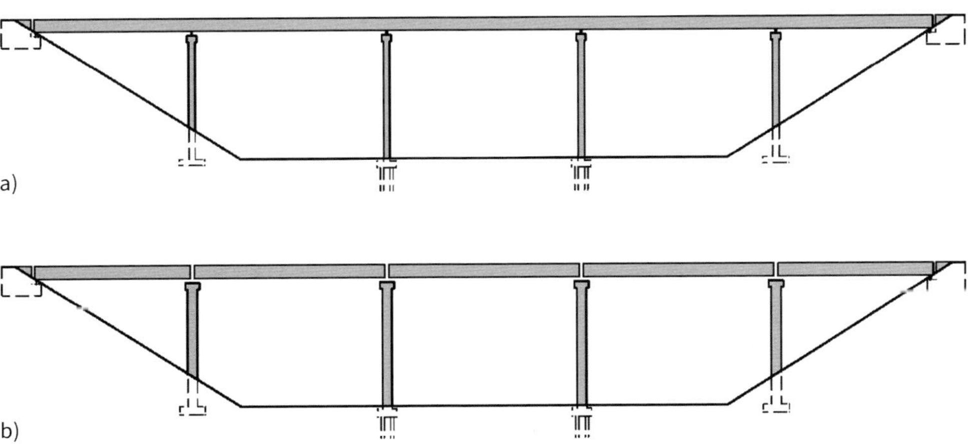

Bild 2.7 Semi-monolithische Bauwerke in der Schweiz [4]

Tabelle 2.4 Abgrenzung der unterschiedlichen Bezeichnungen in der Schweiz [4]

Überbau und Stützen / Widerlagerachsen	Überbau fugenlos		Überbau mit Fugen
	ohne Lager (monolithisch)	Lager	
Beide Achsen ohne Lager und ohne Fuge	integral	semi-integral	konventionell
Ein Brückenende: semi-integral Anderes: integral oder semi-integral	semi-integral	semi-integral	konventionell
Zumindest ein Brückenende mit Fuge	konventionell	konventionell	konventionell

Festlegung für das vorliegende Buch

Aus der zuvor durchgeführten, detaillierten Betrachtung der unterschiedlichen Bezeichnungen ist gemäß Tabelle 2.5 erkennbar, dass es nur bei der integralen Brücke eine vollständige Übereinstimmung im Sprachgebrauch gibt. Bei den übrigen Bezeichnungen – insbesondere der Abgrenzung zwischen konventionellen Lagerungskonzepten und der semi-integralen Ausführung – gibt es teilweise größere Unterschiede.

Tabelle 2.5 Zusammenstellung der unterschiedlichen Bezeichnungen

Ausführung Stützen und Widerlager	D	A	CH
Stützen: monolithisch Widerlager: monolithisch	integral	integral	integral
Stützen: monolithisch Widerlager: mit Fuge, mit Lager	semi-integral	konventionell	konventionell
Stützen: monolithisch Widerlager: mit Fuge, ohne Lager	semi-integral	(lagerlos) semi-integral	semi-integral
Stützen: monolithisch Widerlager: ohne Fuge, mit Lager	semi-integral	(fugenlos) semi-integral	semi-integral
Stützen: 2 monolithisch Widerlager: mit Fuge, mit Lager	semi-integral	konventionell	konventionell
Stützen: monolithisch Widerlager: monolithisch Fugen im Überbau	als Teiltragwerk integral	als Teiltragwerk integral	konventionell

Daher ist es für die weiteren Abschnitte des vorliegenden Werkes erforderlich, eine einheitliche Festlegung zu treffen, die sich von den Definitionen in den Nationalstaaten unterscheiden kann und wie folgt formuliert wird:

Unter *integralen Brücken* sind Tragwerke zu verstehen, die weder an den Stützen noch an den Widerlagerachsen Fugen oder Lager aufweisen. Das Bauwerk ist als Gesamtheit in den Untergrund eingebettet. Zur freien Strecke vor und nach dem Tragwerk gibt es – mit Ausnahme von elastischen Belagsdehnfugen – keine Fahrbahnübergangskonstruktionen.

Semi-integrale Brücken weisen hingegen in den Stützenachsen eine monolithische Verbindung zwischen Überbau und Unterbau auf. Ausschließlich im Bereich der Widerlagerachsen ist die Anordnung von Lagern und/oder einer Fuge in unterschiedlicher Ausführung möglich.

2.2 Vorteile integraler Brücken

Brücken, die ohne Fugen und Lager auskommen, haben gegenüber konventionell gelagerten Tragwerken verschiedene Vorteile, die insbesondere eine Reduktion der erforderlichen Instandsetzungsarbeiten über die Nutzungsdauer und somit eine Reduktion der Lebenszykluskosten bewirken.

Aber auch im Entwurf und im Tragverhalten können Vorteile dieses Brückentyps gut genutzt werden. Die monolithische Verbindung von Überbau und Unterbau erlaubt in der Gestaltung ästhetisch sehr ansprechende Lösungen, die auch aus statischer Sicht durch Nutzung der Rahmenwirkung nennenswerte Vorteile bringen. Diese positiven Eigenschaften werden im nachfolgenden Abschnitt detailliert erläutert.

2.2.1 Vorteile für den Entwurfsprozess

- Wird eine Einspannung des Überbaus in die Widerlager vorgesehen, können aufgrund der Biegetragwirkung in den Rahmenecken schlanke und ästhetisch ansprechende Überbauten realisiert werden. Durch die Ausbildung lokaler Vouten und Betonung des Rahmenecks kann das Gestaltungselement auch aus statisch-konstruktiver Sicht sehr sinnvoll genutzt werden (Bild 2.8). Der Vorteil schlanker Überbauten ist neben einem geringeren Gewicht eine Reduktion der Konstruktionshöhe, wodurch sich Vorteile bei beschränkten Platzverhältnissen sowie eventuell Kosteneinsparungen bei der Herstellung ergeben.

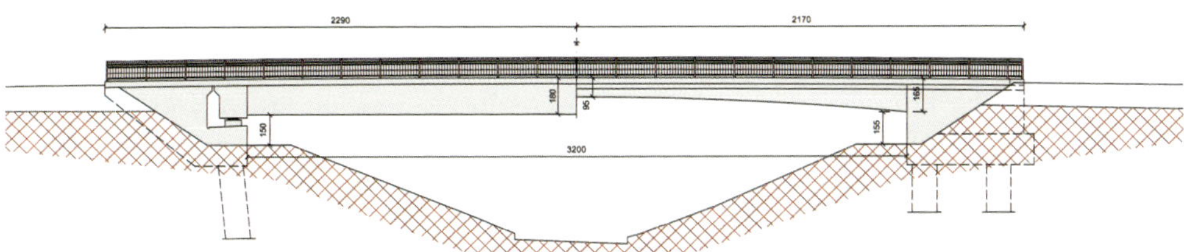

Bild 2.8 Schlankeres Dimensionieren durch Nutzung der Rahmenwirkung (rechts)

- Durch die Aktivierung des Eigengewichts der Unterbauten und der Gründung sowie der Mantelreibung von Pfählen können bei mehrfeldrigen Brücken mit kurzen Endfeldern abhebende Kräfte am Widerlager kompensiert werden. Dadurch kann auf gegebene Randbedingungen – wie beispielsweise vorgegebene Pfeilerachsen – mit einem angepassten Entwurf sehr gut reagiert werden. Bei dreifeldrigen Konstruktionen können so größere Mittelspannweiten erreicht werden. Andererseits sind auch längere Randfelder möglich, wenn durch die Einspannung des Überbaus im Rahmeneck Schnittgrößen umgelagert werden.

- Horizontallasten aus dem Verkehr, wie beispielsweise Bremsen und Anfahren bei Eisenbahnbrücken, können über das Tragwerk in den umgebenden Boden eingeleitet werden. Es sind keine gesonderten und aufwendigen Festhaltekonstruktionen für den Überbau erforderlich.
- Durch den Verzicht auf Lager werden Spannungskonzentrationen und daraus resultierende Spaltzugkräfte in Überbau und Unterbau vermieden. Durch die monolithische Bauweise ist der gesamte Kraftfluss im Bauwerk kontinuierlicher (Bilder 2.9 und 2.10).

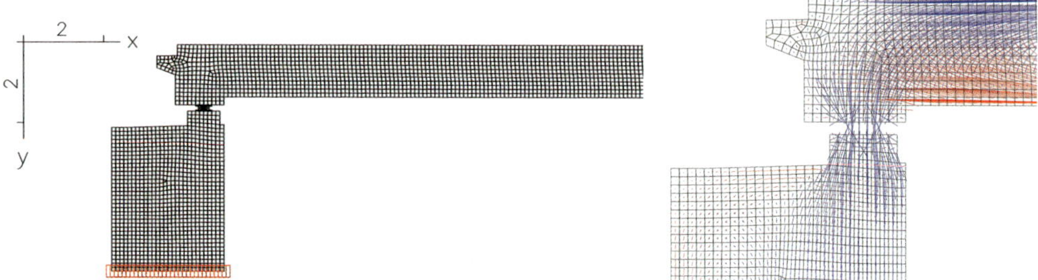

Bild 2.9 Hauptspannungen in einem konventionellen Tragwerk

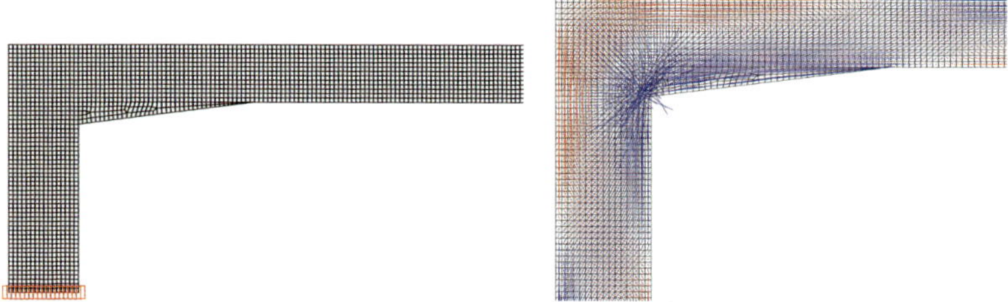

Bild 2.10 Hauptspannungen in einem Rahmentragwerk

- Der Entfall der Lager macht Ersatzhebepunkte für Pressen auf Stützen und Widerlagern entbehrlich. Dadurch können Auflagerbänke wegfallen, Stützenköpfe und Widerlagerwände schlanker und das Tragwerk optisch gefälliger ausgebildet werden.
- Durch den Verzicht auf Übergangskonstruktionen können Wartungsgänge in den Widerlagern entfallen und diese können baulich einfacher ausgestaltet werden.
- Im Grenzzustand der Tragfähigkeit ist durch Aktivierung der Rahmenwirkung eine Möglichkeit zur Schnittkraftumlagerung hin zum Rahmeneck gegeben (Redundanz des Systems). Eine Trennung einzelner Bauteile führt dazu, dass Schnittkräfte nicht bzw. nur teilweise umgelagert werden und so Lastreserven nicht aktiviert werden können.
- Bei einer monolithischen Bauweise sind die Folgen für das Gesamtbauwerk durch ungleichmäßige Setzungen und Schiefstellung einzelner Pfeiler nicht so groß wie bei konventionellen Bauwerken mit deren empfindlichen Lager- und Fahrbahnübergangskonstruktionen. Allerdings sind daraus resultierende Zwangsschnittgrößen im Tragwerk zu berücksichtigen.

2.2.2 Vorteile im Zuge der Errichtung der Tragwerke

- Durch den Wegfall von Lagern und Übergangskonstruktionen reduzieren sich Herstellungskosten des Bauwerks. Dabei spielen auch die indirekten Kosten – wie ein vereinfachter und schnellerer Bauablauf und einfachere Widerlagerkonstruktionen – eine große Rolle. In diesem Zusammenhang ist allerdings anzuführen, dass ab einer bestimmten Tragwerkslänge in integraler Bauweise die Kostenvorteile durch die erforderlichen Sondermaßnahmen im Bereich des Widerlagers bzw. durch höhere Bewehrungsmengen im Rahmeneck aufgehoben werden. Generell sind jedoch die Herstellungskosten über den Lebenszyklus betrachtet eher von untergeordneter Bedeutung.
- Die Bauherstellung wird durch den Wegfall von Fahrbahnübergangskonstruktionen und Lagern einfacher und schneller, da diese Bauteile über geringere Toleranzen verfügen und zum richtigen Zeitpunkt auf der Baustelle sein müssen.
- Die konstruktive Ausbildung, insbesondere im Widerlagerbereich und im Bereich der Stützen, wird bei integralen Brücken deutlich platzsparender und erfordert weitaus weniger Schal- und Bewehrungsaufwand (Bild 2.11).

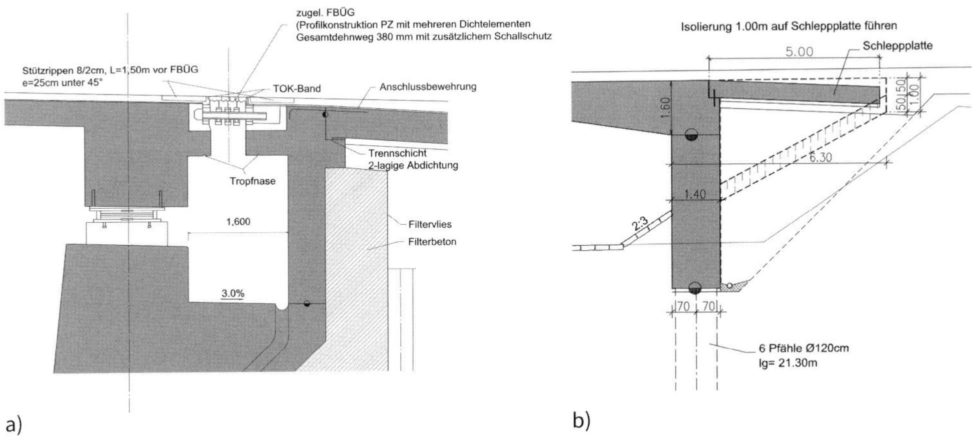

Bild 2.11 Vergleich eines a) konventionellen mit einem b) integralen Widerlager

2.2.3 Vorteile für Nutzer und Anrainer

- Für den Nutzer ist insbesondere ein höherer Fahrkomfort durch die Vermeidung von Fugen festzustellen.
- Der Wegfall von Fahrbahnübergangskonstruktionen und Fugen führt auch zu einer erhöhten Verkehrssicherheit durch eine sichere Überfahrt für Motorräder und Fahrräder.
- Die Streckenverfügbarkeit erhöht sich durch die nicht erforderlichen Instandhaltungsarbeiten an den Fahrbahnübergangskonstruktionen. Verkehrsbehinderungen durch Baumaßnahmen kommen unter diesem Gesichtspunkt bei integralen Brücken nicht vor.

- Der Verzicht auf Fahrbahnübergangskonstruktionen reduziert die Lärmemissionen erheblich. Das ist gerade im städtischen oder dicht besiedelten Gebiet von großer Bedeutung.

2.2.4 Vorteile für die Bauwerkserhaltung

- Durch den Entfall der Lager- und Fahrbahnübergangskonstruktionen können die Betriebskosten deutlich gesenkt werden. In diesem Zusammenhang sind nicht nur die direkten Kosten zu berücksichtigen, die bei einem Austausch dieser Bauteile anfallen, sondern insbesondere die Folgekosten, welche aufgrund von Wasserzutritt über Fugen entstehen können (siehe dazu Abschnitt 2.3).
- Der Verzicht auf Fugen und Lager führt durch den Wegfall der zugehörigen Instandsetzungsmaßnahmen zu einer höheren Streckenverfügbarkeit. Gerade bei PPP (Public-Private-Partnership)-Projekten, bei denen ein Teil der Finanzierung über die Gewährleistung der Streckenverfügbarkeit erfolgt, kann dieser Punkt ein wesentlicher Aspekt bei der Beurteilung sein.
- Im Zuge des Winterdienstes besteht nicht die Gefahr, dass der Schneepflug die Fuge bzw. das Tragwerk beschädigt oder es zu Beschädigungen des Pfluges selbst kommt.
- Schäden an Bauteilen unterhalb der Fahrbahn werden bei integralen Brücken deutlich reduziert, da der direkte Zutritt von Taumitteln über Fugen verhindert wird. Chloridhaltiges Wasser kann bei vorgespannten Tragwerken bis zum Verlust der Tragfähigkeit führen, wenn die im Endquerträger liegenden Spannköpfe der Spannbewehrung durch Korrosion angegriffen werden.
- Schäden an Fahrbahnübergängen durch im Zuge der Planung falsch eingeschätzte Widerlagerverformungen können vermieden werden.
- Länderspezifische Richtlinien zur Kontrolle, Überwachung und Prüfung der Bauwerke lassen bei integralen Bauwerken längere Prüfintervalle zu. In Österreich ist beispielsweise in der RVS 13.03.11 bei statisch einfachen Verhältnissen eine Ausdehnung des Prüfintervalls von den regulären 6 Jahren auf 12 Jahre möglich. Dies bedeutet für den Bauwerkserhalter bei Rahmenbrücken einerseits einen geringeren Arbeitsaufwand für die Durchführung und Auswertung der regelmäßigen Prüfungen sowie andererseits – durch das doppelt so lange Prüfintervall – nur etwa 50 % der Kosten, die bei konventionellen Tragwerken für die Prüfung anfallen würden.
- Für den Bauwerkseigner ergeben sich auch Vorteile in Hinblick auf die Zuverlässigkeit des Tragwerks, da durch die Rahmenwirkung Systemreserven erschlossen werden können und so ein duktileres Tragverhalten gewährleistet werden kann. Dies kann insbesondere im Lastfall Erdbeben von Bedeutung sein, um im Falle größerer Verschiebungen die Lagesicherheit des Bauwerks zu gewährleisten.
- Reserven zur gesicherten Aufnahme von Zwangsbeanspruchungen erhöhen auch den Gesamttragwiderstand gegenüber einzelnen Höchstbeanspruchungen.

2.3 Impulse aus dem Unterhalt

Bauteile der Brückenausrüstung wie Fahrbahnübergangskonstruktionen, aber auch Lager haben technisch eine deutlich kürzere Lebensdauer als die heute üblicherweise als Nutzungszeit angesetzten 100 Jahre. Sie sind daher im Laufe des Lebenszyklus eines Bauwerks mehrfach auszutauschen, wodurch nicht nur Kosten für die Instandsetzung dieser Bauteile alleine, sondern insbesondere auch Kosten infolge von Sekundäreffekten anfallen.

Der technische Aufwand und die Kosten für den Austausch von Lagern bzw. die zugehörigen Instandsetzungsarbeiten sind primär eine Folgewirkung von Wasserzutritt über Fugen zu Lagern, Lagersockeln und zur Auflagerbank. Verschärft wird diese Problematik durch im Wasser gelöste Frost-Tausalzmittel, die im Zuge des Winterdienstes eingesetzt werden und ein großes Schadenspotenzial in Hinblick auf Korrosion aufweisen. Chlorideintrag in den Beton und Korrosion der Bewehrung gehören zu den häufigsten Ursachen für Instandsetzungsmaßnahmen in den Auflagerbereichen unserer Tragwerke (Bilder 2.12 bis 2.14).

a)

b)

Bild 2.12 a) Undichter Anschluss und verschmutzte Fuge ohne Bewegungsmöglichkeit, b) durch Ermüdung beschädigte Befestigungsmittel

Bild 2.13 Betonschäden im Auflagerbereich, die durch eindringendes Wasser über Fugen verursacht wurden

Bild 2.14 Korrosion eines Rollenlagers durch Zutritt von chloridhaltigem Wasser

Um den monetären Anteil von Fugen und Lagern an den gesamten Erhaltungskosten eines Brückenbauwerks besser einschätzen zu können, wurden über die Auswertung von Instandsetzungsprojekten in Österreich Erfahrungswerte zu den unterschiedlichen Kostenanteilen gesammelt und in Tabelle 2.6 zusammengestellt.

Tabelle 2.6 Kostenbestandteile der Instandhaltung für Stahlbetonbrücken

Bauteil / Instandhaltung	Anteil an Gesamtkosten [%]
Betonarbeiten	33 % (30 – 35)
Fahrbahnbelag, Abdichtung	25 %
Fahrbahnübergangskonstruktionen	10 %
Stahlbau, Korrosionsschutz	10 % (8 – 12)
Rückhaltesysteme	3 % (3 – 4)
Lager	2 %
Brückenausrüstung	12 % (10 – 15)
Sonstiges, nicht Erfasstes	5 %
Summe	100 %

Betrachtet man die Kostenanteile, welche auf Fahrbahnübergangskonstruktionen und Lager zurückzuführen sind, können durch den Entfall dieser Bauteile ca. 12 % Einsparungen realisiert werden. Wesentlich größere Kostentreiber sind jedoch die Sekundäreffekte schadhafter Fugen. Der Großteil der erforderlichen Betonarbeiten – immerhin im Schnitt 33 % der gesamten Instandhaltungskosten – ist üblicherweise auf schadhafte Fugen und dadurch eindringendes Wasser zurückzuführen. Daraus wird erkennbar, dass über die Lebenszeit betrachtet durch die integrale Bauweise sehr großes Einsparungspotenzial besteht.

Weiterhin reduzieren sich auch die Kosten der regelmäßig erforderlichen Bauwerksprüfungen, wobei diese im Vergleich zu den oben gezeigten Kostenanteilen nur eine sehr untergeordnete Rolle spielen und nur der Vollständigkeit halber angeführt werden.

Neben der ausschließlich finanziellen Betrachtung ist aus Sicht der Bauwerkserhaltung auch die Frage der Zuverlässigkeit der Tragwerke von großer Bedeutung. Lager stellen hochbeanspruchte Bauteile dar, die hohen Lastkonzentrationen ausgesetzt sind und zyklische sowie unter Verkehrslast dynamisch auftretende Belastungen und Bewegungen aufnehmen müssen. Schäden an diesen Bauteilen können eine stark beeinträchtigte Gebrauchstauglichkeit nach sich ziehen oder sogar zum Versagen des Bauwerks führen und erfordern fallweise aufwendige Sicherungskonstruktionen (Bild 2.15). Durch die Verwendung von grundsätzlich robusten Elastomer-, Kalotten- oder Topflagern besteht zwar diesbezüglich weniger Risikopotenzial, als dies für alte Rollen- oder Linienkipplagern der Fall ist. Trotzdem treten immer wieder Schäden auf, die den Lagern zugerechnet werden müssen. Beispielsweise sind in [5] von 49 dokumentierten Schadensfällen immerhin 17 auf Lager zurückzuführen.

Mit den integralen Bauwerken liegen aus Sicht der Erhaltung durchweg positive Erfahrungswerte vor. Fallweise sind Probleme im Bereich des Übergangs vom Tragwerk auf die freie Strecke anzuführen. Hier sind insbesondere Setzungen im Bereich der Hinterfüllung ein typischer Schaden, welcher Instandsetzungsarbeiten und Sperren einzelner Fahrstreifen erforderlich macht. Diese Schäden treten häufig bei Tragwerken auf, die ohne besondere Maßnahmen im Bereich der Hinterfüllung oder ohne Schleppplatten ausgeführt werden.

Bild 2.15 Sicherungskonstruktion eines beschädigten Stahllagers

Bild 2.16 Belagsdehnfuge mit beginnender Rissbildung

Ferner kommt es auch im Bereich des Fahrbahnbelags fallweise zu Rissbildung oder zu beschädigten Belagsdehnfugen (Bild 2.16). Da integrale Brücken im Wesentlichen die gleichen Längenänderungen erfahren wie konventionell gelagerte Tragwerke, sind für die Aufnahme der Verschiebungen dauerhafte und baupraktisch anwendbare Lösungen für diesen Übergangsbereich erforderlich.

Fallbeispiel
Ein besonderes Beispiel für die großflächige Anwendung dieses Brückentyps durch die Betrachtung der Kostenanteile für Errichtung und Betrieb sowie Gewährleistung einer möglichst hohen Streckenverfügbarkeit über die Konzessionsdauer kann anhand eines großen PPP-Projekts (Public-Private-Partnership) in Österreich, das zwischen 2007 und 2010 umgesetzt wurde, gezeigt werden.

Nördlich von Wien wurde in nur 3 Jahren Planungs- und Bauzeit ein Autobahnteilstück der S1 und A5 mit 51 km Länge und mehr als 100 Kunstbauten (davon 78 Brücken) errichtet. Die Dimensionen des Projekts – insbesondere Umfang und Kürze der Realisierungsspanne – waren eine besondere Herausforderung für alle am Projekt Beteiligten. Da für die Finanzierung des Projekts auch die Lebenszykluskosten und damit insbesondere die Erhaltungskosten über die Konzessionsdauer von 30 Jahren ein entscheidendes Thema waren, wurden 85 % aller Ingenieurbauten in integraler Bauweise ausgeführt. Die restlichen Brücken wurden gemäß den österreichischen Begriffsdefinitionen (siehe Abschnitt 2.1) als semi-integrale Tragwerke mit Lagern und/oder Fugen ausschließlich in den Widerlagerachsen entworfen. Die maximalen lichten Weiten bei Einfeldrahmen in Stahlbetonbauweise betragen bis zu 34,5 m.

Um die Anforderungen an die Bauwerke in Hinblick auf die Dauerhaftigkeit bei dieser großen Anzahl an Tragwerken erfüllen zu können, wurde eine Regelplanung erstellt, welche in Abhängigkeit von der Tragwerkslänge und den Untergrundverhältnissen bestimmte Festlegungen zur Ausbildung des Widerlagers, der Gründung und insbesondere des Übergangs zwischen freier Strecke und Tragwerk enthielt.

Eine Weiterentwicklung zur Reduktion der Erhaltungskosten ist bei Betrachtung von Tabelle 2.6 erkennbar. Daraus geht hervor, dass 25 % der notwendigen Instandhaltungskosten auf den Fahrbahnbelag und die Abdichtung zurückzuführen sind. Wird nun durch die Ausführung von direkt befahrenen integralen Brücken auf eine gesonderte Abdichtungsebene und den Fahrbahnbelag zur Gänze verzichtet, so können über den Lebenszyklus noch höhere Kosten eingespart werden. Um die Anforderungen in Hinblick auf die Dauerhaftigkeit solcher Objekte zu erfüllen, gilt es der Planung, bezogen auf die Betonqualitäten und Rissbreiten, sowie einer qualitativ hochwertigen Bauausführung besondere Sorgfalt und Aufmerksamkeit zu widmen.

Ein Beispiel für ein solches Tragwerk überführt die L2207 in Niederösterreich über das Hochwassergerinne der Perschling. Prämisse beim Entwurf war neben einer wartungsarmen Konstruktion ohne Fugen und Lager auch, dass die Höhenlage der bestehenden Straße aus dem Bestand nicht angehoben werden durfte [6].

Aus diesem Grund wurde ein integraler Einfeldrahmen mit einer lichten Weite von 32,0 m und nur 0,80 m Konstruktionshöhe im Mittelfeld konzipiert. Im Rahmeneck wird das Tragwerk auf 1,50 m Bauhöhe angevoutet. Die maximale Schlankheit in Brückenmitte ergibt sich daraus mit 40. Auch um die Bauhöhe des gesamten Objekts niedrig zu halten, wurde die Brücke direkt befahrbar ausgeführt, d. h. es wurde auf Abdichtung und Fahrbahnbelag verzichtet (Bilder 2.17 bis 2.18).

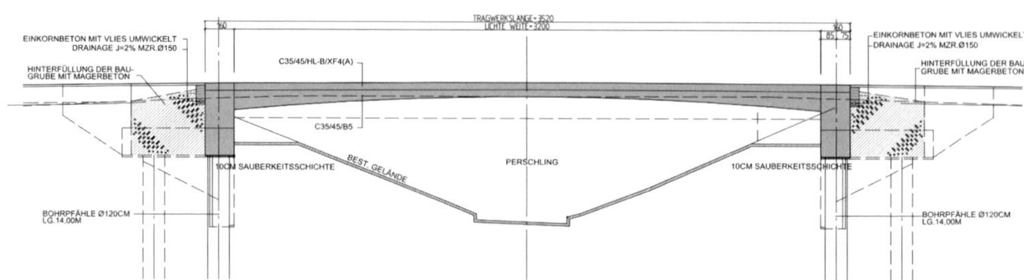

Bild 2.17 Längsschnitt durch die direkt befahrene Stahlbetonbrücke

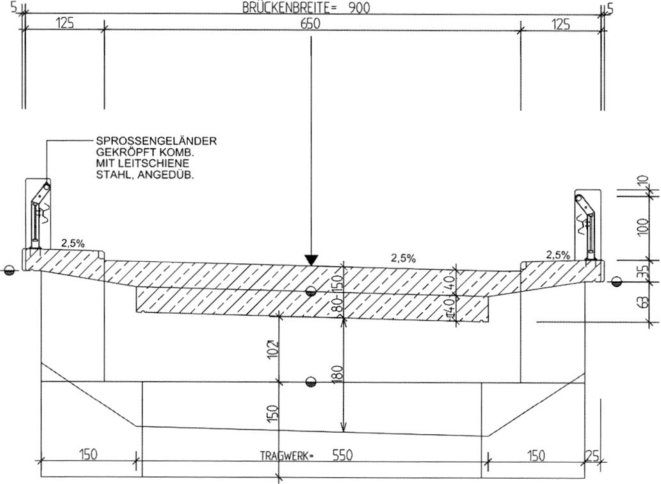

Bild 2.18 Querschnitt durch die Perschlingkanal-Brücke

Im Bereich des Übergangs zwischen Widerlager und freier Strecke befindet sich lediglich ein Trennschnitt, der mit einem elastischen Fugenverguss ausgebildet wurde. Die Hinterfüllung erfolgte durch Magerbeton, dessen Oberkante in Form einer abtauchenden Schleppplatte realisiert wurde.

Durch die Forderung der direkten Befahrbarkeit des Überbaus war es natürlich wichtig, auch unter Frost-Tausalz-Beanspruchung eine hohe Dauerhaftigkeit zu gewährleisten. Dies kann durch Hochleistungsbeton mit niedrigem Wasser-Bindemittelwert und Begrenzung der maximalen Rissbreiten auf 0,2 mm erreicht werden. Dabei steht nicht die hohe Festigkeit, sondern die erzielbare Dichtheit, die erhöhte Widerstandsfähigkeit gegen mechanische und chemische Einwirkungen sowie reduzierte Chlorideindringung und geringe Karbonatisierung im Vordergrund. Die ursprünglich angedachte Herstellung des gesamten Objekts in Hochleistungsbeton wurde durch die schlechtere Verarbeitbarkeit des Frischbetons und die hohe Hydratationswärme nicht realisiert. Die stärkere Wärmeentwicklung und der daraus resultierende Zwang war insbesondere für das zugrunde gelegte Rissbreitenkonzept von 0,2 mm nachteilig.

Aus diesem Grund wurde vorgesehen, lediglich die obersten 40 cm des Tragwerks in Hochleistungsbeton der Güte C35/45/HL-B/XF4(A)/XM2 auszuführen und mit dem konventionellen Beton C35/45/B5 des übrigen Tragwerks nass zu verarbeiten, um auch hier auf eine Arbeitsfuge verzichten zu können.

Bild 2.19 Ansicht des Tragwerks im Endzustand

Die Herstellung des Bauwerks sowie die Verkehrsfreigabe erfolgten im Herbst 2009 (Bild 2.19). Bisher sind keine Probleme mit dem Tragwerk im Zuge der Erhaltung aufgetreten. Das Ziel einer möglichst wartungsarmen und dauerhaften Konstruktion konnte daher aus heutiger Sicht vollumfänglich erreicht werden. Bauherr der Brücke war das Amt der Niederösterreichischen Landesregierung, Abteilung ST5 Brückenbau.

Zusammenfassend kann daher für die erläuterten Problemstellungen und Erfahrungswerte festgehalten werden, dass ein Entfall der Bauteile Lager und Fahrbahnübergangskonstruktionen von großem Interesse für den Unterhalt ist, um die Sicherheit unserer Verkehrswege zu gewährleisten sowie die zugehörigen Lebenszykluskosten zu reduzieren.

2.4 Herausforderungen bei integralen Brücken

Neben den zahlreichen Vorteilen integraler Brücken sind jedoch auch Herausforderungen dieses Konstruktionstyps anzuführen, welche bei der Planung, Ausführung und im Betrieb berücksichtigt werden müssen. Dies sind im Besonderen:

- Längenänderungen infolge von Temperaturschwankungen im Jahreszyklus, Kriechen und Schwinden sowie Vorspannung und zu berücksichtigende Setzungsdifferenzen führen zu Zwangsbeanspruchungen im Bauwerk, die bei Stahlbetonbrücken zu einem höheren Bewehrungsgrad und bei Spannbetonbrücken zu einem höheren Vorspanngrad führen.
- Die Zwangsbeanspruchung wird nicht nur von der Bauwerksgeometrie in Grund- und Aufriss, sondern insbesondere durch die Steifigkeitsverhältnisse zwischen Überbau und Unterbau sowie die Eigenschaften des Baugrundes beeinflusst. Die Bemessung hat daher am gesamten System zu erfolgen und wird dadurch deutlich komplexer, als dies bei konventionellen Brücken der Fall ist (s. auch Kapitel 5). In Hinblick auf den Untergrund ist bei der Bemessung eine Untersuchung der oberen und unteren Grenzwerte der Bodenkennwerte erforderlich. Eine enge Abstimmung zwischen Tragwerksplaner und Bodengutachter im Planungsprozess ist daher für die erfolgreiche Umsetzung integraler Bauwerke sehr wesentlich.
- Bei Pfahlgründungen kann die Mantelreibung aufgrund der auftretenden, horizontalen Verformungen in der Gründung nur eingeschränkt angesetzt werden. Dies ist auch dann zutreffend, wenn zur Erhöhung der Flexibilität der Gründung elastische Schichten rund um einen Pfahlbereich vorgesehen werden.
- Der Herstellungsprozess bzw. die zeitliche Abfolge der Errichtung kann großen Einfluss auf die Zwangskräfte im Tragwerk nehmen und ist daher bereits bei der Planung mit entsprechender Sorgfalt zu bedenken. Darüber hinaus ist zu beachten, dass auftretende Setzungen während des Herstellungsprozesses nicht durch ein Nachjustieren der Lager kompensiert werden können.
- Wird bei größeren Stützweiten mit vorgespannten Tragwerken bzw. Tragwerksabschnitten gearbeitet, so ist zu berücksichtigen, dass möglicherweise ein Teil der Vorspannkraft über die monolithische Verbindung von Unterbau und Überbau in den Baugrund abfließen kann und nicht voll im Überbau wirksam wird.
- Messungen an ausgeführten integralen Brücken haben gezeigt, dass die Bauwerke im Regelfall annähernd die gleichen Längenänderungen infolge von Temperaturschwankungen wie konventionell gelagerte Tragwerke erfahren, obwohl die freie Verformung durch die monolithische Bauweise und die auftretenden Erdwiderstände behindert wird. Diese Effekte sind über den gesamten Lebenszyklus des Bauwerks zu beachten, um die Stabilität der Hinterfüllung des Widerlagers sowie des Übergangs zwischen Tragwerk und freier Strecke zu gewährleisten. Die Hinterfüllung und der Übergangsbereich erfahren sowohl negative als auch positive Wandverschiebungen, deren Extremwerte einem Jahreszyklus unterliegen. Der Ansatz des Erddrucks hat daher großen Einfluss auf die Bemessung des Bauwerks.
- Durch die Berücksichtigung des Übergangs vom ungerissenen Zustand I auf den gerissenen Zustand II können die aus dem Zwang entstehenden Schnittgrößen deutlich reduziert und dieser Effekt gezielt zur Bemessung eingesetzt werden, um größere Brücken in integraler Bauweise realisieren zu können.
- Bei schlanken Rahmenbrücken für den Eisenbahnverkehr ist darauf zu achten, dass die Grenzwerte für die vertikale Überbaubeschleunigung für die vorgesehenen Zugtypen und den zugehörigen Geschwindigkeitsbereich eingehalten werden.

2.5 Nachhaltigkeit integraler Brücken

2.5.1 Bedeutung der Nachhaltigkeitsbeurteilung

Die „nachhaltige" Gestaltung unserer bebauten Umwelt stand im letzten Jahrzehnt – nicht zuletzt im Kontext mit der sogenannten „Energiewende" – im zentralen Fokus gesellschaftspolitischer Diskussionen. Gleichzeitig wird der Begriff der Nachhaltigkeit bei der Vermarktung von Produkten und Ideen häufig überstrapaziert oder sogar fehlerhaft verwendet. Dennoch gehört eine Ausrichtung aller gesellschaftlichen Entwicklungen am Nachhaltigkeitsgedanken, der eine Balance zwischen ökonomischen Aspekten und ökologischen Folgen jeglichen Handels unter Berücksichtigung sozialer Gesichtspunkte anstrebt, zum originären kulturellen Erbe der Menschheit. Eine Ausrichtung an dieser für den Fortbestand der Welt bedeutsamen Strategie gab es schon lange, bevor der Begriff der Nachhaltigkeit seitens der sog. Brundtland-Kommission im Jahre 1987 definiert wurde [7] und seither den „Kompass" für politisches Handeln darstellt. Die Verfolgung des Nachhaltigkeitsgedankens ist somit zum Schlüsselkriterium für die Resilienz aktueller und zukünftiger Entwicklungen geworden.

Im Baubereich war es für die Realisierung erfolgreicher Objekte lange eine Grundvoraussetzung, die geforderten funktionalen und ästhetischen Anforderungen an das Bauwerk bei minimierten Herstellkosten zu erreichen. Hier hat sich der Blickwinkel in den letzten Jahren stark verschoben, indem zum einen die Betriebs- und Instandhaltungskosten immer größere Bedeutung gewinnen und zum anderen die Einbeziehung der ökologischen Auswirkungen des Bauwerks, insbesondere in der Nutzungsphase, eine zentrale politische Anforderung geworden ist. Die integrale Betrachtung funktionaler, ökologischer und ökonomischer Aspekte bei der Bauwerksbeurteilung über den kompletten Lebenszyklus ist heutzutage im Hochbau Standard und es existiert diesbezüglich bereits eine Reihe nationaler (DGNB [8], BNB [9]) und internationaler Bewertungssysteme (BREEAM [10], LEED [11]). Zu differenzieren ist dabei jedoch zwischen den „Green Building Rating Systems", welche nahezu ausschließlich eine Optimierung der ökologischen Wirkungen und eine Bewertung der Funktionalität des Gebäudes in der Nutzungsphase im Fokus haben, und den insbesondere in Deutschland entwickelten „Nachhaltigkeitsbewertungssystemen", welche die ökonomischen Aspekte gleichgewichtig einbeziehen und stets den kompletten Lebenszyklus eines Bauwerks von der Materialherstellung bis zum Gebäudeabriss betrachten.

Die zentralen Gesichtspunkte des in Deutschland von Politik und Wissenschaft entwickelten Ansatzes zur Beurteilung und Zertifizierung der Nachhaltigkeit von Bauwerken lassen sich wie folgt zusammenfassen:

- Detaillierte Vorgaben für eine einheitliche Bewertungssystematik unter Verwendung verbindlich festgelegter Kriterien, deren Beurteilung anhand von Kennzahlen und deren Gewichtung gegeneinander erfolgt.
- Genaue Definition des Betrachtungsgegenstands und der zugehörigen räumlichen Systemgrenzen (z. B. Gebäudeaußenkante oder Grundstücksgrenze).
- Einheitliche Beurteilung der Bauwerksnutzung und seiner Folgen über einen definierten Betrachtungszeitraum als zeitliche Systemgrenze (im Hochbau 50 Jahre).

- Objektivierung der Bewertung durch eine quantitative, d. h. zahlenmäßige Beurteilung einzelner Kriterien anhand eines einheitlichen Bewertungsmaßstabs.
- Ausrichtung am integralen Nachhaltigkeitsgedanken, indem die Bewertung in einer transparenten Endnote, welche die Aspekte Ökologie, Ökonomie, Funktionalität und technische Qualität gleichgewichtig beinhaltet, zusammengefasst wird.
- Beurteilung der ökologischen Qualität eines Bauwerks anhand ausgewählter Kriterien, für die wissenschaftlich abgesicherte Erkenntnisse hinsichtlich der Bewertung bestehen.
- Gesonderte Betrachtung der sich aus dem Gebäudestandort ergebenden Auswirkungen auf die Nachhaltigkeit.
- Die finale Zertifizierung der Nachhaltigkeit erfolgt stets am fertiggestellten Gebäude zum Zeitpunkt der Inbetriebnahme unter Berücksichtigung der tatsächlich verbauten Materialien und mittels einer Abschätzung der in der Nutzungsphase entstehenden ökonomischen und ökologischen Folgewirkungen unter Einbeziehung realistischer energetischer Verbräuche.

Während die ökonomische Beurteilung der Herstellungs-, Nutzungs- und Instandhaltungskosten einheitlich auf monetärer Basis (€) erfolgen kann, sind für die ökologische Bewertung der Umweltwirkungen (z. B. GWP, AP) über den gesamten Lebenszyklus des Objekts „Äquivalentswerte" (z. B. CO_2-Äquivalent, SO_X-Äquivalent) zu definieren, um die umweltbezogenen Wirkungen unterschiedlicher Prozesse, Materialien oder Energieträger in einer sog. Wirkungsbilanz aggregieren zu können. Die Definition derartig verbindlicher ökologischer Kennzahlen erfolgt in Deutschland in der sog. „ökobaudat" [12] des deutschen Bundesministeriums für Umwelt, Naturschutz, Bau- und Reaktorsicherheit (BMUB), welche auch die für die neutrale Evaluierung der Nachhaltigkeit besonders wichtigen Nutzungsdauern der einzelnen Materialien verbindlich enthält. Der für Hochbauten anzuwendende Beurteilungsprozess mit Bewertungsmaßstäben für die Einzelkriterien und Bedeutungszahlen für deren Gewichtung gegeneinander wird in [9] beschrieben. Bild 2.20 zeigt die für die Evaluierung zu verwendenden Kriterien, deren Zuordnung zu den Hauptkriteriengruppen Ökologie, Ökonomie, Funktionalität, technische Qualität sowie Prozessqualität. Der jedem Einzelkriterium zugewiesene Öffnungswinkel spiegelt die Bedeutung des Kriteriums an der Gesamtnote wider. Mit dem Füllungsgrad kann das Bewertungsergebnis auch grafisch kommuniziert werden (höherer Füllungsgrad = bessere Einzelnote). Für eine höhere Transparenz können im Zertifikat auch die in den Hauptkriteriengruppen erzielten Noten sowie die in ausgewählten Einzelkriterien erreichten Bewertungsergebnisse dargestellt werden (siehe Bild 2.21). Gleichzeitig ermöglicht die Systematik eine öffentlichkeitswirksame Präsentation des Gesamtergebnisses durch Zuordnung zu Qualitätsklassen (z. B. Gold, Silber und Bronze).

Für die Beurteilung der Nachhaltigkeit von Infrastrukturbauwerken und verkehrlichen Anlagen wurde mit der Entwicklung praxistauglicher Bewertungsverfahren in jüngerer Vergangenheit begonnen. Die dabei zu beachtenden spezifischen Sachverhalte werden im folgenden Abschnitt gesondert behandelt.

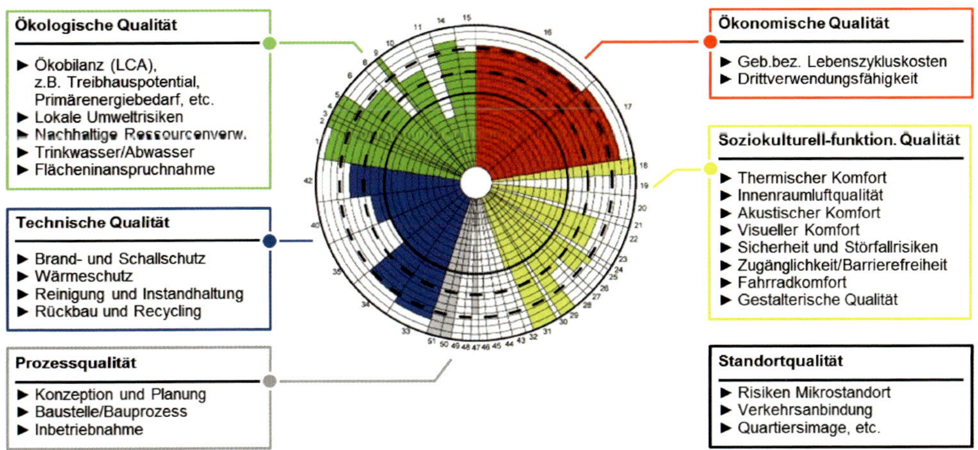

Bild 2.20 Bewertungssystematik des Bundessiegels nachhaltiges Bauen BNB

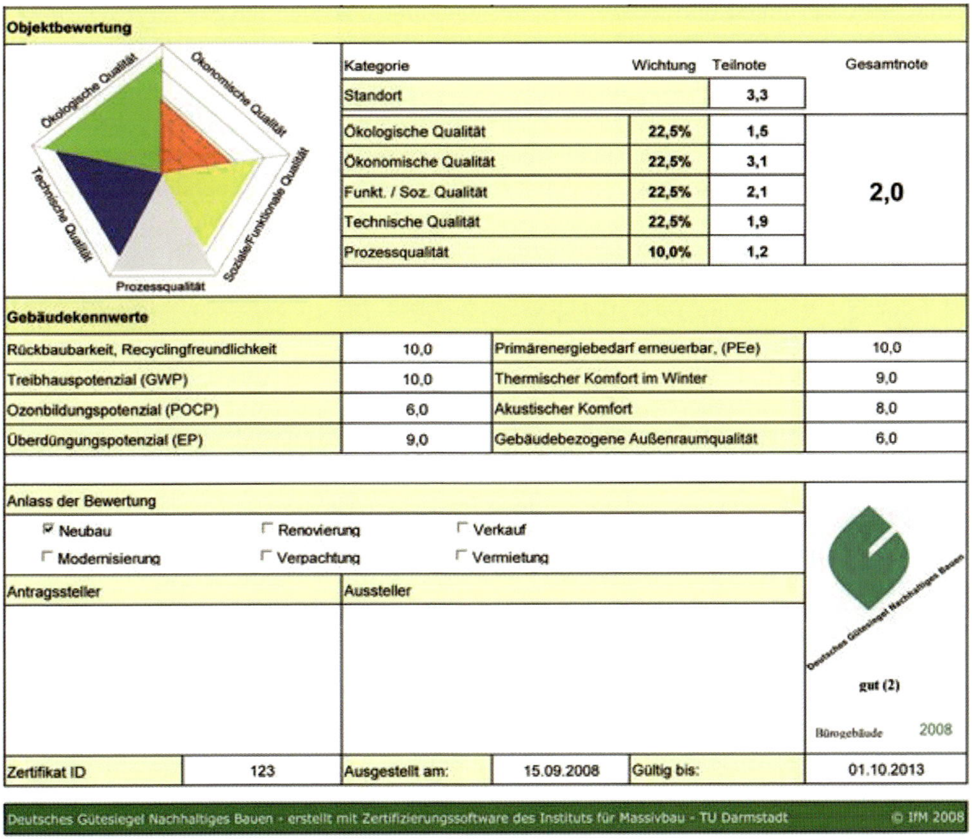

Objektbewertung

Ökologische Qualität, Ökonomische Qualität, Soziale/Funktionale Qualität, Prozessqualität, Technische Qualität

Kategorie	Wichtung	Teilnote	Gesamtnote
Standort		3,3	
Ökologische Qualität	22,5%	1,5	2,0
Ökonomische Qualität	22,5%	3,1	
Funkt. / Soz. Qualität	22,5%	2,1	
Technische Qualität	22,5%	1,9	
Prozessqualität	10,0%	1,2	

Gebäudekennwerte

Rückbaubarkeit, Recyclingfreundlichkeit	10,0	Primärenergiebedarf erneuerbar, (PEe)	10,0
Treibhauspotenzial (GWP)	10,0	Thermischer Komfort im Winter	9,0
Ozonbildungspotenzial (POCP)	6,0	Akustischer Komfort	8,0
Überdüngungspotenzial (EP)	9,0	Gebäudebezogene Außenraumqualität	6,0

Anlass der Bewertung

- [x] Neubau
- [ ] Renovierung
- [ ] Verkauf
- [ ] Modernisierung
- [ ] Verpachtung
- [ ] Vermietung

Antragssteller

Aussteller

Deutsches Gütesiegel Nachhaltiges Bauen

gut (2)

Bürogebäude 2008

Zertifikat ID	123	Ausgestellt am:	15.09.2008	Gültig bis:	01.10.2013

Deutsches Gütesiegel Nachhaltiges Bauen - erstellt mit Zertifizierungssoftware des Instituts für Massivbau - TU Darmstadt © IfM 2008

Bild 2.21 Ergebnisse einer Nachhaltigkeitsbewertung im Hochbau

2.5.2 Nachhaltigkeitsbeurteilung von Brücken

Brücken stellen für die Infrastruktur eines Landes besonders wichtige Bauwerke mit extremer volkswirtschaftlicher Bedeutung dar. Sie sind nicht nur durch hohe Anforderungen an die Lebensdauer geprägt, sondern weisen auch hinsichtlich ihrer Wahrnehmung im öffentlichen Raum besondere Bedeutung auf. Sie sind stets im Zuge eines verkehrlichen Gesamtkonzepts zu realisieren und müssen sich hinsichtlich ihrer Kapazität den an sie anschließenden verkehrlichen Anlagen (Straße, Schiene) unterordnen. Gleichzeitig stellen sie sehr häufig aber auch die Nadelöhre im Verkehrsablauf dar, da ein kompletter oder teilweiser Nutzungsausfall große Folgen für die Gesellschaft haben kann. Des Weiteren sind Brücken in aller Regel im öffentlichen Eigentum und müssen aus Steuergeldern errichtet sowie unterhalten werden und stehen daher im besonderen Rampenlicht der Öffentlichkeit. Vor diesem Hintergrund ist es verständlich, dass für die Genehmigung, die Planung, die Errichtung und den Betrieb besondere Regularien existieren, die bereits eine Reihe wesentlicher Aspekte des Nachhaltigkeitsgedankens abdecken. Hinsichtlich der ökologischen Wirkungen sind beispielsweise Umweltverträglichkeitsprüfungen zwingend vorgeschrieben und der wirtschaftlichen Herstellung wird durch spezifische Vergaberegularien Rechnung getragen. Bezüglich der funktionalen Anforderungen und der technischen Qualität bestehen ausgefeilte Richtlinien, welche eine hohe Qualität und Langlebigkeit des Bauwerks gewährleisten.

Trotz dieser detaillierten Vorgaben für die Realisierung von Brücken gibt es weiterhin Handlungsbedarf, um dem Nachhaltigkeitsgedanken vollumfänglich Rechnung tragen zu können. Dies betrifft insbesondere die sachgerechte Abwägung zwischen einer Minimierung der Herstellkosten und den sich für das Bauwerk ergebenden Folgekosten für Wartung und Instandhaltung. Die Übererfüllung von in Richtlinien vorgegebenen Anforderungen kann während der Nutzungsphase zu Minderkosten führen, welche die bei der Herstellung entstehenden Mehrkosten übersteigen. Andererseits gestaltet sich die monetäre Bewertung zusätzlicher Maßnahmen zur Berücksichtigung der zukünftigen verkehrlichen Entwicklung im Vergleich zu den aktuell entstehenden Mehrkosten schwierig. Weiterhin ist festzustellen, dass beispielsweise die Anordnung einer zusätzlichen Fahrspur auf einer Brücke, welche die Vermeidung verkehrlicher Einschränkungen bei Unfällen oder Instandhaltungsarbeiten unterstützt, nicht nur ökonomisch, sondern vor allem auch ökologisch vorteilhaft sein kann. Schließlich stellt die bisherige Umweltverträglichkeitsprüfung keine vollständig objektive, auf wissenschaftlicher Basis beruhende, Beurteilung der ökologischen Folgewirkungen dar, sondern spiegelt nur aus gesellschaftspolitischer Sicht definierte Anforderungen an das Bauwerk wider.

Hinsichtlich der Nachhaltigkeitsbeurteilung von Brückenbauwerken im Vergleich zu Gebäuden sind folgende Sachverhalte von Bedeutung und gesondert zu berücksichtigen:

- Brücken sind von besonderer volkswirtschaftlicher Bedeutung und müssen daher eine höhere Lebensdauer (> 80 Jahre) aufweisen.
- Wesentliche Entscheidungen für die Nachhaltigkeit von Brücken fallen in der Planungsphase und können in der Nutzungsphase nicht mehr korrigiert werden. Das Bewertungsinstrument muss diesem Sachverhalt Rechnung tragen und gleichzeitig eine Beurteilung am fertiggestellten Bauwerk erlauben.

- Da Wartungs- und Instandsetzungsarbeiten die Nutzung einschränken, sollten diese auf das technisch minimal erforderliche Maß beschränkt werden.
- Die ökonomische Kosten-Nutzen-Analyse gestaltet sich komplexer als im Hochbau, da der volkswirtschaftliche Nutzen deutlich schwieriger quantifiziert werden kann.
- Die Zuordnung der in der Nutzungsphase entstehenden ökologischen Wirkungen kann nicht – wie im Hochbau – mit den ökologischen Wirkungen der Herstellphase gemeinsam aggregiert werden. Grund ist, dass beispielsweise die ökologischen Wirkungen durch Stau bei eingeschränkter Nutzung die ökologische Wirkung des Bauwerks aus seiner Herstellung um Größenordnungen überschreiten.
- Alternativen der baulichen Lösung, welche Herstellung und Nutzung in ökonomischer und ökologischer Hinsicht gemeinsam optimieren, unterliegen starken rechtlichen und technischen Einschränkungen.
- Die Vielzahl der bei Brückenbauwerken beteiligten Interessengruppen mit ihren partikularen Sichtweisen erschwert die Entwicklung einer integralen Bewertungssystematik mit einem spezifischen Satz an Kriterien und vereinheitlichtem Bewertungsmaßstab.
- Die sich aus dem übergeordneten verkehrlichen Konzept ergebende Lage der Brücke (Standort) sowie die sonstigen Rahmenbedingungen wie Bodenverhältnisse, erforderliche Stützweiten, lichte Höhen etc. haben in aller Regel erhebliche Auswirkungen auf die Herstellkosten, was deren standortunabhängige Bewertung stark erschwert.
- Die öffentliche Hand als Bauherr und Eigentümer von Brücken benötigt keine vergleichende Endnote als Vermarktungsinstrument, sondern ist vielmehr an einer transparenten Darstellung der Vor- und Nachteile verschiedener Lösungsvarianten als Entscheidungsgrundlage interessiert.

Trotz der genannten Schwierigkeiten wurde in den letzten Jahren versucht, eine wissenschaftlich abgesicherte, auf objektiven Kriterien beruhende Bewertungssystematik zu entwickeln, welche eine dem Nachhaltigkeitsgedanken folgende Beurteilung von Brücken ermöglichen soll. Grundsätzlich entspricht die vorgeschlagene Bewertungssystematik der im Hochbau gewählten Vorgehensweise. Die bereits angeführten Besonderheiten bei der Bewertung von Brücken erfordern jedoch eine deutlich detaillliertere Erfassung des Betrachtungsgegenstands (lange Brücke ≠ kurze Brücke; hohe Talbrücke ≠ Feldwegüberführung), des Nutzungsprofils (Autobahnbrücke ≠ Landesstraßenbrücke) und der Nutzungsart (Straßenbrücke ≠ Eisenbahnbrücke ≠ Fußgängerbrücke). In der Planungsphase sind z. T. andere Kriterien der Bewertung zugrunde zu legen als am fertigen Bauwerk. Wesentliches Merkmal ist, dass die Bewertung jeweils standortspezifisch erfolgt, da – wie bereits ausgeführt – die Lage der Brücke aus übergeordneten Gesichtspunkten determiniert wird.

Bild 2.22 beinhaltet den für die Nachhaltigkeitsbewertung vorgeschlagenen Kriteriensatz, wie er sich als Ergebnis mehrerer Forschungsvorhaben ergab [13–15]. Der Vorschlag beinhaltet konkrete „Beurteilungssteckbriefe" einschließlich Bewertungsmaßstab für jedes Einzelkriterium und auch eine Regelung für die Bildung einer Gesamtnote. Derzeit wird dieser Entwurf für die Nachhaltigkeitsbeurteilung von Brücken hinsichtlich der Praxistauglichkeit für die öffentliche Hand überprüft.

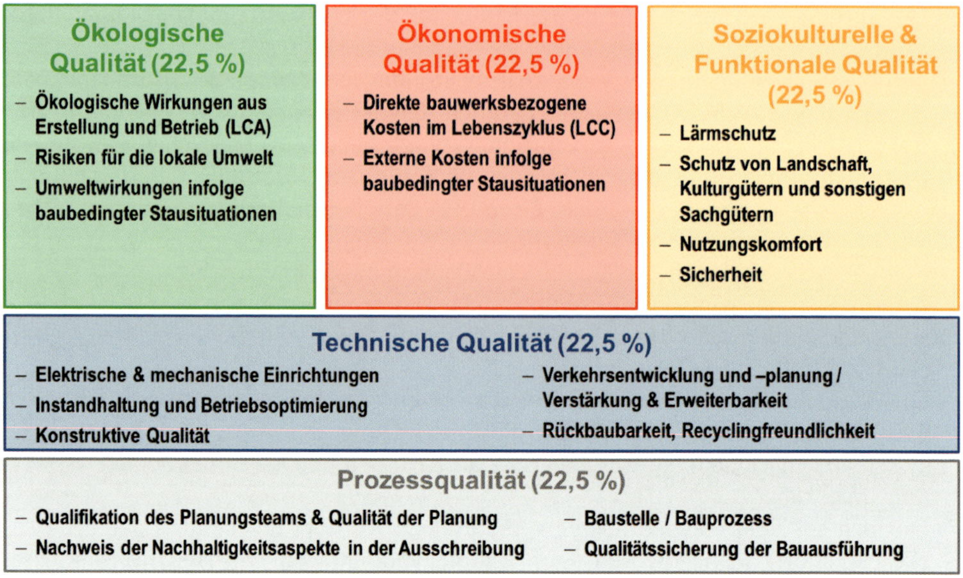

Ökologische Qualität (22,5 %)
- Ökologische Wirkungen aus Erstellung und Betrieb (LCA)
- Risiken für die lokale Umwelt
- Umweltwirkungen infolge baubedingter Stausituationen

Ökonomische Qualität (22,5 %)
- Direkte bauwerksbezogene Kosten im Lebenszyklus (LCC)
- Externe Kosten infolge baubedingter Stausituationen

Soziokulturelle & Funktionale Qualität (22,5 %)
- Lärmschutz
- Schutz von Landschaft, Kulturgütern und sonstigen Sachgütern
- Nutzungskomfort
- Sicherheit

Technische Qualität (22,5 %)
- Elektrische & mechanische Einrichtungen
- Instandhaltung und Betriebsoptimierung
- Konstruktive Qualität
- Verkehrsentwicklung und -planung / Verstärkung & Erweiterbarkeit
- Rückbaubarkeit, Recyclingfreundlichkeit

Prozessqualität (22,5 %)
- Qualifikation des Planungsteams & Qualität der Planung
- Nachweis der Nachhaltigkeitsaspekte in der Ausschreibung
- Baustelle / Bauprozess
- Qualitätssicherung der Bauausführung

Bild 2.22 Bewertungssystematik zur Beurteilung der Nachhaltigkeit von Brücken

2.5.3 Nachhaltigkeitsmerkmale integraler Brücken

Für die Nachhaltigkeitsbeurteilung integraler Brückenbauwerke können spezifische Merkmale identifiziert werden, welche die Bewertung maßgeblich beeinflussen. Da sowohl Überbauten als auch Unterbauten integraler Brücken in aller Regel schlanker ausgeführt werden können als bei vergleichbaren konventionellen Bauwerken, ergeben sich konsequenterweise Minderungen bei dem erforderlichen Materialeinsatz. Daraus resultiert eine Reduzierung der ökologischen Wirkungen einschließlich der im Bauwerk enthaltenen „grauen Energie", woraus eine höhere ökologische Qualität resultiert. Auch die ökonomische Qualität in Form der direkten herstellungsbezogenen Bauwerkskosten wird positiv beeinflusst. Schließlich ist die gestalterische Qualität, welche in dem funktionalen Kriterium „Schutz von Landschaft und Kulturgütern" mit erfasst werden kann, in aller Regel ansprechender.

Gleichzeitig führt bei integralen Brücken der teilweise oder vollständige Wegfall von Lager- und Übergangskonstruktionen zu einer deutlichen Verringerung der erforderlichen Wartungs- und Instandsetzungsarbeiten, welche sich in einer günstigeren Beurteilung der technischen Qualität widerspiegeln. Des Weiteren werden dadurch nicht nur die direkten bauwerksbezogenen Kosten in der Nutzungsphase verringert, sondern auch die Wahrscheinlichkeit von Stausituationen reduziert. Letzteres ergibt wiederum ökonomische, aber auch ökologische Vorteile. Zusätzlich führt die Vermeidung von Übergangskonstruktionen zu einer Verbesserung der funktionalen Qualität (Lärmschutz und Nutzungskomfort). Bei semi-integralen Straßenbrücken ergeben sich üblicherweise geringere Verformungen des Überbaus an den Übergangskonstruktionen, was wirtschaftlich stets vorteilhaft ist.

Integrale Brücken weisen gegenüber außergewöhnlichen Einwirkungen (z. B. Stützenanprall) in aller Regel eine größere Robustheit auf, wodurch sich im funktionalen Kriterium „Sicherheit" Vorteile ergeben. Sie bedingen aber auch erhöhte Anforderungen an das Planungsteam sowie die Ausschreibung (Kriterien der Prozessqualität) und sind hinsichtlich ihrer Flexibilität bei Erweiterungsmaßnahmen und bei der Rückbaubarkeit (Kriterien der technischen Qualität) kritischer einzustufen als konventionelle Brücken.

Umfassende ganzheitliche quantitative Untersuchungen zur Vorteilhaftigkeit integraler Brückenbauwerke im Sinne der Nachhaltigkeit stehen bisher noch aus. Erste Beispielrechnungen hinsichtlich eines ökonomischen Vergleichs direkter und externer Kosten bei Verbundbrücken finden sich in [16]. Sie zeigen tendenziell an drei Bauwerken mit vergleichbarer Brückenfläche, welche Einsparungen durch die integrale Bauweise erreicht werden können. Einen konkreten direkten Vergleich zwischen einer konventionell errichteten Autobahnüberführung mit einer integralen Lösung ist in [17] enthalten. Wesentliches Ergebnis ist, dass kurze integrale Brücken ohne Erfordernis von Schleppplatten im Übergangsbereich zur angrenzenden Straße in ökologischer und ökonomischer Hinsicht besonders vorteilhaft sind.

3 Gestaltung

Die integrale Bauweise bietet neben dem Vorteil robuster, langlebiger Bauwerke hinsichtlich der konstruktiven Durchbildung neue Lösungsansätze und damit für die Gestaltung zwangsläufig auch neue Spielräume und Entwicklungsmöglichkeiten.

Die integrale Bauweise führt zu einem Höchstmaß an eigenständiger Identität und somit individueller Integrität. Die Brücken gewinnen im Vergleich zur konventionellen Bauweise einen deutlich unverwechselbaren Charakter.

Sie sind Ausdruck eines starken Gestaltungswillens und einer bewusst wahrgenommenen Verantwortung ästhetischer Ansprüche an die Bauwerke unserer modernen Umwelt.

Die im Folgenden vorgestellten Beispiele sollen Lösungsansätze aufzeigen und zum eigenen Experimentieren und Ausloten animieren.

3.1 Mehrfeldrige Rahmenbrücken

Die monolithische Verbindung zwischen Unterbauten und Überbau führt zu einer Rahmenwirkung, die sich grundsätzlich günstig auf die Gestaltung auswirkt, da die einzelnen Bauteile schlanker ausgebildet werden können, wie zum Beispiel die Stützen oder Pfeiler aufgrund des günstigeren Knickverhaltens.

Dies gilt übrigens auch bereits für eine längsfeste Kopplung der Pfeiler mit dem Überbau.

Bei dem Bau der Kochertalbrücke (Bild 3.1) hat man sich dieses Prinzips bedient und ein Brückenbauwerk geschaffen, das als Ikone der deutschen Brückenbaukunst gilt und zu Recht als Baudenkmal gepflegt wird.

Bild 3.1 Kochertalbrücke, Ansicht in der Totalen

Integrale Brücken: Entwurf, Berechnung, Ausführung, Monitoring, Erste Auflage.
Roman Geier, Volkhard Angelmaier, Carl-Alexander Graubner, Jaroslav Kohoutek.

Indem die beiden mittleren Pfeiler biegesteif mit dem Überbau verbunden und die jeweils beiden nächsten längsfest gekoppelt sind, ist es gelungen, die Summe der Massen der Pfeiler klein zu halten, auch wenn mit 138 m relativ große Regelspannweiten vorliegen. Die Brücke passt sich trotz ihrer großen Abmessungen grazil und harmonisch in die Landschaft ein.

Auch bei Brücken, die nicht in 168 m Höhe über dem Gelände liegen, sondern nur maximal knapp 6,0 m und zusätzlich noch in einem ausgeprägten innerstädtischen Kontext stehen, erlauben integrale Strukturen eine adäquate Umsetzung der architektonischen Maßstäblichkeit.

Bild 3.3 zeigt eine Straßenbahnbrücke in Stuttgart, bei der die Biegesteifigkeit über einen parallelgurtigen „Zweipunkt“-Querschnitt (ca. 35 cm dicke Ober- und Untergurte aus Beton mit Stegblechen aus Stahl) (Bild 3.2) generiert wird und dessen Untergurt ohne Lager direkt mit sehr schlanken Pfeilerscheiben (65 cm) verbunden ist. Die nötige Flexibilität kann nicht wie bei einer Talbrücke über die Höhe erzeugt werden, sondern muss sich über die biegeweichen Stützungen einstellen, eventuell sogar verbunden mit einem Betongelenk.

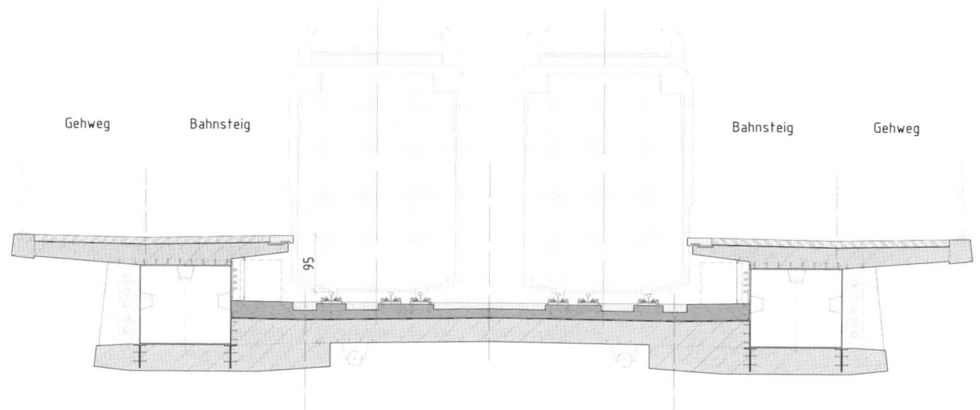

Bild 3.2 Wolframstraße, Zweipunkt-Querschnitt

Bei der Nahwirkung der Brücke kann dieses Detail durchaus zu einer weiteren gestalterischen Aufwertung führen, da es für den Betrachter aus nächster Nähe ablesbar und verständlich wird, genauso wie für das gesamte urbane Umfeld, wo es gelungen ist, die Summe der Massen wiederum wirksam zu minimieren.

Die Verbindung von biegesteifen Überbauten mit weichen Unterbauten kann auch durch eine Auflösung in eine fachwerkartige räumliche Stabstruktur, wie Bild 3.4 zeigt, in äußerst transparenter Art und Weise gelingen.

Bild 3.3 Wolframstraße, Ansicht

Bild 3.4 Talbrücke Korntal-Münchingen, Ansicht (Foto: Dietmar Strauß)

Die stabförmigen Elemente aus Stahl werden – auch optisch – von einer pyramidenartigen Betonstruktur gefasst und linienförmig mit extrem schlanken Betonscheiben (vgl. Bild 7.1) von 75 cm Dicke verbunden.

Es stellt sich ein Detail (Bild 3.5) mit hoher Suggestivkraft ein, das den Kraft- und Materialfluss sinnlich nachspüren lässt, wozu auch das Betongelenk wiederum seinen entsprechenden Anteil beiträgt.

Bild 3.5 Talbrücke Korntal-Münchingen, Detail

Das neue Parkhaus über die Autobahn beim Stuttgarter Flughafen ist nicht nur eine Brücke für parkende Autos, sondern auch integraler Bestandteil der Verkehrsbeziehungen von der und auf die Autobahn im verkehrstechnischen Sinne eines Kleeblatts (Bild 3.6).

Bild 3.6 Parkhaus Neue Landesmesse Baden-Württemberg

Hätte man sich einer konventionellen Lagerung bedient, wären bei bis zu 90 MN großen Auflagerkräften monströse Unterbauten die Folge gewesen – durch die integrale Ausbildung jedoch konnten die Stützen aus Baustahl S 460 mit Abmessungen von 1,50 m × 0,60 m bei 60 cm Ansichtsfläche optisch zurückhaltend schlank bleiben.

Die Verwandtschaft zum Automobilbau über das bei dem Parkhaus konsequent bis in die Details hinein verfolgte „Chassis-Prinzip“, bei dem sämtliche Konstruktionselemente biegesteif verbunden sind und gemeinsam zusammenwirken und -tragen, ist zwar rein zufällig entstanden, könnte aber beim Blick über die Grenzen der Ingenieurdisziplinen durchaus Potenzial für neue Anregungen im Sinne einer erweiterten „integralen Bauweise“ bergen.

Eine Erweiterung des Gestaltungsspielraums ergibt sich durch eine gevoutete Ausbildung des Überbaus, was das Rotationsvermögen der Rahmenecke weiter verbessert und gegenüber den parallelgurtigen Ansätzen zu einer noch breiteren Interpretation der Formensprache führt.

Ob man sich dabei eher von einer sachlich kühlen Eleganz, wie bei der Bräubachtalbrücke (Bild 3.7), leiten lässt oder andere Richtungen einschlägt, ist dabei nicht entscheidend. Wichtig ist, dass man gewisse Grundprinzipien – zum Beispiel robuster Plattenbalken aus Spannbeton, massive schlanke Pfeiler – beherzigt und harmonisch zu einer in sich stimmigen Redundanz und Ganzheitlichkeit zusammenführt.

Bild 3.7 Bräubachtalbrücke

Auch wenn man die Vouten auflöst (Bild 3.8) bleibt es doch grundsätzlich bei einem Durchlaufträger. Erst durch die lagerlose Unterstützung in Form von schlanken Stützen kann sich ein in Ausdruck und Erscheinungsbild unverwechselbarer Brückenzug ergeben mit einem relativ hohen Maß an eigenständiger Integrität und Modernität (Bild 3.9).

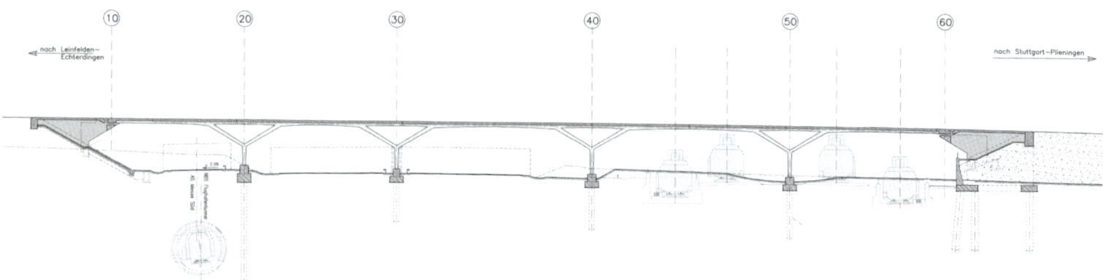

Bild 3.8 Neue Landesmesse Baden-Württemberg, Heerstraßenbrücke, Längsschnitt

Bild 3.9 Neue Landesmesse Baden-Württemberg, Heerstraßenbrücke, Ansicht

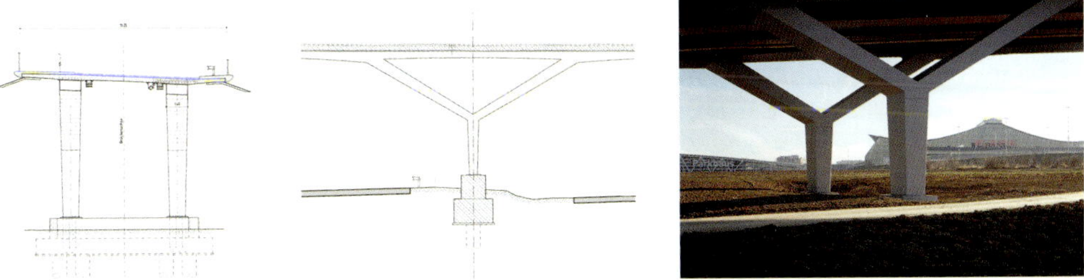

Bild 3.10 Neue Landesmesse Baden-Württemberg, Heerstraßenbrücke, Schnitte und Untersicht

Das zentrale Element (Bild 3.10) bedarf der intensiven gestalterischen Auseinandersetzung – im vorliegenden Fall hat man sich entschlossen, die V-Streben zum Überbau hin anzuziehen und dem Verschmelzungspunkt mit dem (Rahmen-)Stiel einen gelenkartigen Charakter zu verleihen.

Neue Infrastrukturmaßnahmen stehen immer mehr im Fokus der Öffentlichkeit, insbesondere wenn sie, wie die Neubaustrecke von Stuttgart nach Ulm, durch landschaftlich reizvollen Freizeit- und Naturraum führen. Gut gestaltete integrale Brücken können, auch wenn es sich um Eisenbahnbrücken des Hochgeschwindigkeitsverkehrs handelt, dabei in der Kommunikation wertvolle Dienste leisten (Bild 3.11).

Dem Gestaltungsentwurf zugrunde liegt wiederum das Prinzip der mehrfeldrigen Rahmenbrücke, bei der die Hauptöffnung mit einer für Eisenbahnbrücken beachtlichen Spannweite von 150 m durch aufgelöste Vouten zusätzlich betont wird (Bild 3.12).

Bild 3.11 Filstalbrücke, Ansichten

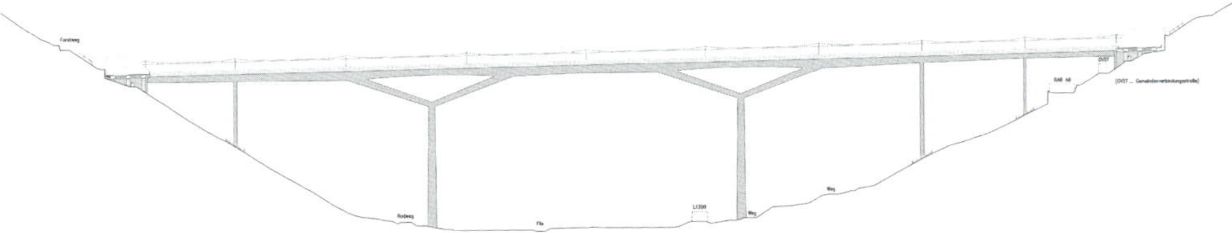

Bild 3.12 Filstalbrücke, linkes Gleis: Ansicht in Richtung Osten

Der gesamte Baukörper ist entsprechend den Beanspruchungen modelliert und durchdetailliert worden und hat letztlich auch aufgrund eines hohen Maßes an Transparenz und harmonischer Einpassung in die Landschaft Eingang in den „Leitfaden Gestalten von Eisenbahnbrücken" der DB AG [18] gefunden.

Löst man die Voute auf, lässt sie sich, wie Bild 3.13 zeigt, durchaus attraktiv oberhalb der Fahrbahnebene anordnen und wird somit für den Benutzer der Fahrbahn erlebbar. Der gesamte Raum unterhalb des Brückendecks kann weitestgehend freigehalten werden und es kommt jetzt darauf an, diesen Raum je nach Entwurfsmotiv zu gestalten.

Bild 3.13 Waschmühltalbrücke, Blick auf die Fahrbahn

Da sich das neue Tragwerk unmittelbar neben einem als Baudenkmal geschützten Bestandsbauwerk befindet, lag das Ziel wiederum darin, die Summe der Masse der Unterbauten zu minimieren, was dadurch gelang, dass die extrem schlanken Einzelstützen sowohl in Längsrichtung als auch in Querrichtung als Rahmenstiele wirken. Das Stabilitätsverhalten konnte dadurch noch weiter verbessert werden.

Das Deck als Trägerrost aus Stahl mit seiner Ortbeton-Fahrbahnplatte im Verbund wirkt praktisch wie ein langgestreckter Tisch, der die „Tischfüßchen" aussteift und somit eine quasi entmaterialisierte Atmosphäre unterhalb der Brücke erzeugt, die das alte Denkmal der Ingenieurbaukunst vollkommen ungestört freistellt (Bild 3.14).

Sämtliche Bestandteile des gevouteten Rahmenriegels sind vom Trägerrost über die Masten bis hin zu den Abspannseilen bewusst aus Stahl und bilden mit den Rahmenstielen aus Beton einen interessanten Kontrast.

Bild 3.14 Waschmühltalbrücke, Untersicht mit Blick auf Bestandsbauwerk

3.2 Einfeldrahmen

Einfeldrahmen tragen ihre Lasten genauso wie Balken auf zwei Stützen (besser zwei Lagern) grundsätzlich via Überbau zu den Widerlagern und dann in den Baugrund ab.

Durch die monolithische Fügung wird jetzt allerdings aus dem Überbau ein Rahmenriegel, aus den Widerlagern werden Rahmenstiele.

Gegenüber der Monotonie des auf Lagern sitzenden Einfeldträgers ergibt sich daraus eine schier unermessliche Vielfalt von Gestaltungsmöglichkeiten, je nachdem wie man das allseits bekannte Moment aus „$ql^2/8$“ zwischen Riegel und Stiel aufteilt beziehungsweise hin und her schiebt.

Es lassen sich grundsätzlich die drei folgenden statischen Grundsysteme beschreiben (Bild 3.15), aus denen sich die verschiedenen Gestaltungsformen ableiten.

Bild 3.15 Grundsysteme: a) 3-Gelenk-, b) 2-Gelenk-Rahmen, c) eingespannter Rahmen

Gemeinsam ist allen das Prinzip „aus einem Guss“, wobei für die Formgebung aufgrund des enormen räumlichen Gestaltungspotenzials des Werkstoffs Beton kaum Beschränkungen bestehen.

Der „Klassiker“ bei Überführungsbauwerken ist der beidseits eingespannte symmetrische Rahmen (Bild 3.16).

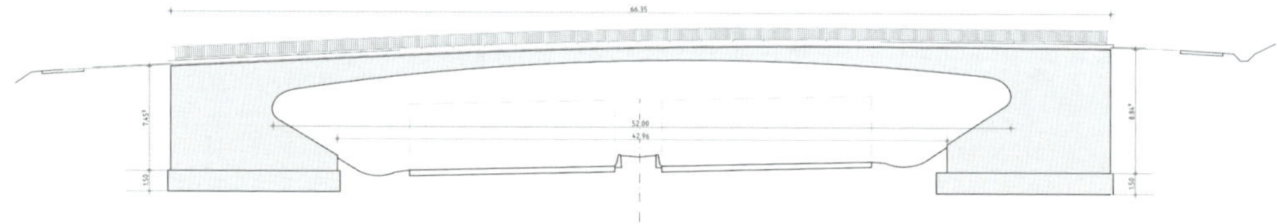

Bild 3.16 BAB A 8 Ausbau Gruibingen-Mühlhausen, Überführung Wirtschaftsweg 10, Längsschnitt

Der Riegel spannt praktisch voll in die massigen Widerlager ein und kann deshalb im Scheitel extrem schlank ausgeführt werden.

Um die Voute zur Einspannung hin optisch in eine gefällige Form zu übersetzen, stehen einem sämtliche denkbaren Linienführungen zur Verfügung. Eine wie im Bild 3.17 dargestellte elliptische Lösung ermöglichst es, den Überbau über einen weiten Bereich hinweg schlank zu halten und die Bauhöhe erst im Bereich der Rahmenecke merklich anwachsen zu lassen, was die Betonansichtsflächen entsprechend minimiert.

Bild 3.17 BAB A 8 Ausbau Gruibingen-Mühlhausen, Überführung Wirtschaftsweg 10

Durch die Böschung des Dammes werden die massigen Bauteile vollständig kaschiert, das Schwebende des Überbaus somit zusätzlich verstärkt. Wichtig bleibt allerdings, dass sich die parallel zur Böschung verlaufende Betonkante der Rahmenstiele merklich, das heißt ca. 20 bis 30 cm, von dem Bewuchs absetzt, um nicht den Eindruck entstehen zu lassen, die ganze Brücke versinke im Erdreich.

Eine auch im Grundriss gekrümmte Situation wie in Bild 3.18 lässt sich direkt in einen der Ringtragwirkung entsprechenden einseitigen Querschnitt des Riegels übersetzen (Bild 3.19), was im Ergebnis zu einer aufregenden räumlichen Betonstruktur führt (Bild 3.20).

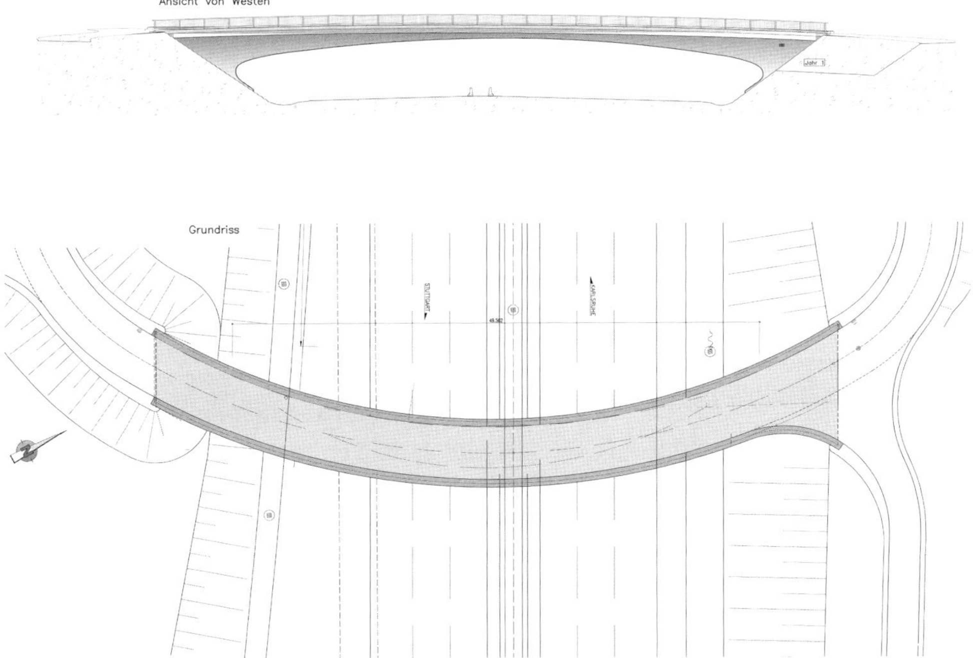

Bild 3.18 Überführung Betriebsumfahrt, BAB A 8 Leonberg–Heimsheim, Ansicht und Grundriss

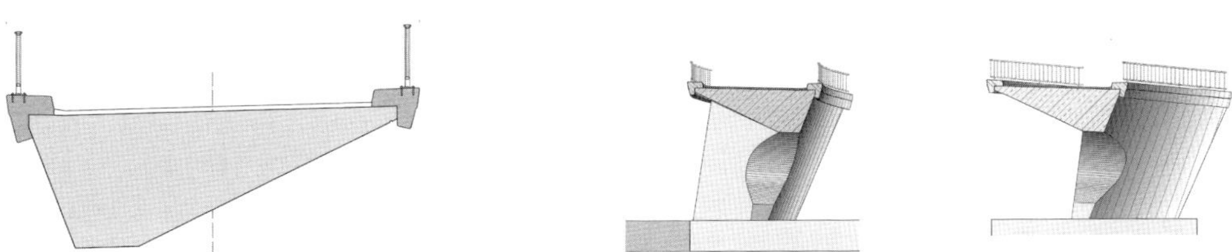

Bild 3.19 Überführung Betriebsumfahrt, BAB A 8 Leonberg–Heimsheim, Querschnitte

Bild 3.20 Überführung Betriebsumfahrt, BAB A 8 Leonberg-Heimsheim, Untersicht

Die doppelt gekrümmte Sattelfläche (Bild 3.21) beantwortet die Anforderungen an die Geometrie des Rahmenriegels beinahe perfekt. Im Scheitel niedrig und schmal – an der Einspannstelle zum Widerlager große Bauhöhe und breit. Als Untersicht bildet sich eine elegante Taillierung ab, was für den Betrachter von hoher optischer Qualität ist.

Eine Struktur, die aufgrund ihrer ungewöhnlichen Geometrie modern und neuartig wirkt und sich allein auch schon deshalb für innerstädtische Situationen anbietet, zeigt Bild 3.22.

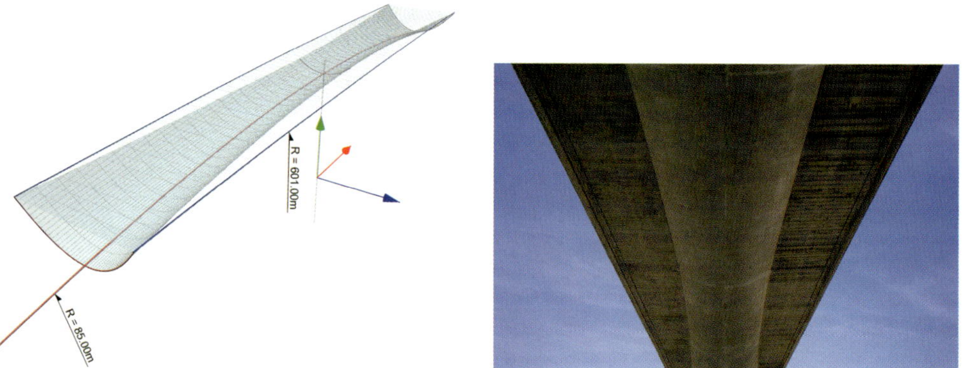

Bild 3.21 Neubau der B 464 Sindelfingen Renningen, Perspektive und Untersicht

Bild 3.22 Neubau der B 464 Sindelfingen Renningen, perspektivische Ansicht

Eine sich am Grundprinzip des Dreigelenkrahmens orientierte Systemfindung bietet das Höchstmaß an Entmaterialisierung (Bild 3.23), was daran liegt, dass die Beanspruchungen aus Zwängen vernachlässigbar sind – es liegt quasi ein statisch bestimmtes Grundsystem vor.

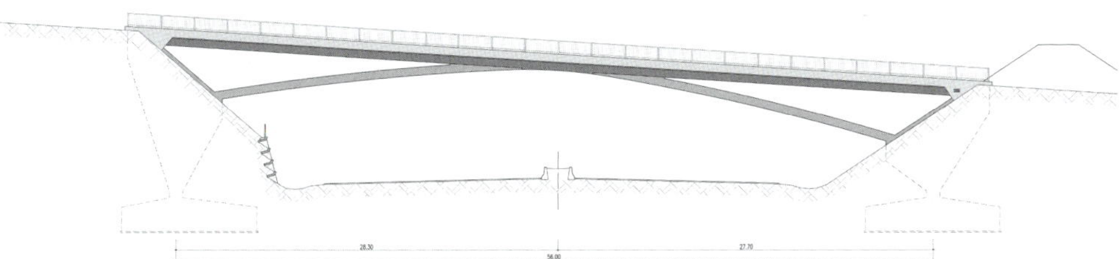

Bild 3.23 Wirtschaftswegeüberführung BAB A 8 Leonberg-Heimsheim, Ansicht

Der Rahmenriegel wird gemäß seiner Beanspruchung konsequent in ein Zugelement aus Stahl und ein Druckelement aus Beton aufgelöst, wobei der Zuggurt im Verbund mit der Fahrbahnplatte liegt, zum Zwecke der erforderlichen Biegesteifigkeit zur Abtragung der Verkehrslasten.

Bei dem im Ergebnis hoch aufgelösten und filigranen Erscheinungsbild sollte eine zu starke Krümmung des Druckgurtes vermieden werden, da sonst der Eindruck entsteht, es würde sich um ein Bogentragwerk handeln, was entschieden nicht der Fall ist (Bild 3.24).

Indem sich die Materialwahl konsequent aus der Hauptbeanspruchung ableitet und die Bauteilabmessungen auf das Notwendigste reduziert sind, ergibt sich eine sachliche, präzise Ausdrucksform von großer Tiefenschärfe (Bild 3.25).

Bild 3.24 Wirtschaftswegeüberführung BAB A 8 Leonberg-Heimsheim, Ansicht

Bild 3.25 Wirtschaftswegeüberführung BAB A 8 Leonberg-Heimsheim, perspektivische Ansicht

Im Übergang zur Böschung fügen sich die Materialien Baustahl, Beton und Natursteinpflasterung zu einem stimmigen Ganzen. Wichtig ist auch hier wieder, dass sich die einzelnen Elemente des Gesamtbilds klar voneinander absetzen, zum Beispiel auch mithilfe von Aufkantungen (Bild 3.26).

Wenn man den im Bild 3.15b) dargestellten Grundtyp gedanklich in der Mitte durchschneidet, erhält man eine einhüftige Rahmenlösung, streng nach dem Lehrbuch und semantisch korrekt sogar in semi-integraler Form (Bild 3.27).

Bild 3.26 Wirtschaftswegeüberführung BAB A 8 Leonberg–Heimsheim

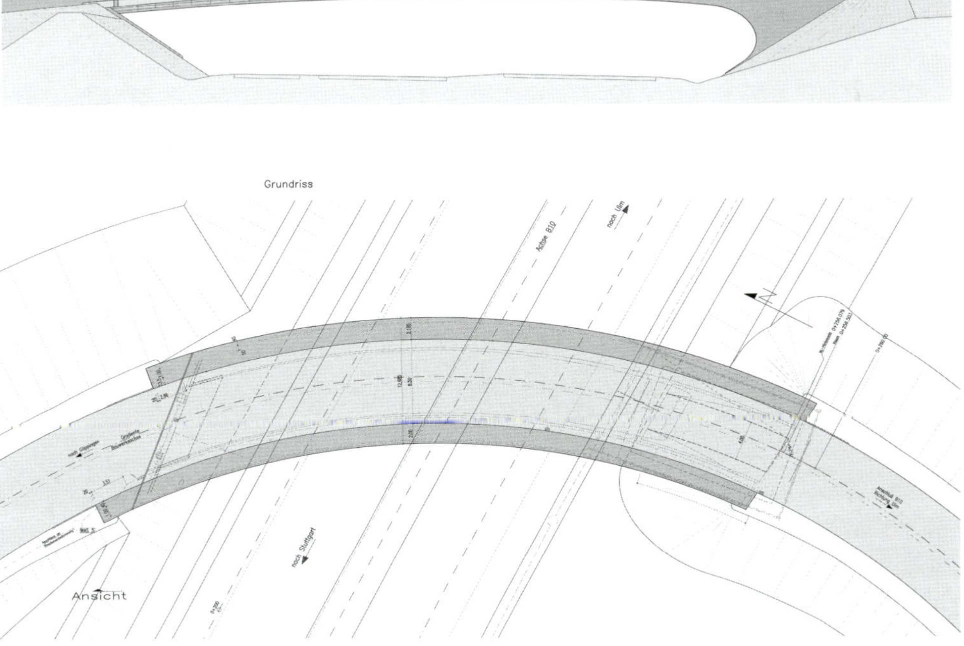

Bild 3.27 B10-Brücke bei Göppingen, Anschlussstelle Öde, Ansicht und Grundriss

Bild 3.28 B10-Brücke bei Göppingen, Anschlussstelle Öde, perspektivische Ansicht

Bild 3.29 B10-Brücke bei Göppingen, Anschlussstelle Öde, Untersicht

Die bisher dargelegten Grundprinzipien bleiben die gleichen, mit der Ergänzung, dass die Summe der Massen noch stärker aus der Hauptöffnung herausgenommen wurde auf Kosten einer entsprechenden Konzentration im Bereich des Rahmenstiels, was dem Ganzen jedoch eine ungeheure Spannung verleiht und die Brücke wie schwerelos aus der Böschung herausschweben lässt (Bild 3.28).

Eine weitere Besonderheit besteht darin, dass das Überführungsbauwerk im Grundriss gekrümmt ist und die unten liegende Straße schiefwinklig kreuzt (Bild 3.27). Wichtig ist in dieser Situation, die Schiefwinkligkeit bewusst aufzugreifen und sämtliche Kanten des Überführungsbauwerks, die (quasi) senkrecht zu seiner eigenen Trassierung verlaufen, parallel zur unten liegenden Straße auszurichten.

Eine herstellungs- und vor allem schalungstechnische Herausforderung, die im Ergebnis eine räumliche Brückenplastik von expressionistischer Ausdruckskraft hervorbringt, zeigt Bild 3.29.

Zusammenfassend lässt sich festhalten, dass Einfeldrahmen organische Formen „aus einem Guss“ darstellen und einen extrem breiten Gestaltungsspielraum eröffnen.

Dem ästhetisch offenen Entwurfsingenieur sind keinerlei Grenzen gesetzt, weder im Aufriss noch im Grundriss, auch nicht was die Querschnittsgestaltung betrifft, geschweige denn die Materialwahl oder gar ihre Durchmischung.

3.3 Sprengwerke und sprengwerkartige Bögen

Sprengwerke können als eine Mischung aus Einfeldrahmen und mehrfeldrigen Rahmenbrücken aufgefasst werden (Bild 3.30). Es überlagern sich die in den Abschnitten 3.1 und 3.2 dargelegten Prinzipien.

Ein herausragendes Beispiel ist die 1963 erbaute Glemstalbrücke (Bild 3.31).

Dieses ungewöhnliche bogenartige Sprengwerk verzichtet völlig auf die üblichen Aufständerungen und stellt das landschaftlich überaus reizvolle Glemstal weitgehend frei [19].

Dieser Tradition verpflichtet wurde knapp fünfzig Jahre später eine semi-integrale Eisenbahnbrücke im Zuge der Hochgeschwindigkeitsstrecke durch den Thüringer Wald entworfen, die sich ebenfalls äußerst harmonisch in die Landschaft einpasst (Bild 3.32).

Bild 3.30 Statische Systeme

Bild 3.31 Glemstalbrücke bei Schwieberdingen

Bild 3.32 Grubentalbrücke

Bild 3.33 BW 18ü1 Tor nach Dresden

Gegenüber einer Rahmenkonstruktion mit senkrechten Stielen spannt sich der Überbau beim Sprengwerk deutlich stärker in die Rahmenecke ein. Dieser Punkt bildet allein auch wegen der geometrischen Verzweigung einen optischen Schwerpunkt, eine Konzentration der Massen (Bild 3.33).

Wenn man dann die Bauteilabmessungen der Riegel und Stiele ihrer Momentenbeanspruchung entsprechend auf diesen Punkt hin anvoutet und durchaus behutsam mit großen Ausrundungsradien operiert, kann sich ein spannungsreiches elegantes Tragwerk ergeben. Wichtig ist auch die Neigung der Stiele, die nicht zu steil sein darf, weil sonst der „Tisch" schnell plump wirkt.

Bei vergleichbaren Randbedingungen wurde bei dem in Bild 3.34 abgebildeten Überführungsbauwerk ein anderer Weg eingeschlagen, nämlich die optische Masse in Feldmitte zu erhöhen. Eine in jedem Fall sehr organische und gestalterisch neuartige Alternative.

Bild 3.34 Überführung Kirchheim (Teck)

Bild 3.35 Überführungsbauwerk Wölkau BAB A 17 Dresden–Prag

Bild 3.36 Südrampe des St. Bernardino Passes oberhalb von Mesocco, Tessin, zwei Bogenbrücken

Bei einem weiteren Überführungsbauwerk im Zuge der BAB A 17 nach Prag wurde stärker an der Bogenform entlang entworfen und zusätzlich mit einem hochfesten Beton gearbeitet mit dem Ergebnis einer unglaublich schlanken, bestechenden Konstruktion (Bild 3.35).

3.4 Hybride Konstruktionen

Kombiniert man bogenartige Strukturen mit rahmenartigen, gerne auch unsymmetrisch, bzw. ergänzt sie um sprengwerkartige Teilsysteme oder Ähnliches, führt dies im Ergebnis zu einem äußerst komplexem Tragverhalten mit nicht minder komplexer Formensprache.

Ein frühes Beispiel dieser Denkweise sind die beiden hintereinander liegenden Bogenbrücken in der Südrampe der San Bernardino-Passstraße (Bild 3.36) [19].

Es gibt keine Priorisierung einer bestimmten Tragwirkung mehr – alles wirkt monolithisch zusammen. Mehrfeldriger Rahmen in der Hauptöffnung gestützt durch einen Bogen, der aber zusätzlich mit dem Überbau via Ständer gekoppelt auch noch zusätzlich wirkt – mit einem Wort: hybrid.

Das 2012 fertiggestellte Murrtalviadukt stellt mit 420 m Gesamtlänge die in Deutschland aktuell längste semi-integrale Straßenbrücke dar (Bild 3.37).

Die Anordnung von zwei Bögen in etwa in der Mitte des Brückenzuges ist für sich genommen schon eine Besonderheit. Durch die integrale Umsetzung wird der Entwurf einmalig und unverwechselbar.

Bild 3.37 Murrtalviadukt, Luftbild (Foto: Reinhard Mederer)

Über die gesamte Länge von 420 m kann trotz des hybriden Tragsystems ein hohes Maß an Integrität und formalem Gleichklang erzielt werden, was dem integralen Gedanken geschuldet ist.

Der zweistegige Plattenbalken bleibt als durchlaufender Rahmenriegel (und nicht nur Durchlaufträger) sehr schlank, fasst die Talbrücke auf Fahrbahnhöhe als zierliches Band und bindet es optisch zusammen. Die oben und unten eingespannten Rahmenstiele können ebenfalls äußerst schlank werden mit am Überbau bzw. Bogen einfachen und ganz klaren Fügungspunkten – biegesteif eben.

Im Bogenbereich bleibt die Haupttragwirkung als Bogen primär. Dennoch gibt es auch die Sekundärtragwirkung zusammen mit Ständer und Überbau. Dies hilft zusätzlich der Stabilität, vor allem aber hilft es dem filigranen Erscheinungsbild.

Hybride integrale Tragsysteme gestatten es, auch verhältnismäßig große Stützweiten mit wenig Auflagerpunkten zu überbrücken.

In Bild 3.38 ergibt sich das Gesamterscheinungsbild hybrid und besteht somit definitionsgemäß aus einer Zusammensetzung von Verschiedenem.

Das in Bild 3.39 abgebildete Tragwerk überspannt das Tal auf 417 m Länge als Dreifeld-Bauwerk mit einer Hauptöffnung von 260 m und Seitenfeldern von 66 m bzw. 91 m.

Bild 3.38 Murrtalviadukt, Detail (Foto: Reinhard Mederer)

Bild 3.39 Brücke über die Tamina, visualisierte Ansicht

Die Endfelder (Bild 3.40a)) werden durch einhüftige Rahmen – man könnte auch von zwei halbseitigen Sprengwerken sprechen – ohne weitere Zwischenunterstützung überspannt. Die Masse konzentriert sich optisch der Momentenbeanspruchung gemäß in der Rahmenecke. Riegel und Stiel erhalten zu diesem Punkt hin einen gevouteten Verlauf. Die Hauptöffnung (Bild 3.40b)) wird von einem Bogen überspannt, der sowohl in der Ansicht mit veränderlicher Bauhöhe als auch im Grundriss mit variabler Querschnittsbreite entsprechend den Beanspruchungen dimensioniert ist, was die Untersicht spannungsreich und elegant erscheinen lässt (Bild 3.41), vor allem wegen der Taillierung.

Den Abschluss (Bild 3.40c)) bildet ein mehrfeldriger Rahmen, wobei die Bauhöhe des Rahmenriegels (Überbau) variabel mit zunehmender Spannweite ist. Wichtig ist, dass der Bogen mit dem Überbau verschmilzt. Die Ständer ergänzen als Stiele den Rahmen (Bild 3.40d)) (Bogen und Überbau) und sind senkrecht auf dem Bogen angeordnet. Für die Endfelder ergibt sich die Neigung aus dem Sprengwerk. Zwischen den Kämpfern ist sie auch für die Ständer (Stiele) statisch richtig. Wichtig ist, die Abstände der Ständer mit größer werdenden Abständen zu den Widerlagern hin ebenfalls variabel zu halten. Dies verleiht der Brücke eine behutsame Rhythmik.

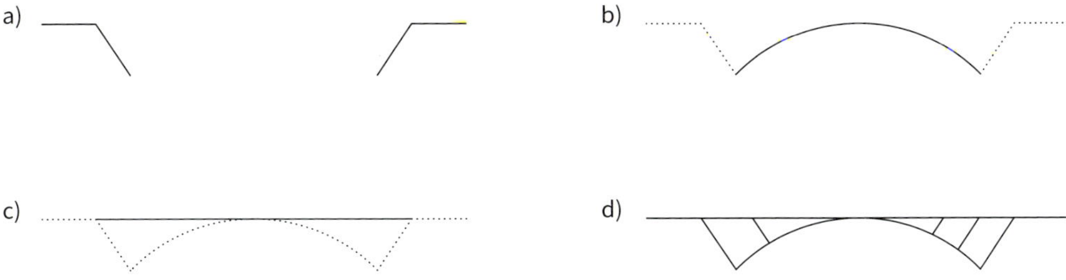

Bild 3.40 Brücke über die Tamina

Bild 3.41 Brücke über die Tamina, Untersicht

Am Ende ist alles zum Ganzen „zusammengebacken“, alle (Einzel-)Tragwerke tragen entsprechend ihrer Steifigkeit mit und bilden als integraler monolithischer Gesamtkörper bei aller Verschiedenheit im Einzelnen ein Kunstwerk von souveräner Integrität (Bild 3.42).

Bild 3.42 Brücke über die Tamina

4 Entwurf

Bei integralen Brücken handelt es sich um sehr komplexe Strukturen, bei denen im Entwurfsprozess nicht auf Bauteilebene gearbeitet werden oder das Bauwerk isoliert vom Untergrund betrachtet werden kann. Daher sollen im folgenden Abschnitt wesentliche Einflussgrößen auf das Tragverhalten beschrieben werden, welche besonderer Aufmerksamkeit bedürfen.

4.1 Allgemeines

Anzumerken ist in diesem Kontext, dass eine Variation jeder einzelnen Eingangsgröße, welche bei Anwendung des semiprobabilistischen Teilsicherheitskonzepts stets erforderlich ist, Auswirkungen auf die übrigen das Tragverhalten steuernden Parameter hat. Daher muss bereits im Entwurfsstadium ein iteratives Vorgehen am Gesamtsystem Untergrund – Bauwerk stattfinden. Eine eingehende Betrachtung der unterschiedlichen Einflussparameter auf das Tragverhalten integraler Brücken erfolgt in [3] und [20], wobei die an ausgeführten Bauwerken gewonnenen Erfahrungen einschließlich der verbesserten Modellierungs- und Simulationsmethoden in den letzten 20 Jahren zu neuen Erkenntnissen geführt haben.

Bereits in [3] wurden die grundlegend diametralen Anforderungen an eine integrale Brücke im Entwurfsstadium durch mehrere Zielkonflikte beschrieben. Der erste Optimierungsprozess für den Tragwerksplaner ergibt sich zwischen einer möglichst großen Einspannung des Überbaus bei Lasteinwirkung und einer möglichst hohen Flexibilität bei Zwang.

Dabei sind diese Aspekte nicht nur für das isolierte Bauwerk, sondern auch für das Gesamtsystem aus Bauwerk und Baugrund zu beachten. Dieses Verhalten wird durch die Bauwerks-Baugrund-Interaktion beschrieben und führt dazu, dass die Wahl und der Ansatz von Bodenkennwerten im Rahmen der Bemessung große Auswirkungen auf das gesamte Verhalten einer Konstruktion ausüben. Beim Entwurf können somit zwei Philosophien verfolgt werden:

- Ausbildung eines geringen Einspanngrades im Bereich der Widerlager bzw. Stützen und geringe Biegesteifigkeit der Gründung. Durch die Flexibilität kann eine gewisse Rotationsfähigkeit des Überbaus vorausgesetzt werden und die Rahmenecke kann aufgrund der geringeren Momente relativ einfach ausgebildet werden. Die Feldmomente stellen sich ähnlich wie bei einem konventionellen Tragwerk ein. Diese Praxis ist in den USA und Kanada sehr gebräuchlich und in den zugehörigen Richtlinien beispielsweise bei Spundwandgründungen mit zahlreichen Erfahrungswerten auch bei größeren Tragwerkslängen und Temperaturgradienten belegt.
- Hohe Biegesteifigkeit des Widerlagers bzw. kurze, massive Stützen sowie eine massiv ausgebildete Gründung führen zu einer hohen Einspannwirkung des Überbaus. Dadurch können schlankere Überbauten realisiert werden, weil ein Teil des Momentes vom Feldmoment zum Rahmeneck verlagert wird. Die Ausbildung eines solchen Rahmenecks erfordert jedoch höheren Aufwand für die Bemessung und konstruktive Durchbildung. Ferner muss das gewünschte Einspannmoment auch für die Gründung realisiert werden, wodurch zwangsläufig hohe Erdwiderstände und folglich auch möglicherweise hohe unerwünschte Zwänge entstehen.

Integrale Brücken: Entwurf, Berechnung, Ausführung, Monitoring, Erste Auflage.
Roman Geier, Volkhard Angelmaier, Carl-Alexander Graubner, Jaroslav Kohoutek.

Ein weiterer Zielkonflikt wird zwischen kleinen Verschiebungen und daraus resultierenden hohen Zwangsbeanspruchungen und zwischen kleinen Zwangsbeanspruchungen und dem Zulassen großer Bauwerksverschiebungen charakterisiert.

Der entwerfende Ingenieur ist daher mit zwei diametral gegenüberstehenden Forderungen bei integralen Brücken konfrontiert. Einerseits werden für die Brückenenden geringe Verschiebungswege gewünscht, um den Übergang zwischen Tragwerk und freier Strecke ohne besondere Maßnahmen zu gewährleisten, wodurch jedoch bei behinderter Ausdehnung sehr große Zwangskräfte geweckt werden.

Andererseits treten bei großen Verschiebungswegen kleine Zwangsbeanspruchungen im Überbau auf, die besser beherrscht werden können. Für die sich dann einstellenden größeren Längenänderungen am Tragwerksende sind jedoch geeignete und vor allem dauerhafte bauliche Lösungen erforderlich.

Der entwerfende Ingenieur muss sich also in diesem Spannungsfeld bewegen und kann den Entwurf nur in die eine oder andere Richtung unter Berücksichtigung der gegebenen Randbedingungen optimieren. Die gewählte Variante kann gemäß Kapitel 3 auch bei der Gestaltung zum Ausdruck gebracht werden. Einfluss auf den Entwurf haben folgende Parameter:

Gründung
- Steifigkeit (horizontal, vertikal) und Rotationsfähigkeit der Gründungselemente für die Widerlager und Stützen,
- Ausführung als Flach- oder Tiefgründung,
- Ausführung der Hinterfüllung,
- Baugrundeigenschaften.

Unterbau
- Biegesteifigkeit der Stützen längs und quer,
- Geometrie der Stützen und des Widerlagers in Längs- und Querrichtung,
- Steifigkeit des Widerlagers horizontal und vertikal,
- Rotationssteifigkeit des Widerlagers um die vertikale Achse,
- resultierender Erddruck auf das Widerlager durch zu erwartende Tragwerksbewegungen und die gewählte Hinterfüllung,
- Anschluss der Stützen und der Widerlager an den Überbau.

Überbau
- Geometrie und ggf. Krümmung (Öffnungswinkel, Krümmungsradius) im Grundriss und Aufriss,
- Grad der Behinderung für die Längsausdehnung,
- Steifigkeit des Überbaus in Längs- und Querrichtung,
- Länge des Bauwerks.

Durch die geschickte Wahl des Tragsystems – welches auf den anstehenden Boden abgestimmt ist – können unter Beachtung der angeführten Einflussparameter herausragende Bauwerke in integraler Bauweise erstellt werden (Kapitel 3). Die am Entwurfsprozess beteiligten Ingenieure sind aber in diesem Fall deutlich mehr gefordert, als dies bei einer konventionellen Brücke der Fall wäre.

In den folgenden Abschnitten werden daher wesentliche Einflussgrößen auf das Bauwerk beschrieben, um die Sensibilität der beteiligten Ingenieure für den iterativen Entwurfsprozess zu wecken.

4.2 Bauwerk-Baugrund-Interaktion

Beim Entwurf integraler Brücken ist eine vom Boden isolierte Betrachtung des Tragwerks nicht möglich, da zwischen Untergrund – in den das Tragwerk vollständig eingebettet ist – und Brücke starke Wechselwirkungen bestehen, die beim Entwurf, bei der Bemessung und auch bei der Bauausführung in geeigneter Weise berücksichtigt werden müssen.

Die Bauwerk-Baugrund-Interaktion ist durch die statisch unbestimmte Lagerung der Brücken und die daraus folgenden Zwänge ein sehr wesentlicher Aspekt integraler Bauwerke, welcher hoher Aufmerksamkeit bedarf. Neben der in Abschnitt 4.1 angeführten allgemeinen Beschreibung der Einflussparameter sind für den Baugrund folgende Parameter hervorzuheben:

- Nachgiebigkeit des Baugrundes,
- Nachgiebigkeit des Hinterfüllmaterials,
- mobilisierter Erddruck durch die Widerlagerverschiebung (positive und negative Wandverschiebungen).

Generell werden die Systemeigenschaften integraler Brücken maßgeblich aus dem Steifigkeitsverhältnis zwischen Überbau, Unterbau und Gründung beeinflusst und sind daher für den Entwurf immer gemeinsam zu betrachten. Dennoch soll im Folgenden versucht werden, zur Erläuterung wesentliche Einflussparameter auf den Entwurf und deren Auswirkungen auf das Systemverhalten etwas isolierter voneinander darzustellen.

Bei konventionell gelagerten Brücken ist das Verhältnis der Steifigkeit zwischen Überbau und Unterbau hoch und Verformungen des Überbaus können sich mehr oder weniger ungehindert einstellen. Dadurch werden Zwangsnormalkräfte im Überbau stark reduziert bzw. weitgehend vermieden. Wird nun das Steifigkeitsverhältnis zwischen Überbau und Unterbau kleiner, so treten durch die teilweise behinderte Ausdehnung des Überbaus Zwangsnormalkräfte auf, deren Größenordnung vom Grad der behinderten Längsausdehnung abhängig ist.

Eine für integrale Brücken grundlegende Eigenschaft ist die Veränderlichkeit der auftretenden Erddrücke hinter den Widerlagern und den Gründungselementen aufgrund der zyklischen Temperaturdehnungen des Überbaus (Bild 4.1). Hinzu kommen die Langzeiteffekte aus Kriechen und Schwinden, die zu einer Verkürzung und damit zu einer Abnahme der Erddrücke hinter dem Widerlager führen.

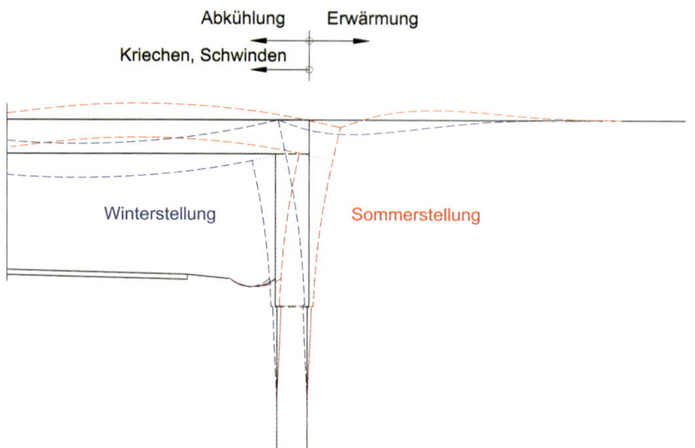

Bild 4.1
Temperaturverhalten eines integralen Widerlagers

Bei symmetrischen Tragwerken liegt der Verschiebungsruhepunkt in Tragwerksmitte und die daraus resultierenden Beanspruchungen an den Widerlagern sind identisch. Bei unsymmetrischen Tragwerken muss der Verschiebungsruhepunkt in Abhängigkeit der Steifigkeit des Tragwerks und des Unterbaus ermittelt werden, wodurch sich auch unterschiedliche Beanspruchungen der beiden Widerlager ergeben können.

Dabei sind nicht nur die rein translatorischen Bewegungen infolge der Temperatur bzw. der Langzeiteffekte Kriechen und Schwinden zu berücksichtigen, sondern auch ggf. auftretende Rotationen des Widerlagers bzw. der Gründung, die sich aus der Beanspruchung des Widerlagers aus dem Erddruck ergeben können.

Allgemein formuliert sind bei integralen Brücken folgende Grenzfälle für den Erddruck zu berücksichtigen (im Speziellen siehe dazu Abschnitte 5.2.4 und 5.4):

- Reduzierte Erddruckbeiwerte: infolge der Tragwerksverkürzung können diese bei konventioneller Hinterfüllung auf den aktiven Erddruck als untere Grenze abgemindert werden. Bei eigenstandsicherer Hinterfüllung ist in diesem Fall auch eine Reduktion auf 0 denkbar.
- Erhöhte Erddruckbeiwerte: infolge der Tragwerksverlängerung, wobei die Größenordnung von der Ausbildung des Widerlagers abhängig ist und für jedes Projekt gesondert festgelegt werden muss.

Zur Steuerung der Bauwerk-Boden-Interaktion und der im Tragwerk resultierenden wirkenden Schnittgrößen ist die Ausbildung des Widerlagers wesentliches Kriterium. In Hinblick auf das Interaktionsverhalten können für das Widerlager die folgend beschriebenen Ausführungsformen definiert werden.

Steifes Widerlager
Durch geeignete konstruktive Maßnahmen soll die Längsausdehnung des Tragwerks verhindert werden. Bei der Planung eines steifen Widerlagers sind das statische System sowie die gegebenen Randbedingungen sehr wesentlich.

Zum Beispiel kann auf gewachsenem Fels oder zwischen zwei massiven Gegenlagern wie beidseits angeordnete Tunnelportale (z. B. Sunnibergbrücke in der Schweiz) mit vertretbarem technischen Aufwand ein steifes Widerlager realisiert werden. Hingegen ist bei normalen Böden und nur wenigen Tragwerksfeldern ein solches steifes Widerlager in der Realität kaum zu realisieren (vgl. dazu Oberwarter Brücke, Abschnitt 7.4.2).

Die Umsetzung eines steifen Widerlagers auf durchschnittlich anstehende Böden erfordert einen zielgerichteten Entwurf des statischen Systems, bestehend aus einem schlanken Überbau mit zahlreichen, relativ kurzen Tragwerksfeldern (Bild 4.2). Dieses Konzept ist den ursprünglichen Gewölbebrücken in Natursteinbauweise sehr ähnlich. Der Aufwand für die Herstellung eines unverschieblichen (steifen) Widerlagers ist bei einem solchen System weitaus niedriger und technisch sowie wirtschaftlich sinnvoll umsetzbar.

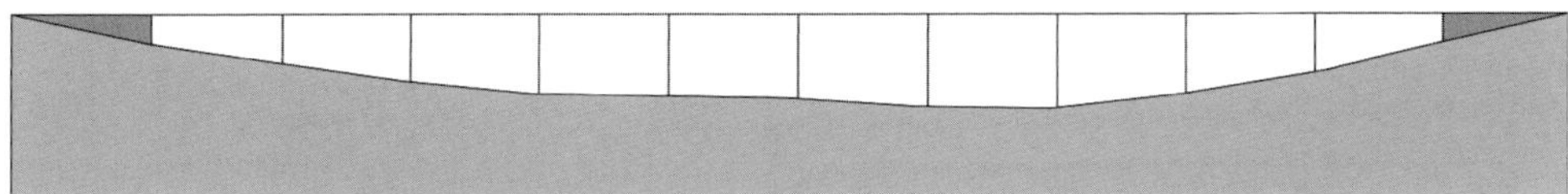

Bild 4.2 Vielfeldriger Überbau mit kurzen Stützweiten

Konventionelles Widerlager

Dieses liegt zwischen den Grenzfällen des steifen und des flexiblen Widerlagers und stellt die Mehrzahl an realisierten Widerlagern integraler Brücken dar. Das konventionelle Widerlager wird dadurch definiert, dass nahezu die gleichen Längenänderungen am Widerlager wie bei konventionell gelagerten Brücken auftreten und das Maß der Längsverschieblichkeit hauptsächlich durch den Brückenentwurf (z. B. Geometrie im Grundriss und Aufriss) bestimmt wird. Charakteristisch ist ferner, dass durch die Relativverschiebungen zur Hinterfüllung und dem angrenzenden Bodenkörper Erddrücke in unterschiedlicher Größenordnung mobilisiert werden (positive und negative Wandverschiebungen gemäß Bild 4.1). Als Größenordnung für die zu erwartenden Verschiebungen wird auf Tabelle 4.1 verwiesen.

Tabelle 4.1 Freie Dehnung für Betonüberbauten in C30/37 bei üblichen Verhältnissen für 37K/27K, Angabe von Richtwerten

Einwirkung	Char. Wege Tragwerk [‰]	Relevanz für Übergang
Abfließende Hydratationswärme	–0,10	N
Autogenes Schwinden ε_{cas}	–0,08	N
Trocknungsschwinden ε_{cas}	–0,30	J
Bremsen		J
Temperaturschwankung $\Delta T_{N,neg}$	–0,27	J
Temperaturschwankung $\Delta T_{N,pos}$	+0,37	J
Summe Längung	+0,27	
Summe Verkürzung	–0,75	
Gesamtdehnung	–1,02	

Flexibles Widerlager

Ziel der flexiblen Widerlagerausbildung ist die Reduktion der Zwänge im Überbau durch eine nachgiebige Unterbaukonstruktion (Widerlager und zugehörige Gründung) und den daraus resultierenden Relativverschiebungen zum angrenzenden Erdkörper. Dies kann auf unterschiedliche Wege erreicht werden:

- Das klassische Konzept des flexiblen Widerlagers von *Pötzel* und *Naumann* [21], welches auch in Großversuchen und ersten Bauwerken eingehend untersucht wurde. Durch den Einbau von nachgiebigen Werkstoffen hinter dem Widerlager oder im Bereich der Gründung werden Relativverschiebungen des Bauwerks möglich, ohne besondere Zwangsnormalkräfte im Tragwerk zu erzeugen (siehe Bild 4.3). Die auftretenden Längenänderungen hinter dem Tragwerk müssen jedoch aufgenommen werden und konstruktiv für den Übergang auf die freie Strecke gelöst werden.
- Eine andere Möglichkeit ist es, das Widerlager selbst so auszubilden, dass dieses im Vergleich zum Überbau eine sehr niedrige Steifigkeit aufweist und so bei Längenänderung ebenfalls nur wenig Zwang entsteht. Diesbezüglich sind als Beispiel Spundwandgründungen (siehe Abschnitt 6.4) anzuführen, die außerhalb des D-A-CH-Bereiches durchaus gebräuchlich sind, um integrale Bauwerke zu gründen.

Bild 4.3 Ausführung eines flexiblen Widerlagers mit Weicheinlage

Bei der Beurteilung der Steifigkeit des Widerlagers ist auch auf den Beitrag der Flügelwände zur Gesamtsteifigkeit zu achten. Durch entsprechend gestaltete Konstruktionen wie beispielsweise durch Hängeflügel kann eine geringere Steifigkeit und bei kastenförmiger Ausbildung eine größere Steifigkeit erreicht werden.

Die Zusammenarbeit zwischen Tragwerksplaner und Bodengutachter ist daher für integrale Brücken ein entscheidendes Kriterium, um das vorhandene Potenzial der Bauweise nutzen zu können. Eine auf der „sicheren Seite“ liegende Angabe der Bodenparameter ist für integrale Brücken nicht möglich, da entweder die durch den Boden geweckten Zwangsschnittgrößen im Überbau oder andererseits die auftretenden Widerlagerbeanspruchungen aufgrund der Dehnwege zu niedrig eingeschätzt werden. Auch diesbezüglich handelt es sich um eine völlig andere Ausgangslage, als dies beim Entwurf konventioneller Tragwerke der Fall ist.

Bei der Bemessung von integralen Brücken ist es daher zweckmäßig, für die erforderlichen Bodenparameter einen oberen und unteren Grenzwert anzugeben und für diese Werte eine Berechnung durchzuführen. Alleine durch diese Betrachtungsweise wird klar, dass die Bemessung einer integralen Brücke höhere Ansprüche an den Tragwerksplaner stellt sowie die Interaktion und enge Abstimmung zwischen Bodengutachter und Tragwerksplaner erfordert.

4.3 Gründung und Unterbau

Während die grundlegenden Verhältnisse für das Widerlager bereits im Abschnitt 4.2 beschrieben wurden, sollen in diesem Abschnitt noch besondere Aspekte der Gründung und des Unterbaus angeführt werden, welche einen Einfluss auf das Systemverhalten haben.

Die einfachste und auch sehr gebräuchliche Ausführung für den Unterbau integraler Brücken stellt der flach gegründete Einfeldrahmen dar. Diese Bauweise ist im Regelfall bis Stützweiten von etwa 25 m in schlaff bewehrter Ausführung weit verbreitet, wenn der anstehende Boden eine solche Ausführung zulässt.

Folgende Entwurfskriterien sind bei der Ausbildung einer Flachgründung zu berücksichtigen (siehe dazu auch Abschnitt 5.4.2):

- Die insbesondere bei Einfeldrahmen auftretenden Verdrehungen des Widerlagers bzw. abhebende Kräfte sind zu berücksichtigen, um klaffende Fugen zwischen Flachgründung und Untergrund zu vermeiden.
- Durch die Ausbildung eines kastenförmigen Widerlagers, bestehend aus der Flachgründung und den Flügeln, können steifere Widerlager erreicht werden.
- Sollten bei Flachgründungen weichere Konstruktionen erwünscht sein, so können diese durch scheibenförmige Ausbildung oder durch eine größere Widerlagerhöhe erzielt werden. Dabei kann jedoch der Erddruck auf die Widerlagerwand selbst das Bemessungskriterium darstellen. Daher ist die Variation der Widerlagerhöhe nur innerhalb bestimmter Grenzwerte sinnvoll.

Des Weiteren ist im Entwurf besonders bei kleineren integralen Brücken darauf zu achten, dass bei schiefen Widerlagern – also nicht senkrecht zur Bewegungsrichtung angeordneten Unterbauten – im Grundriss gesehene Rotationskräfte auf das gesamte Bauwerk wirken. Diese können im Extremfall zu einer Bewegung des Tragwerks führen. Generell kommt es zu einer Umlagerung der Erddrücke in Richtung des stumpfen Eckes und müssen im Entwurf und in der Bemessung berücksichtigt werden [20].

Bei größeren Stützweiten wird jedoch vermehrt die Tiefgründung bevorzugt, da generell eine flexiblere Konstruktion zur Lastabtragung sowie der Abtragung von Zwangskräften zur Verfügung steht.

In Kombination mit schlanken und hohen Pfeilern ist mit einer Tiefgründung eine längsdehnweiche Konstruktionsform vorhanden. Die Flexibilität kann durch die Anordnung einer einzelnen Pfahlreihe gegenüber einem Pfahlbock mit vertikalen oder geneigten Pfählen (vgl. dazu Abschnitt 7.4.1) weiter erhöht werden. Hinzu kommt, dass durch spezielle bauliche Maßnahmen im oberen Bereich der Pfähle die Elastizität der Gründung noch weiter vergrößert werden kann. Beispielsweise kann der obere Pfahlbereich durch eine Ummantelung mit einer Weicheinlage, mit einem Mantelrohr oder auch durch gezielte Auflockerungen des Untergrundes im Zuge der Bauherstellung weicher gestaltet werden.

Um das bei integralen Brücken zumeist gewünschte hohe Verformungsvermögen einer Gründung zur Vermeidung von hohen Zwangsschnittgrößen zu aktivieren, sollte bei einer Tiefgründung die Anordnung von nur einer Pfahlreihe gegenüber mehrreihiger Anordnung bevorzugt werden, sofern die Lastabtragung in vertikaler Richtung gesichert ist.

Zusammenfassend sind folgende Entwurfskriterien bei der Ausbildung einer Pfahlgründung zu berücksichtigen (siehe dazu auch Abschnitt 5.4.3):

- Da bei integralen Brücken das Gesamtsystem aus Überbau, Unterbau und Gründung modelliert wird, sind die Pfähle mit möglichst realistischen Biegesteifigkeiten im Rechenmodell zu berücksichtigen.
- Für die Realisierung einer möglichst flexiblen Gründung ist die Ausbildung einer einzelnen Pfahlreihe zu bevorzugen.
- Um ein konventionelles, weniger flexibles Gründungsbauwerk zu erreichen, sind Pfahlgruppen, eventuell in geneigter Ausführung, zweckmäßig.
- Um eine Reduzierung der Pfahlsteifigkeit im Kopfbereich zu erreichen, können entweder Weicheinlagen oder Mantelrohre angeordnet werden oder als wirtschaftliche Alternative in Abhängigkeit des anstehenden Bodens auch bewusst im Zuge der Baumaßnahme Auflockerungen durchgeführt werden.
- Eine Mantelreibung der Pfähle sollte unter Berücksichtigung der zuvor genannten Kriterien nur in jenen Bereichen angesetzt werden, in der diese auch gesichert auftritt. Dabei ist die zyklische Beanspruchung im oberen Pfahlbereich zu berücksichtigen.
- Bei der Bemessung sind zumeist Grenzwertbetrachtungen (obere und untere Schranken, z. B. Bodenkennwerte) durchzuführen.

Durch die gezielte Anordnung von unterschiedlichen Neigungsverhältnissen der Widerlager können ästhetische Bauwerke mit schlanken Überbauten erreicht und gleichzeitig Vorteile für den Entwurf und die Ausführung genutzt werden. Beispielsweise führt ein Anzug der Widerlagerstirnwände in Richtung des Dammes zu folgenden Vorteilen:

- Bei einem solchen Widerlager kann eine Tragkonstruktion nahezu ohne Flügel entwickelt werden. Dadurch ist der Entwurf sehr flexibler Widerlager möglich.
- In Bezug auf die Sichtbeziehungen können für die darunter verlaufenden Verkehrswege Verbesserungen erreicht werden.

- Die vertikalen Tragelemente des Unterbaus sind weiter vom Lichtraum des Verkehrs entfernt. Dies ist nicht nur im Endzustand, sondern auch für die Herstellung zu berücksichtigen.

Demgegenüber stehen aber folgende Nachteile:

- Durch die nach hinten geneigte Widerlagerkonstruktion resultieren größere Spannweiten für das Randfeld und dadurch im Regelfall höhere Beanspruchungen, die sich in größeren Tragwerksquerschnitten niederschlagen können.
- Durch die Nutzung leichter Verbundkonstruktionen können die Nachteile der größeren Spannweite jedoch weitgehend kompensiert werden.
- Durch die größeren Bauwerksabmessungen ist die Herstellung tendenziell teurer.

Im Gegensatz dazu führt eine Neigung der Widerlagerstirnwände in Richtung Tragwerksmitte zu folgenden Aspekten, die bei der Konzeption des Tragwerks berücksichtigt werden müssen:

- Kleinere Spannweiten und dadurch geringere Beanspruchungen mit kleineren Bauteilabmessungen.
- Aufgrund der kleineren Abmessungen tendenziell günstiger.
- Zur Absicherung des Dammes sind große Flügelkonstruktionen erforderlich, welche zu einer sehr hohen Steifigkeit des Widerlagers führen.
- Das Widerlager befindet sich näher am Lichtraum des Verkehrs.

Neben dem Widerlager beeinflusst insbesondere die Ausbildung der Stützen das Steifigkeitsverhältnis von Überbau zu Unterbau. Aufgrund der horizontalen Pfeilerverformung hat die Gestaltung einen maßgeblichen Einfluss auf die Zwangsbeanspruchungen des Überbaus in Längsrichtung. Die Steifigkeit der Stützen in Längs- und Querrichtung kann über folgende Parameter gesteuert werden, wobei gerade bei im Grundriss gekrümmten Brücken auf eine möglichst verformungsfähige Konstruktion in Querrichtung geachtet werden muss:

- Stützengeometrie, insbesondere Stützenhöhe und zugehöriger Querschnitt. Durch die Ausbildung von zwei getrennten Halbstützen anstelle eines Vollquerschnittes kann die Flexibilität in Längsrichtung erhöht werden (siehe dazu Bild 4.4).
- Zugehöriges Gründungskonzept.
- Eine Vergrößerung der Feldweiten durch eine Reduktion der Stützenanzahl kann zu einer verminderten Verformungsfähigkeit der Brücke in Längsrichtung und anschließend zu einer Erhöhung der Zwangsschnittgrößen im Überbau führen.
- Durch die Anordnung von Vouten zwischen Überbau und Stütze kann das Verformungsverhalten, die Gestaltung des Bauwerks sowie die konstruktive Durchbildung positiv beeinflusst werden. Dadurch kann erreicht werden, dass sich ein Fließgelenk in Richtung der Pfeilermitte verlagert, eine erhöhte Rotationsfähigkeit und geringere Momentenspitzen sind die Folge. Eine Untersuchung der erforderlichen Bewehrungsmengen zeigt, dass bei einem 0,5 m breiten Pfeiler, der im Anschlussbereich an den Überbau auf 1,0 m aufgeweitet wird, deutliche Reduzierung der Bewehrungsmassen möglich werden. Gründe hierfür sind die Kombination aus guter Rotationsfähigkeit am Stützenfuß und großer statischer Nutzhöhe am Pfeilerkopf [22].

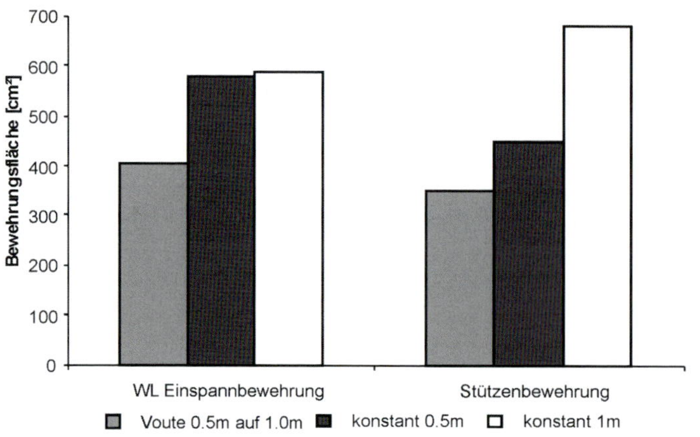

Bild 4.4 Reduzierung der Bewehrungsmengen infolge einer Voute

- Bei der Wahl der Querschnittsform für die Stützen ist bereits im Entwurf auf eine möglichst gleichmäßige Ausbildung des Spannungsverlaufs entlang der Stabachse zu achten, damit sich im Zustand II eine gleichmäßige Verteilung der Rissbreiten einstellt. Dadurch kann eine relativ gleichmäßige Verformungsarbeit der Stützen gewährleistet werden.

Eine weitere Möglichkeit im Entwurf bietet die Ausführung von Doppelpfeilern oder V-förmigen Stützen (Bilder 4.5 und 4.6). Dabei wird eine Reduktion der Schnittgrößen im Überbau bei gleichzeitiger Beibehaltung der Tragsicherheit erreicht.

Bild 4.5 Geteilte Rundstütze eines integralen Mehrfeldrahmens

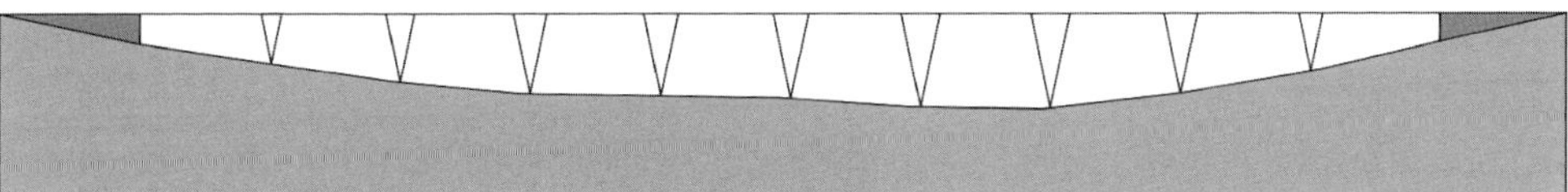

Bild 4.6 Reduktion der Stützweiten durch V-förmige Stützen

Wird bei größerer Tragwerkslänge die Ausführung des Bauwerks in semi-integraler Bauweise, d. h. mit Lagern und/oder Fugen im Bereich des Widerlagers erforderlich, so ist bereits im Entwurf darauf zu achten, wie Horizontalkräfte – etwa durch Bremsen und Anfahren im Eisenbahnverkehr – sicher in den Untergrund übertragen werden können. Da die Pfeiler entsprechend den grundlegenden Entwurfsprinzipen der integralen Brücken zumeist flexibel ausgebildet werden, ist die Abtragung dieser Kräfte zumeist nur durch die Anordnung von einzelnen massiven Pfeilerböcken möglich.

In diesem Zusammenhang ist auf besondere integrale und semi-integrale Tragwerke für den Eisenbahn-Brückenbau zu verweisen. Durch den Entwurf von integralen Mehrfeldrahmen konnten so wirtschaftliche, sehr dauerhafte und überdies auch noch optisch sehr ansprechende Bauwerke realisiert werden, um lange Talabschnitte zu überbrücken.

Die erforderliche Gesamtlänge des Brückenbauwerks wird aus mehreren, voneinander durch Fugen getrennte integrale Rahmen gebildet. Zur Aufnahme der großen Horizontalkräfte werden im Bewegungsruhepunkt der Tragwerke Aussteifungskonstruktionen vorgesehen, welche sehr gezielt zur Gestaltung des Brückenbauwerks eingesetzt werden können. Ein typisches Beispiel für die Umsetzung dieses Entwurfskriteriums stellen die im Zuge des Verkehrsprojekts Deutsche Einheit Nr. 8 [23] (Strecke Nürnberg – Berlin) realisierten Brücken dar, bei dem zahlreiche außergewöhnliche Bauwerke mit Gesamtlängen von 1.000 m errichtet werden konnten. Die Brücken wurden in den Einzelabschnitten integral ausgeführt und kommen zwischen den Einzeltragwerken ohne wartungsintensive Schienenauszüge aus.

Hier ist deutlich erkennbar, dass ein geschickt gewählter Entwurf, welcher auf die Rahmenbedingungen und Erfordernisse integraler Brücken im Spannungsfeld zwischen Zwang – Verschiebung – Flexibilität eingeht, zu außergewöhnlichen und sehr wartungsarmen Bauwerken führt.

4.4 Überbau

4.4.1 Krümmung im Grund- und Aufriss

Neben den bereits behandelten Aspekten gibt es auch einige Parameter, die beim Entwurf besonders den Überbau betreffen, jedoch auch Auswirkungen auf die übrigen Bauteile des Tragwerks haben.

Temperaturbeanspruchungen des Tragwerks führen, wie in Abschnitt 4.2 gezeigt, zu einer Verlängerung des Überbaus bei ansteigender und zu einer Kontraktion bei fallender Temperatur. Bei konventionell gelagerten Brücken können diese Dehnungen ungehindert im Überbau auftreten. Bei integralen Brücken führen diese Längenänderungen in Abhängigkeit des statischen Systems und der ausgeführten Widerlager zur

Mobilisierung von Erddrücken in unterschiedlicher Größenordnung. Diese können zu Zwangsschnittgrößen im Bauwerk führen.

Bei einem im Bogen angeordneten Tragwerk kann die Grundrisskrümmung hingegen sehr zweckmäßig für den Entwurf einer integralen Brücke genutzt werden. In Abhängigkeit des Krümmungsradius R und des Öffnungswinkels α kann die Flexibilität des Überbaus stark beeinflusst werden.

Der Grund für diese erhöhte Flexibilität des Überbaus in Längsrichtung ist, dass es bei Längenänderungen infolge Temperaturbeanspruchung zu einem radialen Ausweichen der Brücke kommt und nur deutlich niedrigere Normalkräfte bei den Widerlagern ankommen. Die Umsetzung eines steifen Widerlagers gemäß Abschnitt 4.2 ist daher bei einem gekrümmten Tragwerk deutlich einfacher und auch wirtschaftlich sinnvoll umsetzbar. Messungen an solchen Bauwerken (siehe Abschnitt 7.4) haben gezeigt, dass der Abbau von Zwangsnormalkräften im Überbau durch radiale Verschiebung des Tragwerks sehr gut funktioniert.

Ein besonderes Beispiel für die Anwendung dieses Entwurfsprinzips stellt die bereits angesprochene Sunnibergbrücke im Schweizer Kanton Graubünden als Teil der Umfahrung Klosters dar (Bild 4.7). Von der Typologie handelt es sich um einen gevouteten Durchlaufträger, wobei die Voute aufgelöst und oberhalb des Brückendecks angeordnet ist. Die Verbindung mit den Pfeilern ist in allen Achsen monolithisch. Ebenfalls monolithisch, und dies stellt bei 526 m Gesamtlänge des Tragwerks durchaus eine Besonderheit dar, ist der Anschluss des Überbaus an die beiden Widerlager.

Bild 4.7 Sunnibergbrücke im Kanton Graubünden

Als Begründung für die Umsetzung des Entwurfs diente die relativ starke Krümmung im Grundriss, was ein „Atmen“ – also ein radiales Ausweichen – der Brücke unter zum Beispiel Temperaturbeanspruchungen ermöglichen würde. Im Gegensatz zur Krümmung im Aufriss ist bei dieser Thematik für den Grundriss allerdings Vorsicht geboten. Die Brücke kann sich zwar über einen weiten Bereich dem Zwang aus Temperatur durch ein seitliches Ausweichen entziehen, im Widerlagerbereich jedoch nicht mehr – hier bleibt das Brückendeck aufgrund seiner großen Biegesteifigkeit in Querrichtung quasi voll eingespannt.

Bei einer ebenfalls integralen und im Grundriss gekrümmten Straßenbrücke im Zuge der Ostumfahrung Vaihingen in Stuttgart, die an beiden Enden monolithisch mit anschließenden Tunnelbauwerken verbunden ist, führte dieser Effekt ebenfalls zu erheblichen konstruktiven und herstellungstechnischen Problemen.

Dabei ist beim Entwurf jedoch unbedingt darauf zu achten, dass der Unterbau und die zugehörige Gründung dieses radiale Ausweichen der Konstruktion begünstigen und die Schnittgrößen in den Pfeilern aufgrund der größeren horizontalen Kopfverschiebung abgedeckt werden können. Möglichst flexible Tiefgründungen – gegebenenfalls auch mit zusätzlichen Maßnahmen im Kopfbereich der Pfähle – sind hier auf jeden Fall zu bevorzugen. Insbesondere wenn durch die Anlageverhältnisse nur geringe Pfeilerhöhen möglich sind.

Der Abbau von Zwangsnormalkräften im Überbau ist im Allgemeinen von den Einflussfaktoren Krümmungsradius, Öffnungswinkel, Steifigkeit des Überbaus und dem Steifigkeitsverhältnis zwischen Überbau und Unterbau in Querrichtung abhängig. Bei einer Parameterstudie an einer Brücke mit variablem Öffnungswinkel wurden die in Bild 4.8 dargestellten Ergebnisse für das Verhältnis zwischen den Zwangsnormalkräften am Widerlager zwischen einer geraden (N_{Gerade}) und einer gekrümmten (N_{Kreis}) integralen Brücke erzielt.

Dabei ist erkennbar, dass ein zunehmender Öffnungswinkel zu einer deutlichen Reduktion der Zwangsnormalkräfte in den Widerlagerachsen führt. Als wesentliches Kriterium ist zu berücksichtigen, dass der Überbau in Abhängigkeit vom Öffnungswinkel und dem Krümmungsradius in Querrichtung zusätzliche Zugbeanspruchungen erfährt,

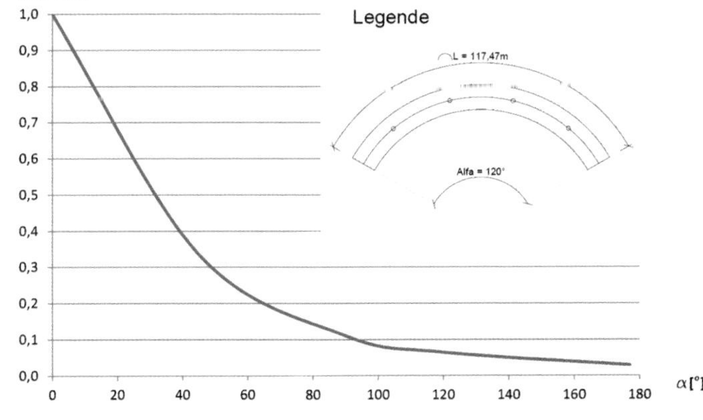

Bild 4.8 Einfluss der Krümmung auf die Normalkraft im Überbau

welche bei der Bemessung nachgewiesen und durch entsprechende Bewehrungsmengen abgedeckt werden müssen (Bild 4.9). Besondere Beachtung muss in diesem Zusammenhang auch den beiden Widerlagerachsen gewidmet werden. Dieser Effekt ist insbesondere in der Überlagerung mit anderen Beanspruchungen zu sehen.

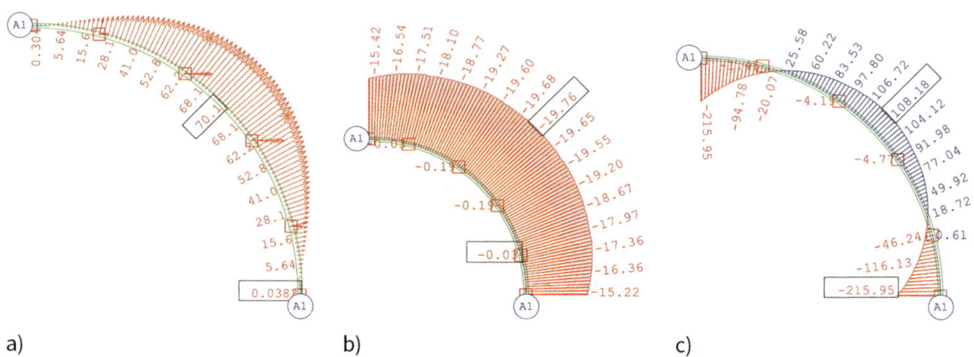

Bild 4.9 a) Verschiebungen, b) Normalkraft und c) Biegemomente eines gekrümmten integralen Tragwerks

Eine weitere Möglichkeit zum Abbau von Zwangsnormalkräften im Überbau ergibt sich, wenn Bewegungen eines biegeweichen Überbaus in vertikaler Richtung genutzt werden. Dies ist beispielsweise bei filigranen und leichten Geh- und Radwegbrücken sehr gut möglich, wobei im Wesentlichen die zuvor beschriebenen Aspekte für die Grundrisskrümmung im gleichen Maß Gültigkeit besitzen. Der Einfluss auf den Schnittgrößenverlauf im Überbau bei Überlagerung der verschiedenen Lastfälle ist in jedem Fall nachzuweisen.

Generell konnte festgestellt werden, dass auch bei massiv ausgeführten integralen Brücken ein Teil der Zwangsnormalkräfte infolge von Temperaturänderungen durch vertikale Bewegungen des Überbaus abgebaut werden kann und dadurch nur geringe Verschiebungswerte bei den Widerlagerachsen auftreten werden. Dieser Aspekt konnte bei mehreren Monitoringprojekten (siehe Abschnitt 7.4) nachgewiesen werden.

Dabei kommt es bei einer Tragwerksausdehnung infolge einer Erwärmung zu einer vertikalen Bewegung des Überbaus nach oben (Bild 4.10a)). Bei einer Tragwerksverkürzung infolge Abkühlung kommt es hingegen zu einer vertikalen Bewegung des Überbaus nach unten (Bild 4.10b)). Diese Effekte müssen bei der Bemessung einer Vorspannung sowie bei Kriechen und Schwinden berücksichtigt werden, um die gewünschte Tragwerksüberhöhung im Endzustand zu gewährleisten.

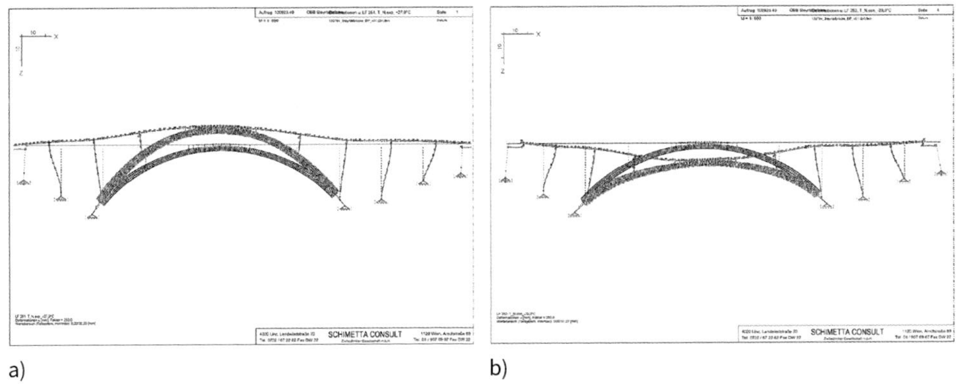

a) b)

Bild 4.10 Temperaturverhalten des Überbaus bei a) Erwärmung und b) Abkühlung

Zusätzlich sollte dieses, für integrale Brücken typische, Verhalten bei der Beurteilung von Ergebnissen üblicher Messprogramme dem zuständigen Ingenieur bekannt sein, da es sonst zu Fehlinterpretationen des Tragwerkzustands bei sinkenden Temperaturen geben kann. Zunehmende Durchbiegungen des Überbaus könnten in diesem Fall fälschlicherweise auch auf ein Problem mit dem Tragwerk zurückgeführt werden.

4.4.2 Vorspannung

Bei größeren Stützweiten integraler Brücken ist auch die Anwendung von Spannbeton sehr gebräuchlich. Dabei sind jedoch Besonderheiten bei der Systemwahl und der Bemessung zu berücksichtigen. Wie bereits in [2] angeführt, bedeutet Vorspannen auch eine Verkürzung des Tragwerks. Um die Vorspannungskraft im Überbau wirksam werden zu lassen, bedeutet dies auch, dass eine ungehinderte Verkürzung möglich sein soll. Diese ungehinderte Verkürzungsmöglichkeit ist bei integralen Bauwerken nicht gegeben. In Abhängigkeit der Längssteifigkeit des Überbaus, dem Steifigkeitsverhältnis zwischen Überbau und Unterbau und insbesondere der Flexibilität von Stützen in Längsrichtung werden der Wirksamkeit einer Vorspannung Grenzen gesetzt.

Im Extremfall bei nahezu unverschieblichen Widerlagern sowie kurzen und biegesteifen Pfeilern wird ein großer Teil der Vorspannkraft über den Unterbau und die Gründung in den Baugrund abfließen. Hingegen wird bei schlanken und biegeweichen Stützen eine Verkürzungsmöglichkeit des Tragwerks geschaffen und die gewünschte Vorspannkraft kann im Überbau wirksam werden.

Zu beachten ist ferner, dass sich die Normalkräfte aus Vorspannung mit den bei Tragwerksausdehnung möglicherweise auftretenden Zwangsnormalkräften überlagern. Bei zusätzlich auftretenden Biegedruckkräften aus Verkehrslasten kommt es zu nennenswerten Beanspruchungen des Überbaus, welche durchaus bemessungsrelevant werden können. Besonders zu beachten sind die Reaktionskräfte bei im Grundriss gekrümmten integralen Brücken, da durch die ungleich großen Umlenkkräfte im Überbau zusätzliche Biegebeanspruchungen entstehen.

Durch einen durchdachten Bauablauf von vorgespannten integralen Brücken kann jedoch gewährleistet werden, dass ein großer Teil der gewünschten Normalkraft auch tatsächlich im Überbau wirksam wird. Zum Beispiel können durch das Aufbringen der Vorspannung vor Herstellung des Lückenschlusses des Überbaus mit dem Widerlager oder durch die Verwendung von vorgespannten Fertigteilen sehr zweckmäßige Maßnahmen aus dem Bauablauf heraus (siehe Kapitel 7) gesetzt werden.

4.4.3 Optimierte Stützweiten der Randfelder

Durch die Optimierung der Stützweitenverhältnisse mehrfeldriger Rahmenbrücken können die entstehenden Schnittgrößen im Überbau sehr gut gesteuert werden. Dabei hat sich in einer Parameterstudie (siehe Abschnitt 4.5) als sehr vorteilhaft erwiesen, im Vergleich zur Regelstützweite vergleichsweise kurze Randfelder mit schlanken Überbauten anzuwenden. Die daraus resultierenden Biegemomente für das hochbeanspruchte Rahmeneck beim Widerlager konnten bei gleicher Tragwerkslänge um etwa 5 % reduziert werden. In Bild 4.11 wird ein Tragwerk mit einer Stützweite für das Randfeld von 25 m als System 1 und das Tragwerk mit einer Stützweite für das Randfeld von 18 m als System 2 bezeichnet.

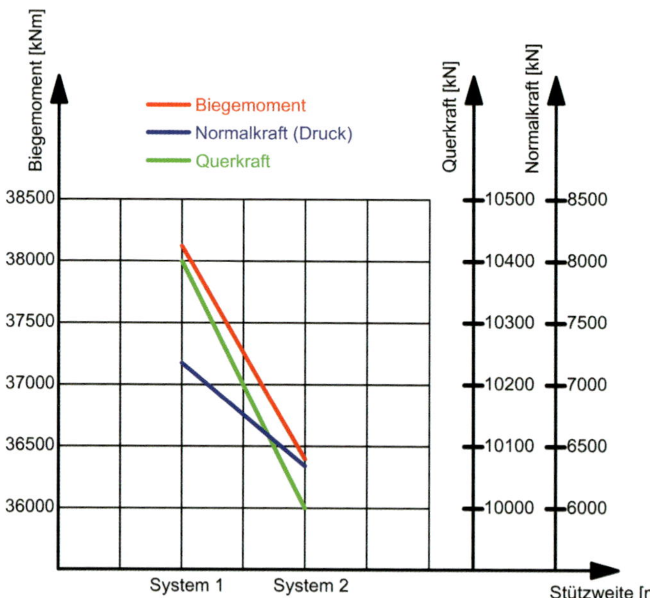

Bild 4.11 Einfluss der Stützweitenverhältnisse auf die Schnittgrößen im Rahmeneck des Widerlagers

Demzufolge ist es – sofern es die Topografie zulässt – für mehrfeldrige Rahmenbrücken günstig, mehrere, relativ kurze Stützweiten mit schlankem Überbau auszuführen, da sich dadurch die resultierenden Tragwerksdehnungen sowie Schnittgrößen infolge von Zwang reduzieren. Dieses Systemverhalten entspricht im Wesentlichen auch dem Tragverhalten großer, historischer Steinbogenbrücken und kann durch einen so gestalteten Entwurf auch für unsere modernen Werkstoffe umgesetzt werden.

4.4.4 Integrale Verbundbrücken

Neben Stahlbeton- und Spannbetonbrücken sind auch Verbundbrücken mit integralen Widerlagern sehr gebräuchlich. Neben dem geringeren Eigengewicht der Verbundkonstruktion sprechen insbesondere große Vorteile in Hinblick auf eine einfache und raschere Montage für den Einsatz dieses Brückentyps:

- Die Stahlträger können das Gewicht von Schalung und Frischbeton im Bauzustand tragen. Ein eigenes Leergerüst ist somit unter dem Tragwerk nicht erforderlich.
- Zeitersparnis für die Bauarbeiten, da die Verbundträger fertig angeliefert und eingehoben werden können.
- Das Widerlager kann, wenn insbesondere eine Widerlagerausführung mit Neigung zum angrenzenden Damm gewählt wird, nahezu außerhalb der Verkehrsflächen errichtet werden. Verkehrsbehinderungen werden dadurch auf ein Minimum reduziert.

Aus statischer Sicht spricht insbesondere die geringere Dehnsteifigkeit des Überbaus für die Anwendung bei integralen Brücken. Im Vergleich zu Stahlbetonbrücken sind dadurch die Zwangsschnittgrößen entsprechend kleiner. Auch bei Verbundbrücken in integraler Bauweise ist es für die Schnittgrößen günstiger, wenn der Stahlträger im Bereich der Einspannstellen bei Pfeilern und Widerlagern in der Bauhöhe vergrößert wird.

Bezüglich der Verbundbrücken mit integralen Widerlagern wird für weitere Details und konstruktive Hinweise auf das europäische Forschungsprojekt INTAB [24] verwiesen.

Bild 4.12 Eisenbahnbrücke der DB über die Saale in integraler Verbundbauweise

4.4.5 Integrale Fertigteilbrücken

Fertigteilbrücken haftet das negative Image der Monotonie und Gleichförmigkeit an. Dabei birgt die Fertigteilbauweise systembedingt große Vorteile hinsichtlich Herstellung, Fertigung und Qualitätssicherung der einzelnen Arbeits- und Herstellungsprozesse. Auch in Bezug auf Kosten und Ausführungstermine ist diese Bauweise sehr konkurrenzfähig.

Mit den integralen Brücken eröffnen sich nun völlig neue Spielräume für den Fertigteilbau, wie zum Beispiel Rahmenkonstruktionen in Verbundbauweise als Überführungsbauwerke eindrucksvoll beweisen.

Der Grundgedanke bei integralen Fertigteilbrücken besteht darin, den Überbau oder Teile des Überbaus vorzufertigen und biegesteif mit den in situ hergestellten Unterbauten und dem Widerlager zu verbinden und so beispielhaft folgende Vorteile für den Entwurf, die Berechnung und die Herstellung zu nutzen:

- Reduktion der Kriech- und Schwindverformungen für die Fertigteile und der daraus resultierenden Zwangsschnittgrößen.
- Entfall des Lehrgerüstes.
- Reduzierte Herstellungszeiten für den Überbau sind möglich.
- Durch die Kombination mit Stahlgründungen, wie beispielsweise Spundwandgründungen, werden sehr kurze Bauzeiten möglich (siehe dazu Abschnitt 6.4).

Auch die in Abschnitt 7.4.1 gezeigte Seitenhafenbrücke nutzt einige der angeführten Vorteile vorgespannter Fertigteile für die Stromöffnung in Kombination mit einer Fahrbahnplatte sowie Seitenfeldern und Unterbauten in Ortbetonbauweise.

4.5 Parameterstudie – Einflussgrößen auf den Entwurf

Zum besseren Verständnis des Tragverhaltens sowie der unterschiedlichen Einflüsse einzelner Entwurfsparameter integraler Brücken wurde eine Sensitivitätsanalyse erstellt. Dazu wurden einzelne Entwurfsgrößen bewusst unabhängig voneinander variiert und die Ergebnisse auf die resultierenden Schnittgrößen in verschiedenen Querschnitten des Überbaus, des Unterbaus und der Gründung dargestellt. Für das reale Bauwerk ist zu berücksichtigen, dass sich diese Faktoren gegenseitig beeinflussen und es im Ergebnis durch die Überlagerungen zu einer Verringerung oder aber auch zu einer Vergrößerung der Schnittkräfte kommen kann.

Die nachfolgende Darstellung der bei der Parameterstudie erzielten Ergebnisse soll die Aufmerksamkeit des entwerfenden Ingenieurs für die komplexen Zusammenhänge bei integralen Brücken erhöhen und so unter Berücksichtigung der unterschiedlichen Einflüsse einen iterativen Prozess zur Umsetzung eines optimalen Entwurfs ermöglichen.

4.5.1 Darstellung des Systems

Für die Parameterstudie wurde eine lange integrale Brücke gewählt, welche von den Stützweiten sowie den Bauteilabmessungen einem möglichst realen Stahlbetontragwerk entspricht. Das System weist bei 8 Feldern mit jeweils 25,0 m Stützweiten eine Gesamtlänge von 200 m auf (siehe Bild 4.13). Der Querschnitt des Tragwerks wird durch eine Stahlbetonplatte mit einer Höhe von 1,0 m und einer Gesamtbreite von 8,80 m gebildet. Diese Auslegung ist typisch für eine Straßenbrücke mit 2 Fahrstreifen und beidseitig angeordneten Randbalken (Kappen). Im Grundriss liegt das Tragwerk in einer Geraden. Im Bereich der beiden Widerlager sowie der Stützenachsen wurde ein gevouteter Überbau mit einer Querschnittshöhe von 1,80 m gemäß Bild 4.14 gewählt.

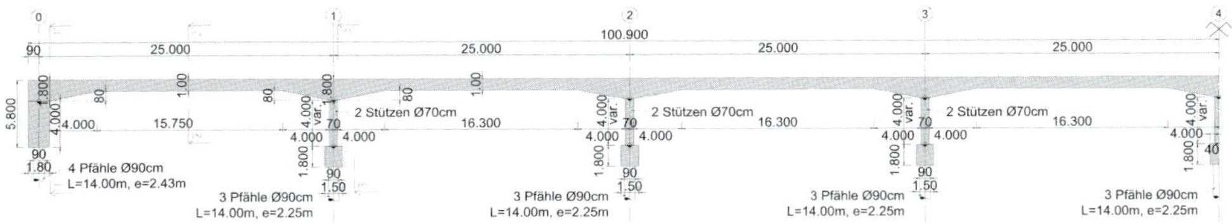

Bild 4.13 Längsschnitt des Tragwerks

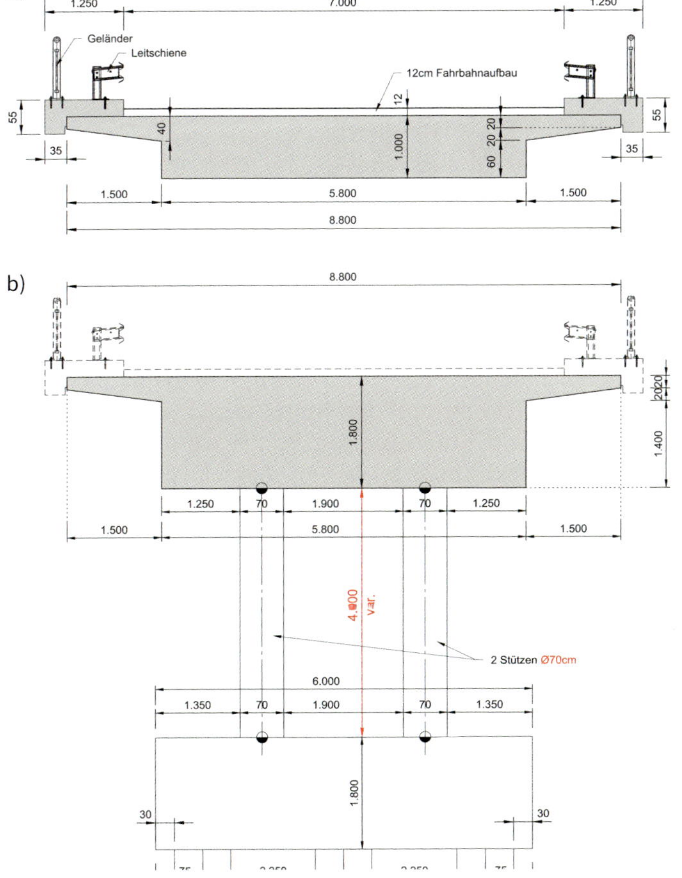

Bild 4.14 Querschnitte des Tragwerks:
a) Feldquerschnitt,
b) Stützenquerschnitt

Der Unterbau wird durch zwei Rundpfeiler je Stützenachse mit einem Durchmesser von 70 cm gebildet. In den Widerlagerachsen wurde der Überbau in eine relativ steife Widerlagerkonstruktion eingespannt und so ein statisch wirksames Rahmeneck geschaffen.

Die Gründung des Tragwerks erfolgt über eine Tiefgründung mittels Bohrpfählen mit einem Durchmesser von 90 cm. Um eine möglichst hohe Flexibilität des Systems zu gewährleisten, wurde in allen Stützen- und beiden Widerlagerachsen eine Pfahlreihe angeordnet. Für die Widerlager wurden 4 Pfähle und in den Stützenachsen jeweils 3 Pfähle gemäß Bild 4.13 gewählt. Die Länge der Pfähle wurde im Modell einheitlich mit 14 m definiert.

4.5.2 Beschreibung des Modells

Das Tragwerk wurde als SOFiSTiK Finite-Elemente-Modell erstellt. Es wurde als System ein 3-D-Stabwerk verwendet und den einzelnen Stäben die entsprechenden Querschnittswerte zugeordnet. Die Stäbe wurden so generiert, dass eine möglichst realistische Abbildung des Systems erzielt werden konnte. Die Einzelstäbe wurden anschließend in 750 finite Elemente geteilt.

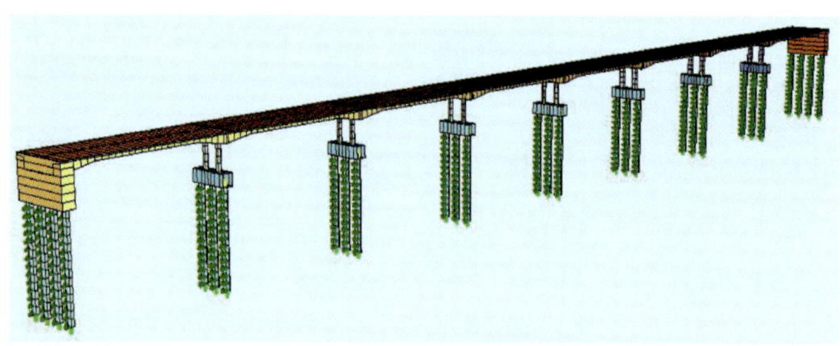

Bild 4.15 SOFiSTiK FE-Modell des Tragwerks

Die Bodenreaktionen bei den Tiefgründungen und den beiden Widerlagern wurden durch Federelemente für die seitliche Bettung und den Spitzendruck der Pfähle abgebildet. Beim Ansatz der Bettungseigenschaften für den Boden wurde eine lineare Abminderung im Bereich des Pfahlkopfes (Länge ca. 4,0 m) berücksichtigt. Die Belastung des Tragwerks sowie die Erstellung der Einwirkungskombinationen erfolgten gemäß aktuell gültiger ÖNORM EN 1990 im Grenzzustand der Tragfähigkeit.

Um die Auswirkungen unterschiedlicher Einflüsse auf den Entwurf beurteilen zu können, wurden die nachfolgend angeführten Parameter des gezeigten Systems unabhängig voneinander einer Variation in zahlreichen Einzelschritten unterzogen:

- Pfeilerhöhe: Veränderung der Pfeilerhöhe und damit der Flexibilität des Tragwerks in Längsrichtung zwischen 4,0 m und 12,0 m.
- Anzahl der Pfahlreihen: Einfluss einer möglichst flexiblen Gründung mit nur einer Pfahlreihe im Vergleich zur Anordnung einer steiferen Gründung mit zwei Pfahlreihen je Stützen- und Widerlagerachsen.
- Veränderung der Bodeneigenschaften: Variation der Bettung von sehr weichem Boden mit einer Bettungsziffer von 50 MN/m³ bis zu sehr steifen Untergrundverhältnissen mit einer Bettung von 200 MN/m³.

- Durchmesser der Rundstützen: Veränderung der Stützendurchmesser und damit der Steifigkeit des Unterbaus zwischen 0,40 m und 1,20 m.
- Steifigkeit der beiden Widerlager: Gegenüberstellung eines sehr steifen Widerlagers mit 2 m hoher und 2 m dicker Widerlagerwand mit einem möglichst flexiblen Widerlager mit 12 m hoher und nur 0,8 m starker Widerlagerkonstruktion.
- Einfluss unterschiedlicher Stützweitenverhältnisse: Die Stützweiten des Randfeldes wurden von 25 m Stützweite auf 18 m reduziert und bei konstanter Schlankheit die zugehörige Plattenstärke verringert.

Die Auswirkungen dieser Parameterstudie wurden in mehreren Querschnitten des Tragwerks über die resultierenden Schnittgrößen beurteilt. Dazu wurden Querschnitte im Überbau, im Unterbau und der Gründung gewählt. Für den Überbau waren folgende Querschnitte maßgebend (siehe Tabelle 4.2):

- Querschnitt 1: Feldquerschnitt des Mittelfeldes,
- Querschnitt 2: Überbau in Stützenachse,
- Querschnitt 3: Überbau im Bereich des Rahmenecks zum Widerlager.

Für den Unterbau und die Gründung wurden für die Studie folgende Querschnitte herangezogen (siehe Tabelle 4.3):

- Querschnitt 4: Rahmeneck des Widerlagers,
- Querschnitt 5: Stützenkopf,
- Querschnitt 6: Pfahlkopf Widerlager.

4.5.3 Ergebnisse

Die Parameterstudie sollte Einflüsse auf Biegemomente, Querkräfte und Normalkräfte getrennt voneinander darstellen. In den Tabellen 4.2 und 4.3 sind die Auswirkungen der Entwurfsgrößen auf die zuvor angeführten Querschnitte zusammenfassend dargestellt. Dabei bedeutet „+“ eine Zunahme, „–“ eine Abnahme und „0“ keine bzw. wechselnde Veränderung der jeweiligen Schnittgröße infolge der Variation der Eingangsgrößen.

Tabelle 4.2 Qualitativer Einfluss der variablen Parameter auf den Überbau

Parameter	Variation	Einfluss auf Schnittgrößen Überbau								
		Querschnitt 1			Querschnitt 2			Querschnitt 3		
		M	V	N	M	V	N	M	V	N
Stützenhöhe	4 m bis 12 m	+			–	–	–	–	–	–
Anzahl Pfahlreihen	1 bis 2	–			+	+	+	–	–	+
Bettungsmodul	50 bis 200 MN/m³	–			+	+	+	+	+	+
Stützendurchmesser	0,4 m bis 1,2 m	–			+	+	+	+	+	+
Steifigkeit Widerlager	2/2 m bis 12/0,8 m	–			–	–	0	0	0	0

Tabelle 4.3 Qualitativer Einfluss der variablen Parameter auf Unterbau und Gründung

Parameter	Variation	Einfluss auf Schnittgrößen Unterbau und Gründung								
		Querschnitt 1			Querschnitt 2			Querschnitt 3		
		M	V	N	M	V	N	M	V	N
Stützenhöhe	4 m bis 12 m	–	–	–	–	–	+	+	–	–
Anzahl Pfahlreihen	1 bis 2	–	–	+	+	+	+	+	+	+
Bettungsmodul	50 bis 200 MN/m³	+	+	+	+	+	+	–	+	+
Stützendurchmesser	0,4 m bis 1,2 m	–	–	+	+	+	–	–	+	+
Steifigkeit Widerlager	2/2 m bis 12/0,8 m	–	0	0	–	0	–	–	0	–

Auf Grundlage der durchgeführten Untersuchungen können daher zusammenfassend nachfolgende Erkenntnisse für den Entwurf integraler Brücken abgeleitet werden.

Einfluss des Bodens

- Durch die Bauwerk-Baugrund-Interaktion haben die angesetzten Bodenkennwerte einen großen Einfluss auf die Schnittgrößen im Tragwerk. Der engen und iterativen Zusammenarbeit zwischen Tragwerksplaner und Bodengutachter kommt daher hohe Bedeutung zu, da es keine auf der sicheren Seite liegenden Werte gibt. Dabei muss beim Bodengutachter die Sensibilität für die gegebene Problemstellung geweckt werden, um den Entwurf zu optimieren.
- Eine möglichst realitätsnahe Annahme der Untergrundverhältnisse hat aus den oben angeführten Gründen hohe Priorität. In Österreich wird daher angestrebt, in der Abstimmung zwischen Bodengutachter und Tragwerksplaner die maximal mobilisierten Erddrücke aufgrund der zu erwartenden Längsverformungen der Brücke sowie die zugehörige Wirktiefe festzulegen.
- Im Entwurfsprozess ist es zweckmäßig, eine Untersuchung von realistischen unteren und oberen Grenzwerten der Bodenkennwerte durchzuführen. Der daraus resultierende Aufwand für die Berechnung ist höher als für eine konventionelle Brücke. Neben der Variation der statischen Bodenkennwerte kann es bei dynamischer Beanspruchung – wie beispielsweise beim Bremsen und Anfahren für eine Eisenbahnbrücke – auch erforderlich werden, dynamische Kennwerte des Bodens bei der Bemessung zu berücksichtigen.
- Steife Untergrundverhältnisse führen tendenziell zu ansteigenden Schnittgrößen in fast allen Tragwerksfeldern. Dieser Effekt muss insbesondere in Überlagerung mit der Steifigkeit der Gründung und des Unterbaus berücksichtigt werden.
- Die Steifigkeit des Bodens und der daraus resultierende Verformungswiderstand erzeugen nicht nur Zwangsnormalkräfte im Überbau, sondern auch einen Anstieg der Biegemomente in den Rahmenecken der Widerlager, welche bemessungsrelevant sein können (Bild 4.16).

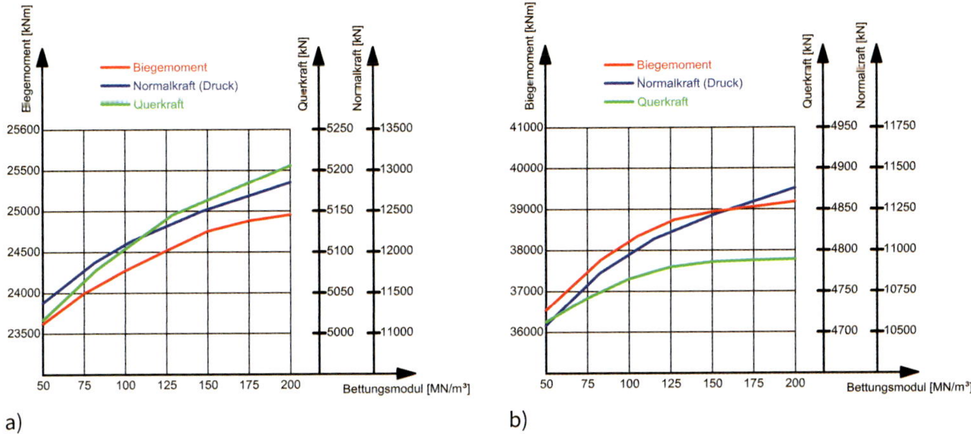

Bild 4.16 Einfluss der Baugrundsteifigkeit im a) QS 2 und b) QS 3

- Die Verringerung von Längsverformungen durch Behinderung mit einem möglichst hohen Erdwiderstand im Bereich der Widerlager ist bei durchschnittlichen Bodenverhältnissen kaum möglich.
- Reibungskräfte des Bodens führen bei Tiefgründungen zu keiner nennenswerten Beeinflussung der Schnittgrößen oder zur Behinderung von Zwangsverformungen. Bei Flachgründungen müssen Reibungskräfte in der Sohlfuge allerdings berücksichtigt werden, da diese einen Einfluss auf die Schnittgrößen haben können.

Einfluss von Gründung und Unterbau

- Ein steifes Widerlager kann sehr gut bei Gründung auf Fels oder gegen massive, angrenzende Bauwerke wie beidseits angeordnete Tunnelportale umgesetzt werden. Die daraus resultierenden Zwangsnormalkräfte sind bei der Bemessung des Überbaus zu berücksichtigen.
- Flexible Widerlager können durch eine möglichst verformungswillige Widerlagerkonstruktion erreicht werden. Durch den Einbau von Weicheinlagen hinter dem Widerlager oder im Bereich der Pfähle kann die Flexibilität weiter erhöht werden. Dabei müssen die auftretenden Längenänderungen in geeigneter Weise in den Untergrund eingeleitet werden. Der Einspanngrad des Überbaus in den Unterbau ist bei flexiblen Widerlagerkonstruktionen begrenzt.
- Durch die gezielte Gestaltung des Widerlagers und der zugehörigen Flügel können dessen Flexibilität und die daraus resultierenden Schnittkraftverläufe im Tragwerk stark beeinflusst werden (Bild 4.17).
- Stahlpfähle oder Spundwandgründungen sind sehr verformungsfähig und wären daher insbesondere für die Gründungen der Widerlager von Vorteil. Dabei ist aber eine ausreichende Dauerhaftigkeit der Stahlbauteile zu gewährleisten.
- Bei Verwendung von Schlitzwänden als Tiefgründung kann die Biegesteifigkeit der Gründung im Vergleich zu Pfählen deutlich vergrößert werden. Dabei ist jedoch zu unterscheiden, ob diese in Brückenlängsrichtung oder quer dazu orientiert werden, da neben der Steifigkeit insbesondere die mobilisierten Erddrücke eine Rolle spielen.

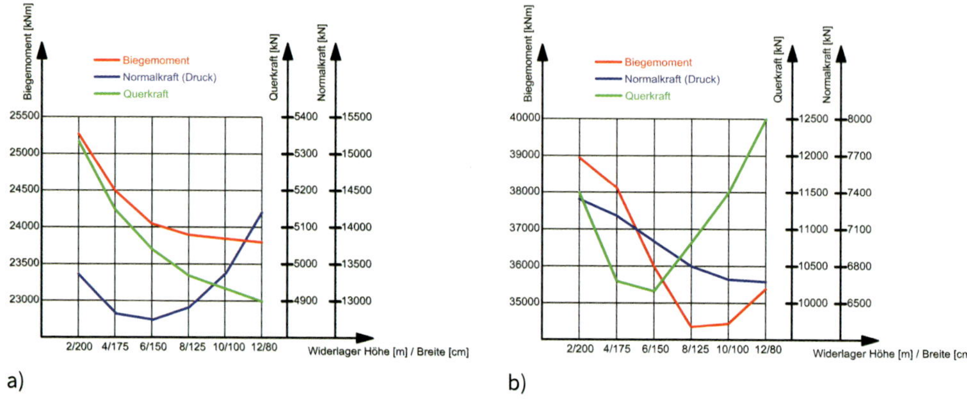

Bild 4.17 Einfluss der Widerlagersteifigkeit im a) QS 2 und b) QS 3

- Durch die zyklischen, temperaturbedingten Verschiebungen des Unterbaus und auch der Gründung ist eine Lastabtragung der Tiefgründung prinzipiell über Spitzendruck gegenüber einer Mantelreibung zu bevorzugen bzw. sind Mantelreibungen in den oberen Bereichen entsprechend abzumindern.
- Mehrere Pfahlreihen in einer Stützenachse führen zu einer steiferen Fußeinspannung und folglich zu höheren Schnittgrößen in den Stützen sowie in der monolithischen Verbindung zwischen Überbau und Unterbau.
- Eine größere Einbindetiefe der Tiefgründung führt zu einer höheren Einspannwirkung von Gründung und Unterbau und in der Folge zu höheren Schnittkräften im Rahmeneck. Allerdings resultiert aus einer größeren Einbindetiefe auch eine höhere Pfahlbeanspruchung. Ab einer gewissen Länge der Pfähle sind aber keine zusätzlichen positiven Auswirkungen auf die Schnittgrößen im Überbau und im Unterbau mehr erkennbar. Die Pfahllängen sind daher auch auf dieses Kriterium der wirksamen Pfahllänge zu bemessen.
- Durch die im Regelfall große Pfahllänge sind diese grundsätzlich biegeweich, mobilisieren aber mit zunehmender Einbindetiefe auch höhere Erdwiderstände.
- Die Flexibilität von Pfählen kann weiter erhöht werden, indem Mantelrohre oder künstliche Auflockerungen im oberen Pfahlbereich vorgesehen werden, um den mobilisierten Erddruck und die daraus resultierenden Schnittkräfte zu beeinflussen.
- Bei mehreren Pfahlreihen ist die gegenseitige Beeinflussung der Einzelpfähle beim Entwurf und der Bemessung zu berücksichtigen.
- Bei langen integralen Brücken können durch die auftretenden Längsverschiebungen des Überbaus in einzelnen Pfählen Zugbeanspruchungen auftreten, die nur über Mantelreibung in den Untergrund eingeleitet werden können. Auch hier ist eine entsprechende Abminderung der Mantelreibung durch horizontale Bewegungen der Pfähle einzubeziehen.
- Schlanke und lange Pfeiler führen zu einer größeren Verformungsfähigkeit, als dies bei gedrungenen Bauteilen der Fall wäre. Die Ausbildung von Stahlstützen oder Pendelstützen können den Verschiebewiderstand in Längsrichtung weiter reduzieren. Werden Pendelstützen ausgeführt, so sind diese monolithisch mit dem Überbau zu verbinden (z. B. Betongelenk).

- Die Ausbildung von Stahlbetongelenken oder die Zulässigkeit von plastischen Gelenken im Unterbau erhöhen die Verformungsfähigkeit eines Tragwerks und führen zu reduzierten Zwangsschnittgrößen im Unterbau.
- Durch die Anordnung einer massiven Pfeilerkonstruktion in Tragwerksmitte mit beidseitig angeordneten schlanken Stützen können auch lange integrale Brücken wirtschaftlich entworfen werden. Bei Eisenbahnbrücken kann dadurch auch nach Möglichkeit ein wartungsintensiver Schienenauszug vermieden werden (siehe Abschnitt 4.6).
- Kann der Überbau hohe Zwangsbeanspruchungen aufnehmen, so ist die Behinderung der Längsbeweglichkeit einer Brücke durch geneigte Stützen oder Stützböcke möglich.
- Pfeiler mit einer hohen Schlankheit führen in den Stützenachsen des Überbaus generell zu niedrigeren Schnittgrößen, als dies bei niedriger Schlankheit der Fall wäre (Bild 4.18).
- Die Ausführung von zwei Halbstützen anstelle einer monolithischen Stütze mit gleichem Querschnitt führt zu einer größeren Flexibilität in Bauwerkslängsrichtung. Steife Stützen führen hingegen zu ansteigenden Schnittgrößen im Überbau (Bild 4.19).

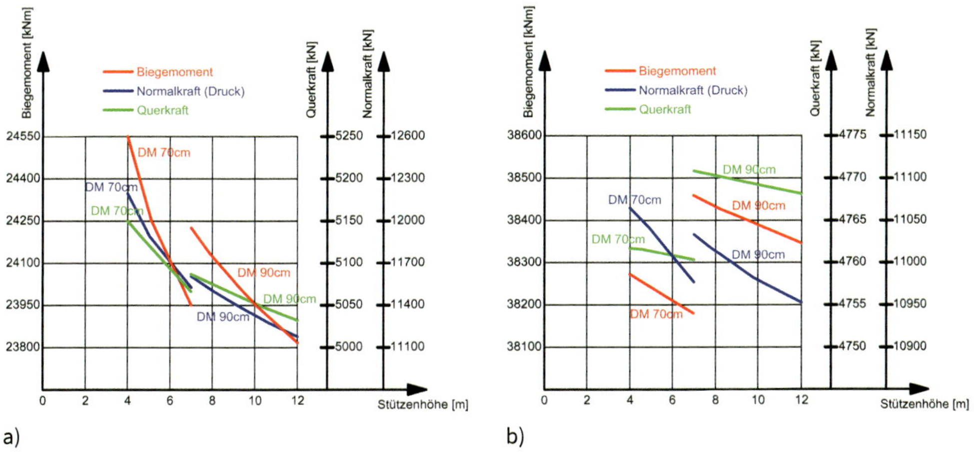

Bild 4.18 Einfluss der Stützenhöhe im a) QS 2 und b) QS 3

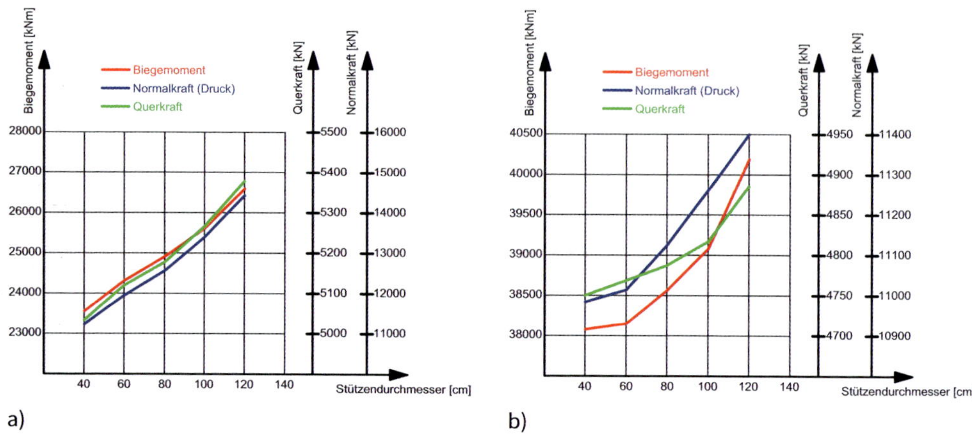

Bild 4.19 Einfluss der Stützensteifigkeit im a) QS 2 und b) QS 3

Einfluss des Überbaus

- Generell ist bei integralen Brücken eine möglichst geringe Dehnsteifigkeit des Überbaus in Längsrichtung anzustreben.
- Verbundträger bieten sich für die Erhöhung der Flexibilität des Überbaus und zur Reduktion der Eigenlasten bei integralen Brücken mit flexiblen Widerlagern an. Bei steifen Widerlagern sind hingegen Stahlbetonkonstruktionen mit Dehnungsaufnahme in den Rissweiten gut geeignet.
- Bei zunehmender Länge integraler Brücken sind die vom Bewegungsruhepunkt am weitesten entfernten Rahmenecken die am höchsten beanspruchten Bauteile. Aus diesem Grund ist es zweckmäßig, Stahlbetongelenke oder plastische Gelenke beim Entwurf und bei der Bemessung zu berücksichtigen.
- Die Dehnwege des Überbaus können bei langen integralen Brücken durch die Ausführung von kurzen Stützweiten reduziert werden. Dadurch werden auch eine geringere Dehnsteifigkeit und somit geringe Zwangskräfte erzielt.
- Die Anschlussbereiche zwischen Überbau und Unterbau sollten nach Möglichkeit immer mit einer Ausrundung oder einer Voute versehen werden, um einen harmonischen Kraftfluss im Bauwerk zu gewährleisten und auch die konstruktiv erforderliche Bewehrung besser anordnen zu können.
- Eine Krümmung des Tragwerks im Grundriss führt dazu, dass Längenänderungen aufgrund von Temperaturbeanspruchungen durch radiales Ausweichen umgesetzt werden. Im Vergleich zu einem geraden Überbau treten deutlich niedrigere Zwangsnormalkräfte im Bauwerk auf. Die Ausbildung der Stützen muss jedoch auf dieses seitliche Ausweichen mit einer möglichst niedrigen Steifigkeit in horizontaler Richtung ausgelegt sein. Zudem treten in weiten Bereichen des Überbaus Zugbeanspruchungen auf, die im Zuge der Bemessung mit ausreichender Bewehrung zur Kontrolle der Rissweiten abgedeckt werden müssen.
- Der Krümmungsradius und der Öffnungswinkel des Bauwerks haben einen großen Einfluss auf den Abbau der Zwangskräfte durch radiales Ausweichen.
- Im Aufriss gekrümmte Tragwerke mit schlanken Überbauten können sich auch bei im Grundriss geradem Tragwerk einen großen Teil der Zwangsnormalkräfte durch

vertikales Ausweichen entziehen. Auch bei nicht gekrümmten Tragwerken kommt es zu einer Hebung und Absenkung des Brückenüberbaus infolge Temperaturbeanspruchung. Das Ausmaß der Reduktion von Zwangsnormalkräften ist von der Ausbildung des Überbaus abhängig.

- Bei zahlreichen kurzen Tragwerksfeldern werden an den Tragwerksenden nur geringe Verschiebungswege erreicht, da die einzelnen Felder bei Temperaturbeanspruchung gegeneinander wirken.
- Die Untersuchung eines im Vergleich zu Bild 4.13 gezeigten, alternativen Tragwerkskonzeptes mit kurzen Randfeldern und einem in diesen Feldern schlankeren Überbau hat gezeigt, dass auf diese Weise die Schnittgrößen im Rahmeneck des Widerlagers reduziert werden können.
- Bei vorgespannten integralen Brücken sind möglichst flexible Stützen und Widerlager in Längsrichtung des Tragwerks erforderlich, um die Vorspannkräfte im Überbau ansetzen zu können. Ansonsten ist zu berücksichtigen, dass ein Teil der Vorspannkräfte in den Baugrund abfließt.
- Die Herstellung des Überbaus kann durch eine geschickte zeitliche Abfolge oder die Betonage bei niedrigen Temperaturen die späteren Zwangsschnittgrößen im Bauwerk positiv beeinflussen. Zusätzlich können auch Zemente mit niedriger Hydratationswärme oder gekühlte Zuschläge bzw. gekühltes Anmachwasser verwendet werden.

4.6 Entwurf am Beispiel eines integralen Bogentragwerks

4.6.1 Ausgangslage

Die eingleisige Phyrn-Bahnstrecke zwischen Linz und Selzthal in Österreich wurde vor über 100 Jahren erbaut. Die ÖBB Infrastruktur AG hat sich als Errichter und Betreiber der Bahninfrastruktur dazu verpflichtet, diese Bahnstrecke dauerhaft und ohne Einschränkungen für Schwerlastverkehr befahrbar zu machen. Bei Bahnkilometer km 65,622 befindet sich eine große Talbrücke über den aufgestauten Steyrfluss zwischen den Gemeinden St. Pankraz und Klaus.

Die bestehende, ab 1905 errichtete Steyrtalbrücke war aufgrund ihres Erhaltungszustands sowie aufgrund von Problemen mit der Tragfähigkeit in Bezug auf die Erhöhung der Streckenklasse von D4 auf E5 gemäß ÖNORM EN 15528 durch einen Neubau zu ersetzen. Die alte Trasse sollte derart verschwenkt werden, dass ein Neubau neben dem Bestand möglich ist und gleichzeitig die Trassierung verbessert wird.

Die bestehende Brücke befindet sich im Bereich zweier Übergangsbögen mit einer kurzen Zwischengeraden, wobei nur das Haupttragwerk zur Gänze in dieser Geraden liegt. Die Übergangsbögen gehen in Gleisradien von ca. 250 m (Linzer Seite) bzw. 270 m (Selzthaler Seite) über. Die neue Trasse erhält eine etwas längere Gerade im Bereich des neuen Tragwerks; die anschließenden Radien werden auf ca. 315 m (Linzer Seite) bzw. 340 m (Selzthaler Seite) aufgeweitet.

Bild 4.20 Alte Stahlfachwerkbrücke

Zu Beginn der Planungen ging man von der Vorstellung aus, die bestehende Stahlfachwerkbrücke (Bild 4.20) durch eine ähnliche Konstruktion zu ersetzen. Die Vorüberlegungen sahen eine modern gestaltete Stahl-Beton-Verbundfachwerkbrücke mit oben liegender Stahlbetonfahrbahnplatte vor. Dieses Tragwerk sollte als konventionell gelagerter Durchlaufträger mit drei Feldern konzipiert werden.

Ausgehend von diesem Konzept wurden die Lebenszykluskosten (LZK) als grundsätzliches Entscheidungskriterium betrachtet und einer integralen Stahlbeton-Bogenbrücke gegenübergestellt. Es bestätigte sich, dass das Stahl-Beton-Verbundfachwerk in der LZK-Betrachtung deutliche Nachteile bei den Errichtungskosten, aber insbesondere auch bei den Kosten für Wartung und Instandhaltung hat. Ein weiterer maßgeblicher Vorteil für die Stahlbeton-Bogenbrücke ergab sich, wenn auf Schienenauszüge verzichtet wird und so ein fugenloses integrales Bauwerk erstellt werden kann. Die Gegenüberstellung der Kosten zeigte, dass eine solche fugenlose Stahlbeton-Bogenbrücke über die Lebenszykluskosten um etwa 25 % günstiger als das Stahl-Beton-Verbundtragwerk ist.

Aus diesem Grund wurde von allen Projektbeteiligten konsequent das Ziel verfolgt, ein fugenloses, integrales Stahlbeton-Bogentragwerk als technisch und wirtschaftlich optimale Lösung zu entwerfen. Der zugehörige iterative Entwurfsprozess unter Berücksichtigung der – der fugenlosen Bauweise geschuldeten – Interaktion zwischen Bauwerk und Baugrund sowie zwischen Tragwerk und Schiene wird in den folgenden Abschnitten erläutert.

4.6.2 Wahl des Tragsystems

Der Prämisse folgend, ein fugenloses integrales Tragwerk zu realisieren, sollte auf wartungsintensive Schienenauszüge im Oberbau verzichtet werden. Die aus dem somit durchgehend verschweißten Gleis resultierenden Schienenspannungen mussten daher nachgewiesen werden. Dazu wurden an verschiedenen Tragsystemen Voruntersuchungen hinsichtlich der zusätzlichen Schienenspannungen durchgeführt, aus denen das Bogentragwerk aufgrund der großen Horizontalsteifigkeit als günstigste Lösung hervorging. Dabei wurde deutlich, dass die Interaktion zwischen Gleis und Tragwerk bei den gesetzten Randbedingungen ein wesentliches Entwurfskriterium ist. Folgende Überlegungen wurden zur Wahl des Tragsystems angestellt:

Ausgleichslänge am Bestandstragwerk

Die bestehende Brücke weist eine Gesamtlänge von ca. 215 m auf. Dabei wird das Hauptbrückenobjekt durch 3 Stahlfachwerke gebildet – ein Haupttragwerk mit 83 m Stützweite und 2 Nebentragwerken mit jeweils etwa 32 m Stützweite. Die Nebentragwerke lagern auf dem Haupttragwerk auf. Die restliche Brückenlänge wird durch Gewölbebrücken gebildet.

Richtwerte zur maximalen Ausgleichslänge von Tragwerken sind in UIC 774-3E enthalten. Demnach beträgt die maximale Dehnungslänge eines Tragwerks mit durchgehend geschweißten Schienen ohne Schienenauszug bei Stahlbrücken mit Schotterbett 60 m. Damit weist das statische System der bestehenden Brücke Ausgleichslängen auf, die deutlich größer sind als die kritische Länge. Das Bestandstragwerk ist jedoch ohne Schienenauszug ausgeführt. Folgende Systemeigenschaften des Bestands lassen vermuten, dass man bereits bei Errichtung der Brücke vor über 100 Jahren die Thematik der Schienenspannungen dahingehend beachtet hat, die Ausgleichslängen klein zu halten und das Tragwerk (insbesondere die Hauptöffnung) steif auszubilden:

- Der Festpunkt ist auf einem der Pfeiler angeordnet und nicht an einem Widerlager.
- Die eigentliche Brückenlänge ist durch massive Vorlandbrücken (Gewölbe) und den anschließenden Damm kurz.
- Das Tragwerk ist sehr steif ausgebildet, was die Endverdrehwinkel aus Verkehrslasten minimiert.

Dennoch beträgt die maximale Ausgleichslänge hier ca. 115 m und ist somit fast doppelt so lang wie die in UIC 774-3E genannten 60 m maximale Ausgleichlänge für Stahlbrücken. Probleme durch zu große Schienenspannungen waren beim bestehenden Objekt bisher allerdings nicht bekannt.

Ausgleichslänge der Variante Stahl-Beton-Verbundfachwerk

Die im Vorfeld der Planung untersuchte Stahl-Beton-Verbundfachwerkbrücke mit Stahlbetonfahrbahn als konventionell gelagertes Durchlauftragwerk wurde in verschiedenen Varianten bezüglich der Interaktionsproblematik untersucht. Bei den Berechnungen zeigte sich schnell, dass diese Konstruktion bei den vorherrschenden Randbedingungen deutlich zu ungünstig hinsichtlich der Schienenspannungen gewesen wäre und der Verzicht auf Schienenauszugsvorrichtungen somit nicht möglich war. Nach erster Betrachtung der Schienenbeanspruchungen konnten folgende statische Systeme für die Durchlaufbrücke ausgeschlossen werden:

- ein Festlager auf einem Widerlager (theoretische Ausgleichslänge ca. 185 m),
- ein Festlager auf einem Pfeiler (theoretische Ausgleichslänge ca. 130 m).

Anschließend verfolgte man für den Entwurf der Stahl-Beton-Fachwerkbrücke ein statisches System, bei dem auf beiden Pfeilern längsfeste Lager angeordnet werden. So konnte der Bewegungsruhepunkt in die Nähe der Tragwerksmitte (ähnlich der Bogenbrücke) verschoben werden, wodurch die Ausgleichslänge (theoretische Ausgleichslänge ca. 93 m) minimiert und gleichzeitig die Steifigkeit des Unterbaus deutlich erhöht wurde.

Letztlich aber reichte die so erzielte horizontale Systemsteifigkeit bei Weitem nicht aus, die wirkenden Horizontalkräfte ohne zu große Horizontalverschiebungen des Überbaus in den Unterbau zu leiten und so Grenzwerte der Schienenspannungen auf wirtschaftliche Weise einzuhalten. Die horizontale Systemsteifigkeit der schließlich entworfenen integralen Bogenbrücke ist dagegen um ein Vielfaches höher.

Ausgleichslänge des Bogentragwerks

Ausgehend von der Vereinfachung, dass sich der Festpunkt der Bogenbrücke am Scheitel des Bogens befindet, ergeben sich Ausgleichslängen von ca. 82 m an der Seite Linz bzw. ca. 100 m an der Seite Selzthal (siehe Bild 4.21).

Durch die Asymmetrie des Bogens, insbesondere durch die unterschiedlichen Kämpferhöhen und unterschiedlichen Bettungssteifigkeiten verschiebt sich der thermische Ruhepunkt bei genauerer Betrachtung etwas in Richtung Selzthal, sodass die effektive maximale Ausgleichslänge etwas kürzer als 100 m ist.

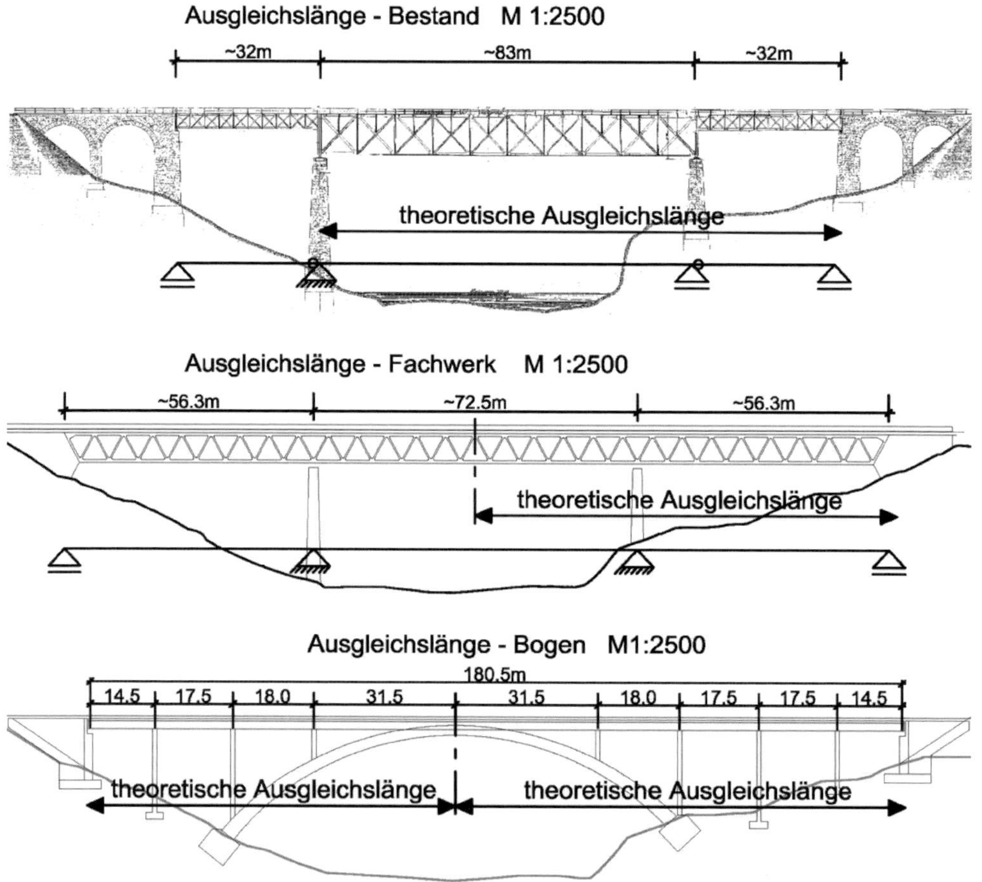

Bild 4.21 Ausgleichslängen der untersuchten Tragwerke [28]

4.6.3 Interaktion Gleis – Tragwerk

Gleiskörper werden heutzutage in der Regel mit im Schotterbett gelagerten und durchgehend geschweißten Schienen hergestellt. Beim Übergang vom Freiland auf eine Brücke ändern sich aber sprunghaft der Unterbau und somit auch die Randbedingungen zur vertikalen Verformung der Schienen unter unterschiedlichen Einwirkungen. Am Übergang selbst, der eine Unstetigkeitsstelle in der Gleisbettlagerung darstellt, muss nun durch die Interaktion zwischen Gleis und Tragwerk die Schiene jene Zwangskräfte aufnehmen, die sich durch Verformungen des Brückentragwerks aufbauen. Bei den daraus resultierenden Spannungen spricht man von zusätzlichen Schienenspannungen [28]. Maßgeblichen Einfluss auf deren Größe haben unter anderen folgende Parameter:

Brückenkonfiguration
- Biegesteifigkeit,
- Horizontalsteifigkeit (Festpunktsteifigkeit),
- Abstand Gleis zu Schwerachse des Tragwerks,
- Auszuglänge (= Abstand vom thermischen Festpunkt zum Tragwerksende).

Trassen- und Gleiskonfiguration
- Gleisradius,
- Querschnitt der Schiene,
- Längsverschiebewiderstand,
- Querverschiebewiderstand des Gleiskörpers,
- Einflusslänge des Gleises im Vorlandbereich.

Einwirkungen
- Temperatur,
- Kriechen und Schwinden,
- Bremsen und Anfahren,
- vertikale Verkehrslasten.

Die zusätzlichen Schienenspannungen dürfen nach Normkriterien bestimmte Grenzwerte nicht überschreiten, da sonst u. a. die Gefahr des Schienenbruchs (ab +92 N/mm² im Winter) bzw. der Gleisverwerfung (ab –72 N/mm² im Sommer) bestehen kann (UIC 774-3E). Daneben sind auch verschiedene Verformungsgrenzwerte an den Überbauenden einzuhalten.

In der ÖNORM EN 1991-2, Abschnitt 6.5.4.5.1 (2) sind folgende Randbedingungen zu Trasse, Oberbau und Schienenspannung genannt, um die Nachweise der Interaktion Gleis – Tragwerk nach den Berechnungsvorgaben dieser Norm zu führen:

- Begrenzung der maximal bzw. minimal zulässigen zusätzlichen Schienenspannungen mit +92 N/mm² bzw. –72 N/mm²,
- Schienenprofil UIC 60 mit 900 N/mm² Mindestzugfestigkeit,
- Gleisradius > 1500 m,
- Betonschwellen mit maximalem Abstand von 65 cm,
- mindestens 30 cm verdichteter Schotter unter den Schwellen.

Insbesondere die Forderung des Mindestgleisradius war im vorliegenden Fall nicht erfüllt. Zum Nachweis der Interaktion des integralen Bogentragwerks wurden daher die Rechenparameter und Rechenergebnisse in enger Abstimmung mit der ÖBB als Errichter und Betreiber iterativ optimiert und verfeinert.

Trasse

Die Gleisradien an den maßgebenden Punkten (Übergang Tragwerk zu Widerlager) sind kleiner als R = 1500 m und betragen am Widerlager Linz ca. 570 m und am Widerlager Selzthal etwa 920 m. Für derartige Fälle ist in ÖNORM EN 1991-2, Abschnitt 6.5.4.5.1 (2) vorgesehen, dass bei Nichterfüllen der Kriterien besondere Untersuchungen durchgeführt oder zusätzliche Maßnahmen ergriffen werden müssen. Angemerkt wird auch, dass für den Schotteroberbau mit zusätzlichen Festhaltungen des Gleises in Querrichtung der Mindestwert des Gleisbogenhalbmessers reduziert werden kann, wenn die zuständige Aufsichtsbehörde zustimmt. Für andere Oberbauarten (im Besonderen mit Auswirkungen auf den Querwiderstand) wird empfohlen, dass die maximale zusätzliche Schienenspannung für das Einzelprojekt festgelegt wird. Ergänzend ist in ÖNORM B 1991-2, Punkt 9.4.11 angeführt, dass die Grenzwerte anderer Oberbauarten mit dem Infrastrukturbetreiber abzustimmen sind [28].

Oberbau

Vorab wurde festgelegt, einen hochwertigen Oberbau gemäß DV B50-1 zu berücksichtigen. Dabei sollen Schienen 60 E1 (UIC 60) mit einer Mindestzugfestigkeit von 900 N/mm² (R260) zum Einsatz kommen. Der Abstand der Betonschwellen B 70 wurde mit 650 mm festgelegt.

Ergänzend dazu sind vor und hinter der Brücke jeweils auf einer Länge von ca. 60 m Sicherungskappen (SiK) einzubauen. Diese an jeder dritten Schwelle eingebauten Sicherungskappen erhöhen die Quersteifigkeit des Gleises [25]. Die errechneten Schienenspannungen erhöhen sich zwar auch, was aber aufgrund der deutlich günstigeren Gleislagestabilität in Kauf genommen werden kann. Aus Gründen der Wirtschaftlichkeit werden keine Unterschottermatten eingesetzt. Dafür wurde aber über die gesamte Brückenlänge eine Schwellenbesohlung vorgesehen.

Einen wesentlichen Einfluss auf die Berechnung der zusätzlichen Schienenspannungen haben die Längsverschiebewiderstände des Gleises (Durchschubwiderstand der Schiene und Längsverschiebewiderstand des Gleisrostes). Über die Festlegung auf eine Schienenbefestigung mittels elastischer Spannklemme kann man den Durchschubwiderstand auf ca. 1/3 der allgemeinen Vorgaben der Norm reduzieren. Der Widerstand der Spannklemme ist mit 4 kN je Stützpunkt definiert, das entspricht maximal 12 kN/m je lfm Gleis für Sommer und Winter. Der Durchschubwiderstand für das belastete Gleis wird auf maximal 40 kN/m begrenzt [28].

4.6.4 Konzeption des integralen Bogentragwerks

Wie zuvor anhand der theoretischen Ausgleichslänge gezeigt, stellte sich bereits im Auswahlprozess zum Brückensystem heraus, dass die Bogenbrücke aufgrund ihrer großen horizontalen Systemsteifigkeit die günstigsten Eigenschaften hinsichtlich zusätzlicher Schienenspannungen hat. Allerdings wurde auch deutlich, dass für die Interaktionsnachweise tiefergehende Betrachtungen erforderlich sind, als in der Norm beschrieben werden.

Das neue Tragwerk muss neben dem bestehenden Tragwerk errichtet werden, um den Bahnbetrieb während der Bauzeit aufrechtzuerhalten. Außerdem soll der Stausee zur Gänze überspannt werden, sodass kein Pfeiler im Wasser gegründet werden muss. Das neue Tragwerk ist als Bogenbrücke konzipiert, an die jeweils eine Vorlandbrücke anschließt. Für den Entwurf der neuen Brücke war bei der Bogen- und Brückengeometrie besonderes Augenmerk auf folgende Optimierungen zu legen:

- Orientierung der Bogenform an der Stützlinie,
- Optimierung des Bogens für Schienenlängskräfte hinsichtlich Horizontalsteifigkeit (Festpunktsteifigkeit) und Verformungsverhalten,
- Einfügung in das Landschaftsbild und in die Topografie des Geländes,
- wirtschaftliche Herstellung,
- Minimierung des Erhaltungsaufwands durch eine monolithische Stahlbetonbauweise,
- Verzicht auf Schienenauszüge als Konsequenz der Lebenszykluskosten-Betrachtung.

Der neue Entwurf für die Brücke weist eine Bogenöffnung von ca. 98 m auf. Der Bogenstich beträgt etwa ¼ und die lichte Höhe des Bogenscheitels liegt ca. 26 m über dem mittleren Wasserspiegel des Stausees. Die Bogenform folgt in der Ansicht einem Kreis; im Grundriss ist der Bogen gerade. Die Kämpfer gründen außerhalb der Uferlinien im anstehenden Fels. Am Scheitel verschmilzt der Hohlkastenquerschnitt des Bogens mit dem 2-stegigen Plattenbalken des Tragwerküberbaus. Die Bogenbreite ist über die Länge des Bogens konstant 4,20 m; die Bogenstärke verjüngt sich von ca. 3,20 m am Kämpfer auf 2,20 m am Scheitel bei einer konstanten Dicke der Stege von 40 cm und 30 cm von Boden und Deckel.

An den Bogen schließt auf der Linzer Seite eine Vorlandbrücke mit zwei Feldern und auf der Selzthaler Seite eine mit drei Feldern an. Die Pfeiler werden als Doppelstützen ausgebildet, mit je einem Querschnitt von 1 m × 1 m. Die größte effektive Schlankheit der Pfeiler beträgt $\lambda \approx 80$.

Der 2-stegige Plattenbalken ist ein Durchlaufträger mit neun Feldern. Die Regelstützweite beträgt 17,5 m. Die Verbindung mit den Pfeilern und dem Bogen ist monolithisch ausgeführt. An den Widerlagern ist der Überbau auf je einem längs verschieblichen und einem allseitig beweglichen Elastomer-Lager aufgelegt. Gemäß österreichischen Definitionen (Abschnitt 2.1) handelt es sich somit um ein fugenloses semi-integrales Brückentragwerk. Die in Brückenlängsrichtung auftretenden Horizontalkräfte im Brückentragwerk werden vom Bogen abgetragen. Die Breite des schlaff bewehrten Plattenbalkens misst ohne Kragplatten 4,20 m, die Konstruktionshöhe beträgt 2,20 m. Aus diesen Festlegungen ergibt sich eine Gesamtstützweite von 180,5 m gemäß Bild 4.22.

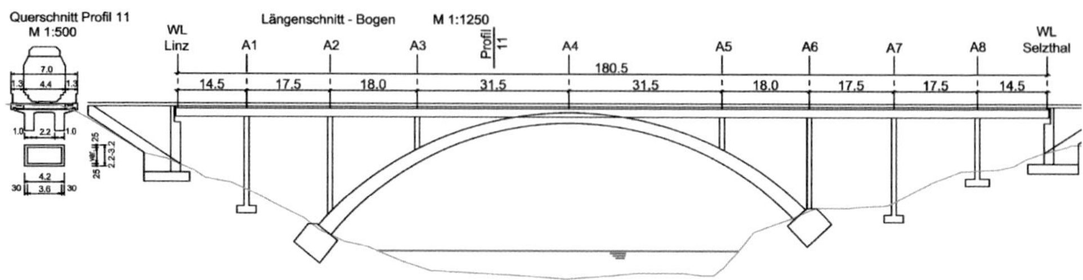

Bild 4.22 Steyrtalbrücke, Längsschnitt und Querschnitt [28]

4.6.5 Bauwerk-Baugrund-Interaktion

Da es sich um ein fugenloses integrales Bauwerk handelt, war die Bauwerk-Baugrund-Interaktion ein ganz wesentliches Thema des Entwurfsprozesses. Gemäß Bodengutachten wurden die in Tabelle 4.4 angegebenen geotechnischen Kennwerte verwendet.

Tabelle 4.4 Bodenkennwerte für die Bemessung

Bodenschicht	Lagerung	φ Grad	c kN/m²	Wichte kN/m³	E_s MN/m²
Schicht 1 – H	locker	27,5	–	18,0	–
Schicht 2 – Lx	locker + mitteldicht	35	–	19,5	30–50
Schicht 3 – GS	locker + mitteldicht	32,5	–	19,0	30–50
Schicht 4 – GS Konglomerat	mitteldicht + dicht	37,5	5	20,0	50–80
Schicht 5 – Kst		40	100	23,0	1500–2500

Bei Schicht 5, die im Mittel etwa zwischen –2,0 und –3,0 m unter Geländeoberkante ansteht, handelt es sich um Kalkstein. Aufgrund der überwiegend seichten Lage des anstehenden Felshorizonts wurde vom Bodengutachter eine Flachgründung für das Bauwerk empfohlen. Für die Gründungselemente der Achsen 0, 1, 2, 6 und 7 (siehe dazu Bild 4.22), die direkt auf dem Fels unterhalb der Verwitterungszone liegen, wurden der Bemessungswert der mittleren Bodenpressung und die maximale Bodenpressung (Randpressung) der Berechnung zugrunde gelegt. Der Sohlreibungswinkel beträgt im gegenständlichen Fall 40°.

Die Setzungen wurden bei den zu erwartenden Bodenverhältnissen mit ca. 1 cm bis 2 cm prognostiziert. Setzungsdifferenzen wurden somit mit 1 cm angenommen, wobei aufgrund von Kriechen der Stahlbetonkonstruktion effektiv nur 50 % von diesem Wert in der Berechnung berücksichtigt wurde.

Für die Schicht 5 – Kalkstein – wurde der vertikal wirkende statische Bettungsmodul für das Bogenwiderlager mit 300 MN/m³ angesetzt. Für einen 1 m breiten Randstreifen durften höhere Werte von 500 MN/m³ in der Berechnung angesetzt werden. Für quasiständige Belastungen wurden statische Bodenkennwerte verwendet, für dynamische

Belastungen wurden für die Modellbildung auch dynamische Bodenkennwerte in einer engen Abstimmung zwischen Tragwerksplaner und Bodengutachter herangezogen.

Statische und dynamische Bodenkennwerte für Kalkstein:

Statische Bodenkennwerte:

– vertikale Feder	10.500 – 12.000 MN/m
– horizontale Feder	5.250 – 6.000 MN/m
– Drehfeder (Drehung um die Horizontale)	22.000 – 25.000 MN/m
– Drehfeder (Drehung um die Vertikale)	3.880 – 4.870 MN/m

Dynamische Bodenkennwerte:

– dynamischer Bettungsmodul	680 – 930 MN/m^3
– vertikale Feder	25.500 – 34.700 MN/m
– horizontale Feder	12.200 – 17.300 MN/m
– Drehfeder (Drehung um die Horizontale)	106.300 – 145.000 MNm
– Drehfeder (Drehung um die Vertikale)	94.300 – 141.200 MNm

Die Bogenkämpfer wurden im Zuge des Entwurfsprozesses geometrisch so ausgebildet, dass die Lastresultierende des Bogens ungefähr senkrecht auf der Fundamentsohle steht. Da in den Gründungssohlen im Fels teils geöffnete Trennfugen zu erwarten waren, wurde vorgesehen, diese in Abstimmung mit dem Bodengutachter zu verfüllen.

Für die Gründungselemente der Achsen 8 und 9 (siehe Bild 4.22), die in den sandig-kiesigen Bodenschichten liegen, wurden die Rechenwerte gemäß Bodengutachten angesetzt. Der Sohlreibungswinkel wurde in diesem Fall zwischen 32,5° und 37,5° festgelegt. Auch für diese Achsen wurden Setzungsdifferenzen von 1 cm der Bemessung zugrunde gelegt.

Der vertikal wirkende statische Bettungsmodul für das Pfeilerfundament wurde mit 20 MN/m^3 angesetzt. Für einen 1 m breiten Randstreifen durften wieder höhere Werte von 50 MN/m^3 in der Berechnung berücksichtigt werden. Es wurde auch hier in quasiständige und dynamische Belastungen unterschieden:

Statische und dynamische Bodenkennwerte für sandig-kiesige Bodenschichten:

Statische Bodenkennwerte:

– vertikale Feder	750 – 830 MN/m
– horizontale Feder	375 – 520 MN/m
– Drehfeder (Drehung um die Horizontale)	1.450 – 1.650 MN/m
– Drehfeder (Drehung um die Vertikale)	2.590 – 3.240 MN/m

Dynamische Bodenkennwerte:

– dynamischer Bettungsmodul	59 – 76 MN/m^3
– vertikale Feder	2.200 – 2.800 MN/m
– horizontale Feder	1.100 – 1.400 MN/m
– Drehfeder (Drehung um die Horizontale)	4.600 – 5.900 MNm
– Drehfeder (Drehung um die Vertikale)	8.210 – 11.560 MNm

Für die Berechnung des Tragwerks waren somit statische und dynamische Bodenkennwerte und jeweils untere und obere Grenzwerte zu betrachten. Durch diese Berücksichtigung der Bauwerk-Baugrund-Interaktion war demzufolge ein deutlich höherer Berechnungsaufwand erforderlich, als dies bei einem konventionellen Tragwerk der Fall gewesen wäre.

4.6.6 Statische Berechnung

Die Berechnung der Interaktion nach den Vorgaben der ÖNORM EN 1991-2, Punkt 6.5.4 (Gemeinsame Antwort von Tragwerk und Gleis auf veränderliche Einwirkungen) führte zu Ergebnissen, nach denen sich die normativen Grenzwerte nicht ohne Weiteres nachweisen ließen. Daher wurde folgender Entscheidungsprozess angestoßen [28]:

- In mehreren Iterationsschritten wurde ein Bogentragwerk entworfen, bei dem Bogenweite, Bogenstich, Bogensteifigkeit sowie Stützweiten und Steifigkeiten des Überbaus variiert wurden.
- Dabei ließen sich die Möglichkeiten der Norm zur genaueren Betrachtung im Einzelfall nutzen, die über die eng gesteckten Grenzen für den allgemeinen Fall hinausgehen.
- In der Modellierung der direkten Schnittstelle zwischen Tragwerk und Gleis wurden mit den Experten des Fachbereiches Oberbau der ÖBB Infrastruktur AG die anzusetzenden Rechenparameter für Durchschubwiderstände und verschiedene konstruktive Maßnahmen abgestimmt.
- Ferner wurden alle sinnvollen konstruktiven Möglichkeiten des Oberbaus zur Reduzierung der Schienenspannungen genutzt.
- Eine Berechnung mit besonders großem Detaillierungsgrad hinsichtlich Lastfallüberlagerung und statischem Modell, z. B. Unterscheidung statischer und dynamischer Bodenkenngrößen, wurde durchgeführt.
- Bei der statischen Berechnung wurden alle Bauzustände inkl. des Lehrgerüstes gemäß Bild 4.23 modelliert, um einen möglichst realitätsnahen Bauablauf zu berücksichtigen.
- Eine abschließende Zustimmung des zuständigen Infrastrukturbetreibers zu den Berechnungsgrundlagen und den vorliegenden Ergebnissen wurde eingeholt.

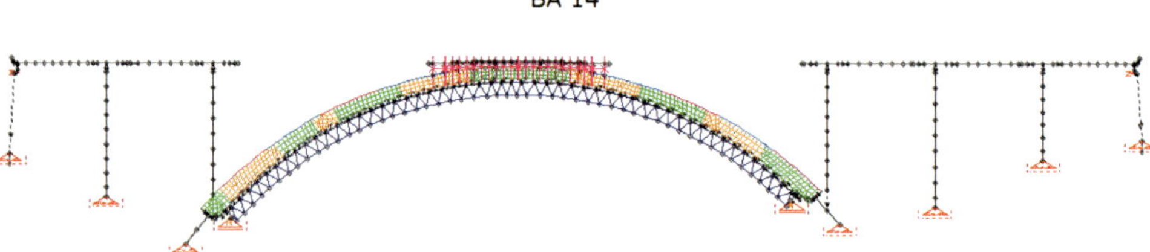

Bild 4.23 Statisches Modell für die Bauzustände

Statisches System

Mit dem Bogentragwerk wurde ein System gewählt, bei dem sich die sehr große Festpunktsteifigkeit und die Lage des thermischen Ruhepunkts sehr günstig auf die Größe der Interaktionsbeanspruchungen auswirken. Ferner bewirkt der steife Überbau auch geringe Durchbiegungen und kaum zusätzliche horizontale Bewegungen an den Tragwerksenden.

Die vertikalen Verkehrslasten bewirken sowohl eine Tragwerksverdrehung am Ende des Überbaus als auch eine horizontale Verschiebung. Berücksichtigt man solche Einflüsse in der Berechnung der Interaktion zwischen Gleis und Tragwerk, kann man folglich auch den Grenzwert der zulässigen zusätzlichen Schienenspannungen von 92 N/mm² auf 112 N/mm² anheben [26]. Es mussten sowohl die zusätzlichen Schienenspannungen auf Grundlage von ÖNORM EN 1991-2 berechnet als auch der Nachweis der globalen Schienenspannung gemäß [25] geführt werden.

Bild 4.24 FE-Modell des Tragwerks inkl. Oberbau [28]

Die Brücke und auch die Schienen sind als räumliches Stabtragwerk modelliert (Bild 4.24), wobei folgende Randbedingungen einbezogen wurden:

- Gemäß DIN-FB 101 wurde die Schiene bis etwa 90 m vor und hinter dem Brückenobjekt im statischen Modell abgebildet. Das berücksichtigt, dass sich die Schiene im Freiland den Zwängungen am Übergang vom Tragwerk entziehen kann.
- Die Gründung der Brücke (Widerlager und Pfeiler) wurden durch Vertikal-, Horizontal- und Drehfedern gemäß Abschnitt 4.6.5 in das statische System integriert. Dabei erfolgte beim Ansatz der Federsteifigkeiten eine Differenzierung bei Einwirkungen aus quasi-ständiger Belastung und kurzzeitig veränderlicher Belastung (Bremsen, Verkehrslast). Vergleichsrechnungen am gegenständlichen System zeigten, dass infolge dieser differenzierten Betrachtungsweise Unterschiede in den Ergebnissen von 10 % erzielt werden.
- Der Berechnung wurden Schienen des Typs UIC 60-900 zugrunde gelegt. In der statischen Berechnung wird für die Schiene ein Ersatzquerschnitt mit gleicher Höhe und annähernd gleichen Querschnittswerten verwendet.
- Das in Längsrichtung vorhandene Last-Verformungs-Verhalten des Gleises bzw. der Schienenbefestigung ist anhand bilinearer Federn modelliert worden. Zu unterscheiden war dabei zwischen belastetem Gleis (Bremsen/Anfahren und vertikale Verkehrslasten) und unbelastetem Gleis (Temperatur und Kriechen und Schwinden).
- Der Querverschiebewiderstand wird nach [25] ebenfalls mit bilinearen Federn modelliert. Der Widerstand für die nicht stabilisierte Bettung beträgt bei Betonschwel-

len 4,5 kN/Schwelle bei 2 mm Verschiebung. Für die Sicherung mit Sicherungskappen an jeder dritten Schwelle wird dieser Wert um 20 % erhöht [25]. Somit beträgt der Querwiderstand bei Berücksichtigung des Schwellenabstands von 65 cm 8,3 kN/m.

Einwirkungen und Lastkombinationen
Für die Berechnung des Tragwerks wurden folgende Verkehrslasten gemäß ÖNORM EN 1991-2 Kapitel 6 und ÖNORM B 1991-2 zugrunde gelegt:

- Lastmodell LM 71 mit $\alpha = 1{,}21$ ($\alpha = 1{,}0$ für Ermüdung),
- Lastmodell SW/0 mit $\alpha = 1{,}21$,
- Lastmodell SW/2,
- Geschwindigkeit im Streckenabschnitt maximal 120 km/h.

Im Rahmen der Interaktionsberechnung Gleis – Tragwerk waren folgende Lastfälle zu untersuchen:

- Temperatur: Die Temperaturänderung der Brücke ist nach ÖNORM EN 1991-1-5 und ÖNORM B 1991-1-5 zu ermitteln. Daraus ergibt sich für den vorhandenen Brückenstandort und Brückentyp eine maximale negative Temperaturänderung von –31,5 °C und eine maximale positive Temperaturänderung von +26,7 °C.
- Kriechen und Schwinden: Dieser Lastfall ist gemäß ÖNORM EN 1992-1-1, Kap. 3.1.4 zu ermitteln. Für die Kriech- und Schwindzahl im Zusammenhang mit Interaktion Gleis – Tragwerk ist der Zeitpunkt des Lückenschlusses der Schiene von Bedeutung. In der Berechnung wurde das Betonalter des Tragwerks bei Lückenschluss der Schiene gemäß den einzelnen Bauphasen angesetzt.
- Bremsen/Anfahren: Zu untersuchen waren die klassifizierten Anfahr- und Bremskräfte gemäß ÖNORM EN 1991-2, Kap. 6.5.3 mit $\alpha = 1{,}21$. Diese werden nach ÖNORM EN 1991-2, Kap. 6.5.3 (7) direkt in den einzelnen Laststellungen mit den zugehörigen vertikalen Verkehrslasten (LM 71, SW/0, SW/2) kombiniert.

Durch diese frühe Lastüberlagerung wird einerseits der Nichtlinearität der Koppelfedern zwischen Schiene und Tragwerk im statischen Modell Rechnung getragen und andererseits gewährleistet, dass Kombinationen nicht zugehöriger Lastfälle nicht mitbetrachtet werden. Damit sollen Ergebnisse, die zu weit auf der sicheren Seite liegen, vermieden werden.

In Hinblick auf die Lastkombination ist gemäß ÖNORM EN 1991-2, Punkt 6.5.4.4 (5) das nichtlineare Verhalten der Gleissteifigkeit (nichtlineare Federkennlinien) bei den einzelnen Einwirkungen zu berücksichtigen. Nach ÖNORM EN 1991-2, Abschnitt 6.5.4.4 (6) ist es für die Berechnung der Schienenlängskräfte jedoch erlaubt, die nichtlinear ermittelten Ergebnisse der Einzellastfälle linear zu überlagern, um Ergebnisse auf der sicheren Seite liegend zu erhalten.

In der vorliegenden Berechnung der zusätzlichen Schienenspannungen wurde nun folgende Vorgehensweise gewählt [28]: Die Einwirkungen aus „Temperatur + Kriechen/Schwinden“ wurden zu einer Lastgruppe zusammengefasst (Lastgruppe „Gleis unbelastet“), die Einwirkungen aus „Bremsen/Anfahren + vertikaler Verkehrslast“ bilden ebenfalls eine Lastgruppe (Lastgruppe „Gleis belastet“). Die Ergebnisse der beiden

Lastgruppen werden anschließend linear überlagert. Wie Untersuchungen zum Beispiel in [27] gezeigt haben, führt diese Vorgehensweise zu optimierten Ergebnissen, die aber immer noch auf der sicheren Seite liegen. Gegenüber der Überlagerung aller Einzellastfälle kann das Fließplateau der Federkennlinien für den Durchschubwiderstand realitätsnäher berücksichtigt werden.

Geführte Nachweise

Neben den speziellen Untersuchungen zur Interkation wurden für die Bemessung der Steyrtalbrücke folgende Nachweise geführt:

- Spannungsnachweise für die Druckspannungen im Beton aller Bauteile gemäß ÖNORM EN 1992-1-1. Des Weiteren wurden die Betonstahl-Spannungen in Bezug auf die charakteristische Einwirkungskombination nachgewiesen.
- Nachweis der Ermüdung für Betonstahl und Beton gemäß ÖNORM EN 1992-1-1 und ÖNORM EN 1992-2 wobei als zyklische Ermüdungseinwirkung die Gleichlast des LM 71 unter Berücksichtigung des dynamischen Beiwerts angesetzt wurde.
- Nachweis der maximalen vertikalen Überbaubeschleunigung bezüglich Resonanz bei Zugüberfahrt sowie der daraus resultierenden Schnittgrößen im Vergleich zur statischen Bemessung.
- Nachweis der maximalen Verformung am Bogenscheitel sowie der aufgeständerten Fahrbahn unter Berücksichtigung der Bogenüberhöhung.
- Nachweis der erforderlichen Bewehrung in allen Bauteilen des Tragwerks.
- Nachweis der Flachgründung für den Bogen unter der Prämisse, keine klaffende Fuge unter ständigen Lasten bzw. eine klaffende Fuge unter charakteristischen Lasten über eine Länge von 50 % zuzulassen.

Zur Interaktion wurden folgende Nachweise im Zuge der statischen Berechnung erbracht:

- Nachweis der zusätzlichen Schienenspannungen für den Winter (Schienenbruch durch Zugversagen) und den Sommer (Gleisverwerfung durch Druckversagen) unter Überlagerung mit zusätzlichen Lastfällen. Durch diese Berechnung konnte der Nachweis für den Entfall der Schienenauszüge erbracht werden.
- Nachweis der Relativverschiebung an den Überbauenden gemäß ÖNORM EN 1991-2 bei Anfahren und Bremsen. Außerdem Prüfung der Längsverschiebungen aus vertikaler Verkehrseinwirkung infolge Überbauverformung und Prüfung der Vertikalverschiebung aufgrund von veränderlichen Einwirkungen am Ende des Überbaus.
- Nachweis der globalen Schienenspannungen mittels Smith-Diagrammen in Hinblick auf die Dauerbiegezugfestigkeit zusätzlich zu den in der ÖNORM EN 1991-2 geforderten Nachweisen. Für Details zu diesen Nachweisen wird auf [28] verwiesen.
- Nachweis des seitlichen Ausweichens des Gleises im Bogen bei Temperaturzwängen und der daraus resultierenden zusätzlichen Schienenspannungen.

4.6.7 Reales Systemverhalten

Da der Entwurf des Tragwerks maßgebend durch die Interaktion von Bauwerk – Baugrund und Gleis – Tragwerk bestimmt wurde, sollten umfangreiche Messungen Aufschluss über das Tragverhalten geben und die Daten mit den Annahmen und Ergebnissen der statischen Berechnung verglichen werden. Dazu waren neben Messungen während einer Belastungsprobe auch länger andauernde Messungen durchzuführen, um das Tragverhalten über die Zeit beurteilen zu können.

Es wurde daher gegen Ende der Ausführungsphase der Brücke durch den Bauherrn der Entschluss gefasst, ein Monitoringsystem zu installieren und mit den Messungen vor Inbetriebnahme des Streckenabschnitts zu beginnen. In Hinblick auf die Annahmen der Planungsphase wurden daher nachfolgend angeführte Parameter für eine messtechnische Dokumentation definiert [29]:

Messungen während der Probebelastung
- Abgleich der mit den installierten Sensoren gemessenen Durchbiegung im statischen Versuch mit den Ergebnissen eines Präzisionsnivellements.
- Bestimmung der maximalen Längsverschiebungen des Tragwerks bei vollem Anfahren und Bremsen eines Lokomotivverbands.
- Messung der Eigenfrequenzen des Überbaus vor, während und nach der Probebelastung (Änderungen durch einen Übergang von Zustand 1 auf Zustand 2).

Langzeitbeobachtung
- Ermittlung der Bauwerkstemperatur über den jahreszeitlichen Verlauf, als Grundlage für die Interpretation aller anderen Messparameter.
- Messung der Schienenspannungen im jahreszeitlichen Verlauf (0 m, 10 m, 20 m, 30 m vom Ende des Tragwerks entfernt) aufgrund der Tragwerksverschiebung.
- Messen von Verformungen in Längsrichtung bei den Widerlagern über den jahreszeitlichen Verlauf sowie unter Berücksichtigung von Kriechen und Schwinden.
- Messen der Durchbiegung im Bogenscheitel.
- Ermittlung der Formänderung des Bogens mithilfe von Neigungssensoren als redundante Messgröße zu den Durchbiegungen.
- Messung der Neigungsänderung der Stützen auf den Bogenkämpfern.

Bei der statischen Probebelastung hat sich insbesondere für die symmetrische Belastung am Bogenscheitel eine sehr große Differenz zwischen dem Erwartungswert der Durchbiegung aus der Berechnung und dem Ergebnis der Probebelastung gezeigt. Die Brücke verhält sich daher viel steifer, als durch die Berechnung prognostiziert wurde. Diese Feststellung wurde auch durch den Vergleich der berechneten und gemessenen Eigenfrequenzen untermauert und ist grundsätzlich in dem Verfahren von Probebelastungen nicht unüblich. Gemäß FE-Modell liegt die erste laterale Eigenfrequenz des Tragwerks bei 0,66 Hz und daher deutlich unter dem Messwert von 0,9 Hz. Die Differenz in der ersten vertikalen Biegeeigenfrequenz beträgt 1,57 Hz (Rechnung) zu 1,73 Hz (Messung). Generell entspricht diese Beobachtung einer höheren Tragwerkssteifigkeit gegenüber den Annahmen der Berechnung den Erfahrungswerten, jedoch sollten durch eine nachfolgende Anpassung des Rechenmodells die Beiträge der einzelnen Faktoren auf das Gesamtergebnis verifiziert werden [29].

Die Auswertung der Anfahr- und Bremsversuche über die Wegaufnehmer zeigten eine deutliche Reaktion des Tragwerks infolge der Beanspruchung. Die gemessenen Werte der Längsverschiebungen betrugen etwa 1 mm und zeigen ebenfalls die zuvor erläuterte höhere Steifigkeit des Tragwerks gegenüber dem Erwartungswert der statischen Berechnung. In einer nachfolgenden Parameterstudie am FE-Modell wurden dann die Auswirkungen eines realitätsnäheren Ansatzes für einzelne Parameter untersucht, die in der statischen Berechnung zuvor nur modellhaft angesetzt werden konnten. Folgende grundlegende Annahmen wurden bei der ursprünglichen statischen Berechnung für die Ermittlung der Eigenfrequenzen und Durchbiegungen getroffen [29]:

- Berechnung für den Zustand 1: linear-elastisches Materialverhalten wurde vorausgesetzt,
- keine Gleis-Tragwerks-Interaktion,
- Ansatz des normgemäßen E-Moduls für den Beton,
- keine Berücksichtigung eines entsprechenden E-Moduls für den Verbundwerkstoff Stahlbeton.

Zur Verifikation der gemessenen Werte bei der Probebelastung wurden sinnvolle, abweichende Ansätze für die Nachbetrachtung getroffen und die Auswirkungen auf die Ergebnisse beurteilt:

- Berücksichtigung der Gleis-Tragwerks-Interaktion mit einem um 20 % größeren Verschiebewiderstand.
- E-Modul Beton: Berücksichtigung eines um 5 bis 10 % höheren E-Moduls des Betons durch das Betonalter ausgehend vom Herstellungszeitpunkt des Bogens.
- E-Modul Betonstahl: Berücksichtigung eines gewichteten E-Moduls für den gesamten Querschnitt mit 5 bis 10 % höherer Steifigkeit als am reinen Betonquerschnitt.
- Berücksichtigung einer um 20 % höheren Gründungssteifigkeit.

Wie zu erwarten war, führten die angeführten Parameter in Summe zu einem nennenswerten Einfluss auf die Steifigkeit und somit auf die Durchbiegung des Tragwerks und entsprachen damit viel besser der Realität. Nach den beschriebenen Belastungstests wurde die Steyrtalbrücke für den normalen Regelbetrieb freigegeben.

In einem interaktiven Entwurfsprozess ist es dem Planer, dem Bauherrn und dessen Fachbereichen gelungen, unter sorgfältiger Auslegung der normgemäßen Gestaltungsmöglichkeiten ein sehr wirtschaftliches Brückentragwerk in semi-integraler Bauweise zu entwerfen, das neben einem ansprechenden Erscheinungsbild insbesondere Ansprüche an eine hohe Dauerhaftigkeit und Wirtschaftlichkeit über den Lebenszyklus erfüllt (Bild 4.25).

Die Errichtung des Bauwerks erfolgte in den Jahren 2012 bis 2014. Bauherr der Brücke war die Österreichische Bundesbahn ÖBB Infrastruktur AG.

Bild 4.25 Tragwerk im Endzustand

5 Berechnung und Bemessung

5.1 Ständige Einwirkungen

5.1.1 Eigengewicht und Ausbaulasten

Zu den ständigen Einwirkungen zählt in erster Linie das Eigengewicht der Konstruktion. Es darf im Allgemeinen auf Grundlage der planmäßigen Abmessungen sowie der mittleren Wichten der verwendeten Baustoffe bestimmt werden, welche für D-A in EN 1991-1-1, für CH in SIA 261 definiert sind. Für Stahlbeton beträgt die mittlere Wichte $\gamma = 25$ kN/m³, für Konstruktionsstahl $\gamma = 78{,}5$ kN/m³. Generell ist bei der Berechnung der Schnittgrößen das Eigengewicht insgesamt mit oberen oder unteren Bemessungswerten zu berücksichtigen, je nachdem, ob sich die Eigenlasten in der betrachteten Bemessungskombination ungünstig oder günstig auswirken.

Die Gewichtskräfte nichttragender Bauteile werden als Ausbaulasten bezeichnet. Sie werden ebenfalls auf Grundlage mittlerer Wichten der verwendeten Baustoffe bestimmt. Im Gegensatz zu Eigengewichtslasten sind bei Ausbaulasten mögliche Abweichungen der planmäßigen Abmessungen, z. B. der Asphaltdicke bei Straßenbrücken oder der Dicke des Gleisschotters bei Eisenbahnbrücken durch eine Variation der Größe der Ausbaulasten zu berücksichtigen. Darüber hinaus ist die Auswirkung einer möglichen Entfernung der Ausbaulast (z. B. bei einer Kappenerneuerung) zu untersuchen.

5.1.2 Vorspannung

Vorspannkräfte sind als ständige Einwirkungen und i. d. R. gleichzeitig mit den Einwirkungen aus Eigengewicht zu betrachten. In D-A ist darüber hinaus eine Streuung der Vorspannwirkung bei der Bemessung zu berücksichtigen (EN 1992-2). Nach [4] beträgt die sich aus Vorspannung ergebende durchschnittliche, zentrische Druckspannung zwischen –3 N/mm² und –7 N/mm², was zu Stauchungen des Überbaus in der Größenordnung $\varepsilon_{pm} = -1 \cdot 10^{-4}$ bis $\varepsilon_{pm} = -2{,}5 \cdot 10^{-4}$ führt. Durch die Stauchungen des Überbaus entstehen zusätzliche Schnittgrößen in den Unterbauten, während gleichzeitig ein Teil der Vorspannung im Baugrund abgebaut wird (vgl. Abschnitt 4.4.2). Hierdurch muss der Überbau stärker vorgespannt werden, als es bei konventionell errichteten Brücken der Fall wäre. In D darf der statisch unbestimmte Anteil der Schnittgrößen aus Vorspannung infolge eines Steifigkeitsabfalls im Grenzzustand der Tragfähigkeit (Zustand II) nicht abgemindert werden (DIN EN 1992-2).

5.1.3 Baugrundsetzungen

Baugrundsetzungen G_{set} werden den ständigen Einwirkungen zugeordnet, müssen jedoch wie veränderliche Einwirkungen stets ungünstig angesetzt werden. Ungleichmäßige Baugrundsetzungen einzelner Gründungen oder Gründungsteile führen bei integralen und semi-integralen Brücken zu Zwangsschnittgrößen im Über- und Unterbau und sind daher bei der Bemessung zu berücksichtigen.

Die Höhe der Baugrundsetzungen ist vom Baugrundgutachter festzulegen. Dieser gibt wahrscheinliche Werte der Baugrundsetzung für die Bemessung im Grenzzustand der

Integrale Brücken: Entwurf, Berechnung, Ausführung, Monitoring, Erste Auflage.
Roman Geier, Volkhard Angelmaier, Carl-Alexander Graubner, Jaroslav Kohoutek.

Gebrauchstauglichkeit und mögliche Werte für die Bemessung im Grenzzustand der Tragfähigkeit vor.

Bei integralen und semi-integralen Brücken können Baugrundsetzungen, die im Bauzustand auftreten, nicht durch einen angepassten Einbau der Brückenlager ausgeglichen werden. Deshalb ist bei der Herstellung integraler Brücken darauf zu achten, dass Über- und Unterbau erst monolithisch verbunden werden, wenn die zu erwartenden Differenzsetzungen zwischen den Pfeilern ein unschädliches Maß angenommen haben. Dies ist jedoch insbesondere bei bindigen Böden häufig nicht möglich, daher sollte die Ermittlung von Differenzsetzungen besonders sorgfältig erfolgen. Dabei ist es bei Stahlbeton- und Spannbetonkonstruktionen jedoch gerechtfertigt, durch das Kriechen des Betons einen etwas geringeren Wert der Differenzsetzungen anzusetzen.

5.2 Veränderliche Einwirkungen

5.2.1 Temperatur

Temperatureinwirkungen sind veränderliche Einwirkungen, die sowohl täglichen als auch saisonalen Schwankungen unterworfen sind. Sie treten über den gesamten Lebenszyklus der Brücke in ähnlicher Höhe auf und entstehen durch Änderungen des Temperaturprofils im Überbau und den Unterbauten. Für den Entwurf und die Bemessung integraler und semi-integraler Brücken sind Temperatureinwirkungen von besonderer Bedeutung.

Das Temperaturprofil wird maßgeblich durch die Lufttemperatur, die Windverhältnisse sowie die Sonneneinstrahlung beeinflusst [30]. Es kann bei einer linear-elastischen Tragwerksanalyse in vier Temperaturanteile aufgeteilt werden, wobei die einzelnen Anteile in ihrer Auswirkung auf das Brückentragwerk getrennt berechnet und anschließend überlagert werden können (siehe Bild 5.1). Eine Berücksichtigung des Einflusses nichtlinearer Temperaturverteilungen ΔT_E über die Querschnittshöhe ist im Brückenbau in D-A-CH nicht erforderlich.

In A ist in diesem Zusammenhang zu beachten, dass die aktuell in Ausarbeitung befindliche österreichische Richtlinie und Vorschrift für das Straßenwesen zu integralen Brücken RVS 15.02.12 besondere Festlegungen für Temperaturansätze vorsieht.

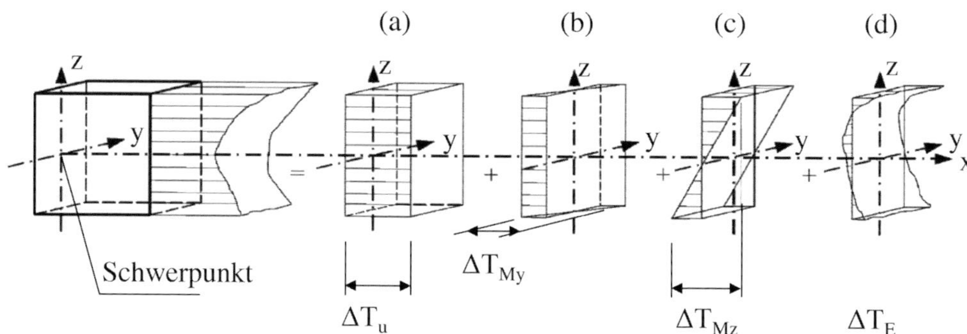

Bild 5.1 Anteile des Temperaturprofils im Bauteil nach DIN EN 1991-1-5

Konstante Temperaturänderungen

Konstante Temperaturänderungen ΔT_u bestimmen maßgeblich das Lagerungs- bzw. Dilatationskonzept einer Brücke. Sie führen u. a. zu Setzungen im Hinterfüllbereich, zu Zwangsschnittgrößen im Über- und Unterbau sowie zu Lastexzentrizitäten in den Druckgliedern (Stützen und Wände) integraler bzw. semi-integraler Brücken. Daher sind konstante Temperaturänderungen ΔT_u beim Entwurf sowie bei der Bemessung stets zu berücksichtigen.

Der Einfluss konstanter Temperaturänderungen ΔT_u auf die Bemessung von Stützen soll am Beispiel der Kochertalbrücke (siehe Bild 5.2), einer Autobahnbrücke im Zuge der A6 bei Geislingen (Deutschland), verdeutlicht werden. Diese Brücke besteht aus einem einzelligen Spannbetonhohlkasten und ist mit den Pfeilern S3 bis S6 monolithisch verbunden. Darüber hinaus sind die Pfeiler S2 und S7 mit längsfesten Punktkipplagern ausgestattet, während die Pfeiler S1 und S8 sowie die Widerlager W0 und W9 längsverschiebliche Punktkipplager aufweisen. Bei einer Verkürzung des Überbaus infolge von Temperatureinwirkungen $\Delta T_{N,con}$ bewegen sich die Köpfe der Pfeiler S2 bis S7 mit größer werdender Entfernung zum Verschiebungsruhepunkt zunehmend in dessen Richtung (siehe Bild 5.2a)). Diese Kopfauslenkung führt zu Zwangsschnittgrößen, welche insbesondere beim Stabilitätsnachweis der Pfeiler zu beachten sind (siehe Bild 5.2b)). Die Annahme einer steifen Gründung führt einerseits zu auf der sicheren Seite liegenden Zwangsschnittgrößen, andererseits bei der Bestimmung der Knicklänge jedoch zu Ergebnissen auf der unsicheren Seite. Es ist daher stets zu prüfen, wie im konkreten Fall die maßgebenden Lagerungsbedingungen zu modellieren sind.

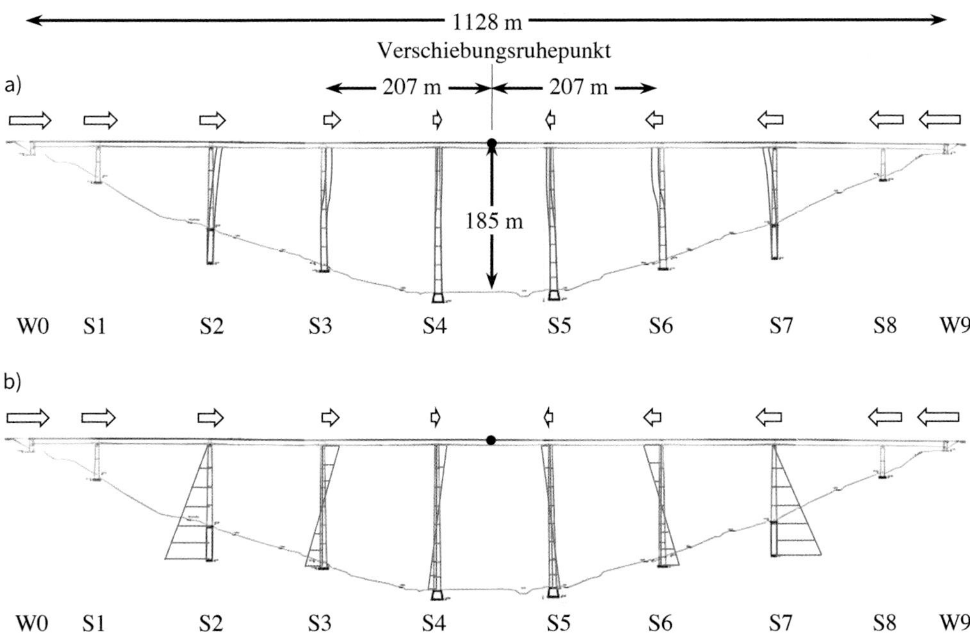

Bild 5.2 Kochertalbrücke; a) Verformungen, b) Biegemomente aus Temperaturverkürzung

Die Extremwerte konstanter Brückentemperaturen $T_{e,min}$ bzw. $T_{e,max}$ bei Stahlbeton-, Spannbeton- und Stahlverbundbrücken sind in Tabelle 5.1 zusammengefasst. Mit Kenntnis der Aufstelltemperatur T_0 der Brücke lassen sich nach EN 1991-1-5 die konstanten Temperaturänderungen $\Delta T_{N,exp}$ bzw. $\Delta T_{N,con}$ in Gl. (5.1) bzw. (5.2) bestimmen. Tabelle 5.2 listet die konstanten Temperaturänderungen ΔT_N für die Aufstelltemperatur $T_0 = 10\ ^{\circ}C$ auf.

$$\Delta T_u = \Delta T_{N,exp} = T_{e,max} - T_0\ [^{\circ}C] \quad \text{maximale Erwärmung des Überbaus} \quad (5.1)$$

$$\Delta T_u = \Delta T_{N,con} = T_{e,min} - T_0\ [^{\circ}C] \quad \text{maximale Abkühlung des Überbaus} \quad (5.2)$$

mit

T_0 Aufstelltemperatur [°C]

Tabelle 5.1 Extremwerte konstanter Brückentemperaturen $T_{e,min}$ bzw. $T_{e,max}$ nach DIN EN 1991-1-5/NA, ÖNORM B 1991-1-5 und SIA 261

	Deutschland	Österreich	Schweiz
Stahlbeton- und Spannbetonbrücken	$T_{e,max} = +39\ ^{\circ}C$ $T_{e,min} = -16\ ^{\circ}C$	$T_{e,max} = +41\ ^{\circ}C - 0{,}006\ ^{\circ}C/m \cdot h^{*}$ $T_{e,min} = +8\ ^{\circ}C + (-26\ ^{\circ}C^{**}$ bis $-34\ ^{\circ}C^{**})$	$T_{e,max} = +30\ ^{\circ}C^{***}$ $T_{e,min} = -10\ ^{\circ}C^{***}$
Stahlverbundbrücken	$T_{e,max} = +41\ ^{\circ}C$ $T_{e,min} = -20\ ^{\circ}C$	$T_{e,max} = +43\ ^{\circ}C - 0{,}006\ ^{\circ}C/m \cdot h^{*}$ $T_{e,min} = +4\ ^{\circ}C + (-26\ ^{\circ}C^{**}$ bis $-34\ ^{\circ}C^{**})$	$T_{e,max} = +35\ ^{\circ}C^{***}$ $T_{e,min} = -15\ ^{\circ}C^{***}$

* h = Seehöhe [mNN]

** Von der Lage des Bauwerks abhängig, siehe ÖNORM B 1991-1-5.

*** $T_{e,max}$ und $T_{e,min}$ sind in SIA 261 nicht definiert. Diese wurden mit Hilfe der konstanten Temperaturänderungen ΔT_N bei einer Aufstelltemperatur $T_0 = 10\ ^{\circ}C$ rechnerisch ermittelt.

Tabelle 5.2 Konstante Temperaturänderungen $\Delta T_{N,exp}/\Delta T_{N,con}$, nach DIN EN 1991-1-5/NA, ONORM B 1991-1-5 und SIA 261 für eine Aufstelltemperatur $T_0 = 10\ ^{\circ}C$

	Deutschland	Österreich	Schweiz
Stahlbeton- und Spannbetonbrücken	$\Delta T_{N,exp} = +29\ ^{\circ}C$ $\Delta T_{N,con} = -26\ ^{\circ}C$	$\Delta T_{N,exp} = +20\ ^{\circ}C^{*}$ $\Delta T_{N,con} = -20\ ^{\circ}C^{*}$	$\Delta T_{N,exp} = +20\ ^{\circ}C$ $\Delta T_{N,con} = -20\ ^{\circ}C$
Stahlverbundbrücken	$\Delta T_{N,exp} = +31\ ^{\circ}C$ $\Delta T_{N,con} = -30\ ^{\circ}C$	$\Delta T_{N,exp} = +20\ ^{\circ}C^{*}$ $\Delta T_{N,con} = -20\ ^{\circ}C^{*}$	$\Delta T_{N,exp} = +25\ ^{\circ}C$ $\Delta T_{N,con} = -25\ ^{\circ}C$

* ÖNORM B 1991-1-5 definiert von der Aufstelltemperatur T_0 unabhängige, konstante Temperaturänderungen ΔT_N für Brücken.

In Tabelle 5.3 sind die zu berücksichtigenden Temperaturausdehnungskoeffizienten α_T einzelner Materialien aufgeführt. Diese ergeben in Verbindung mit den konstanten Temperaturänderungen $\Delta T_{N,exp}$ bzw. $\Delta T_{N,con}$ aus Tabelle 5.2 die Dilatationen nach Tabelle 5.4.

Tabelle 5.3 Temperaturausdehnungskoeffizienten α_T nach DIN EN 1991-1-5/NA, EN 1991-1-5 und SIA 261

	Deutschland	Österreich	Schweiz
Stahlbeton- und Spannbetonbrücken	$1 \cdot 10^{-5*}$ [1/K]	$1 \cdot 10^{-5*}$ [1/K]	$1 \cdot 10^{-5*}$ [1/K]
Stahlverbundbrücken	$1{,}2 \cdot 10^{-5**}$ [1/K]	$1 \cdot 10^{-5**}$ [1/K]	

* Für Betone mit Zuschlägen aus Kalkstein ist eine Reduzierung auf $\alpha_T = 9 \cdot 10^{-6}$ möglich.

** EN 1994-2 sieht für die Ermittlung von Schnittgrößen und Spannungen im Allgemeinen einen Wert $\alpha_T = 1 \cdot 10^{-5}$ vor. Die Schnittgrößen integraler Brücken sind jedoch in hohem Maße von den Verschiebungen in Brückenlängsrichtung abhängig, somit ist der dargestellte erhöhte Wert α_T anzusetzen.

Tabelle 5.4 Dilatationen infolge konstanter Temperaturänderungen $\Delta T_{N,exp}$ bzw. $T_{N,con}$ bei einer Brückenaufstelltemperatur $T_0 = 10$ °C

	Deutschland	Österreich	Schweiz
Stahlbeton- und Spannbetonbrücken	$\varepsilon_{T,max} = +0{,}29$ ‰ $\varepsilon_{T,min} = -0{,}26$ ‰	$\varepsilon_{T,max} = +0{,}20$ ‰ $\varepsilon_{T,min} = -0{,}20$ ‰	$\varepsilon_{T,max} = +0{,}20$ ‰ $\varepsilon_{T,min} = -0{,}20$ ‰
Stahlverbundbrücken	$\varepsilon_{T,max} = +0{,}37$ ‰ $\varepsilon_{T,min} = -0{,}36$ ‰	$\varepsilon_{T,max} = +0{,}20$ ‰ $\varepsilon_{T,min} = -0{,}20$ ‰	$\varepsilon_{T,max} = +0{,}25$ ‰ $\varepsilon_{T,min} = -0{,}25$ ‰

Linearer Temperaturunterschied ΔT_{Mz} in vertikaler Richtung

Lineare vertikale Temperaturunterschiede ΔT_{Mz} entstehen durch eine ungleichmäßige Erwärmung, z. B. infolge intensiver Sonnenstrahlung, oder Abkühlung des Brückenquerschnitts. Sie führen bei statisch unbestimmt gelagerten, integralen oder semi-integralen Brücken immer zu Zwangsschnittgrößen in Über- und Unterbauten. Darüber hinaus führen die durch ΔT_{Mz} hervorgerufenen Krümmungen des Überbaus bei semi-integralen Brücken ggf. zu vergrößerten Lagerwegen an den Widerlagern. Aus diesem Grund sind lineare, vertikale Temperaturunterschiede ΔT_{Mz} beim Entwurf und bei der Bemessung zu berücksichtigen. Generell ist es ausreichend, die Auswirkungen vertikaler Temperaturunterschiede allein in Richtung der Brückenlängsachse zu berücksichtigen. Eine Ausnahme sind Rahmentragwerke mit mehr als zwei Druckgliedern in einer oder mehreren Querachsen. Hier sind auch die Auswirkungen eines vertikalen Temperaturunterschiedes in Querrichtung zu prüfen.

Einflüsse des Fahrbahnaufbaus auf die Temperaturverteilung im Brückenquerschnitt werden durch den Faktor k_{sur} berücksichtigt (siehe Gln. (5.3) und (5.4)). Hierdurch ergeben sich die Extremwerte der anzusetzenden Temperaturunterschiede $\Delta T_{Mz,min}$ bzw. $\Delta T_{M,max}$ für Straßenbrücken mit 80 mm Asphaltbelag nach Tabelle 5.5a und Tabelle 5.5b für Eisenbahnbrücken mit Regelaufbau.

$$\Delta T_{Mz,max} = k_{sur} \cdot \Delta T_{M,heat} \qquad \text{Oberseite wärmer als Unterseite} \qquad (5.3)$$

$$\Delta T_{Mz,min} = k_{sur} \cdot \Delta T_{M,cool} \qquad \text{Unterseite wärmer als Oberseite} \qquad (5.4)$$

Tabelle 5.5 a Linearer Temperaturunterschied ΔT_{Mz} nach DIN EN 1991-1-5/NA, ONORM B 1991-1-5 und SIA 261 bei Straßenbrücken mit 80 mm Asphaltbelag

ΔT_M		Deutschland	Österreich	Schweiz
Stahlbeton- und Spann-betonbrücken	Hohl-kasten	$\Delta T_{Mz,max} = 8{,}2$ °C $\Delta T_{Mz,min} = -5$ °C	$\Delta T_{Mz,max} = 8{,}2$ °C* $\Delta T_{Mz,min} = -5$ °C*	
	Träger	$\Delta T_{Mz,max} = 12{,}3$ °C $\Delta T_{Mz,min} = -8$ °C	$\Delta T_{Mz,max} = 12{,}3$ °C* $\Delta T_{Mz,min} = -8$ °C*	$\Delta T_{Mz,max} = 12$ °C** $\Delta T_{Mz,min} = -4$ °C**
	Platte	$\Delta T_{Mz,max} = 12{,}3$ °C $\Delta T_{Mz,min} = -8$ °C	$\Delta T_{Mz,max} = 12{,}3$ °C* $\Delta T_{Mz,min} = -8$ °C*	
Stahlverbund-brücken	Alle Typen	$\Delta T_{Mz,max} = 15$ °C $\Delta T_{Mz,min} = -18$ °C	$\Delta T_{Mz,max} = 15$ °C $\Delta T_{Mz,min} = -18$ °C	$\Delta T_{Mz,max} = 12$ °C*** $\Delta T_{Mz,min} = -4$ °C***

* Werte gültig für die nichtlineare Schnittgrößenermittlung. Bei einer linear-elastischen Schnittgrößenermittlung ist $\Delta T_{Mz,max} = 10$ °C sowie $\Delta T_{Mz,min} = -5$ °C.

** Gültig für Querschnittshöhen $h \leq 1{,}0$ m. Für $h \geq 3{,}0$ m ist $\Delta T_{Mz,max} = +8$ °C sowie $\Delta T_{Mz,min} = -3$ °C. Bei $1{,}0 \text{ m} < h < 3{,}0$ m dürfen die Werte linear interpoliert werden.

*** Werte für Fahrbahnplatten. Für die Stahlträger ist $\Delta T_{Mz,max} = \Delta T_{Mz,min} = 0$.

Tabelle 5.5 b Linearer Temperaturunterschied ΔT_{Mz} nach DIN EN 1991-1-5/NA, ÖNORM B 1991-1-5 und SIA 261 bei Eisenbahnbrücken mit 750 mm Schotteraufbau

ΔT_M		Deutschland	Österreich	Schweiz
Stahlbeton- und Spann-betonbrücken	Hohl-kasten	$\Delta T_{Mz,max} = 6$°C $\Delta T_{Mz,min} = -5$°C	$\Delta T_{Mz,max} = 6$°C* $\Delta T_{Mz,min} = -5$°C*	
	Träger	$\Delta T_{Mz,max} = 9$°C $\Delta T_{Mz,min} = -8$°C	$\Delta T_{Mz,max} = 9$°C* $\Delta T_{Mz,min} = -8$°C*	$\Delta T_{Mz,max} = 6$°C** $\Delta T_{Mz,min} = -4$°C**
	Platte	$\Delta T_{Mz,max} = 9$°C $\Delta T_{Mz,min} = -8$°C	$\Delta T_{Mz,max} = 9$°C* $\Delta T_{Mz,min} = -8$°C*	
Stahlverbund-brücken	Alle Typen	$\Delta T_{Mz,max} = 12$°C $\Delta T_{Mz,min} = -21{,}6$°C	$\Delta T_{Mz,max} = 15$°C $\Delta T_{Mz,min} = -18$°C	$\Delta T_{Mz,max} = 6$°C*** $\Delta T_{Mz,min} = -4$°C***

* Werte gültig für die nicht-lineare Schnittgrößenermittlung. Bei einer linear-elastischen Schnittgrößenermittlung ist $\Delta T_{Mz,max} = 10$ °C sowie $\Delta T_{Mz,min} = -5$ °C

** Gültig für Querschnittshöhen $h \leq 1{,}0$ m. Für $h \geq 3{,}0$ m ist $\Delta T_{Mz,max} = 4$°C sowie $\Delta T_{Mz,min} = -3$°C. Bei $1{,}0 \text{ m} < h < 3{,}0$ m dürfen die Werte linear interpoliert werden.

*** Werte für Fahrbahnplatten. Für die Stahlträger ist $\Delta T_{Mz,max} = \Delta T_{Mz,min} = 0$.

Linearer horizontaler Temperaturunterschied ΔT_{My}

Lineare horizontale Temperaturunterschiede ΔT_{My} treten bei einseitig wirkender, intensiver Sonneneinstrahlung auf das Bauwerk auf. Die Bemessung des Überbaus wird durch horizontale Temperaturunterschiede ΔT_{My} im Allgemeinen jedoch nur gering beeinflusst. Ist der Brückengrundriss in Nord-Süd-Richtung ausgerichtet oder ist die Gestaltung des Überbaus derart, dass eine ungleichmäßige Erwärmung begünstigt wird, dann sollte ein linearer horizontaler Temperaturunterschied ΔT_{My} zwischen den äußeren Rändern des Überbaus mit den Werten nach Tabelle 5.6 berücksichtigt werden.

Druckglieder (Pfeiler und Wände) aus Stahlbeton sind immer unter Berücksichtigung eines linear veränderlichen Temperaturunterschieds ΔT_{My} nach Tabelle 5.6 zu bemessen. Bei Pfeilern ist der Temperaturunterschied in jeder Richtung zwischen zwei gegenüberliegenden Außenseiten, bei wandartigen Traggliedern nur zwischen Innen- und Außenseite anzusetzen.

Tabelle 5.6 Linearer horizontaler Temperaturunterschied ΔT_{My} nach DIN EN 1991-1-5/NA, ÖNORM B 1991-1-5 und SIA 261

ΔT_{My}	Deutschland	Österreich	Schweiz
Stahlbeton- und Spannbetonüberbau	$\Delta T_{My} = 5$ °C	$\Delta T_{My} = 5$ °C	$\Delta T_{My} = 0$ °C
Stahlverbundüberbau	$\Delta T_{My} = 5$ °C	$\Delta T_{My} = 5$ °C	$\Delta T_{My} = 0$ °C
Stahlbetonpfeiler	$\Delta T_{My} = 5$ °C	$\Delta T_{My} = 5$ °C	$\Delta T_{My} = 0$ °C
Stahlbetonwände	$\Delta T_{My} = 15$ °C	$\Delta T_{My} = 15$ °C	$\Delta T_{My} = 0$ °C

Überlagerung der Temperaturanteile

Bei Rahmentragwerken treten konstante und linear veränderliche Temperaturanteile stets gleichzeitig auf. Eine Überlagerung der einzelnen Temperaturanteile darf nach den Gln. (5.5) und (5.6) erfolgen. Die so kombinierten Temperaturanteile werden in der Bemessung als gemeinsame Temperatureinwirkung betrachtet.

$$\Delta T_{Mz,max} \text{ (oder } \Delta T_{Mz,min}) \quad (+) \; \Delta T_{My} + 0{,}35 \cdot \Delta T_{N,exp} \text{ (oder } \Delta T_{N,con}) \tag{5.5}$$

nach EN 1991-1-5

$$0{,}75 \cdot \Delta T_{Mz,max} \text{ (oder } \Delta T_{Mz,min}) \; (+) \; 0{,}75 \cdot \Delta T_{My} + \Delta T_{N,exp} \text{ (oder } \Delta T_{N,con}) \tag{5.6}$$

nach EN 1991-1-5

5.2.2 Schwinden

Schwinden ist eine belastungsunabhängige Verkürzung des Betons, die aus der zeitlichen Änderung des Wassergehalts und chemischen Reaktionen im Beton resultiert. Sowohl bei integralen als auch bei semi-integralen Massiv- und Verbundbrücken muss die Schwindverkürzung im Grenzzustand der Gebrauchstauglichkeit berücksichtigt werden, da hierdurch zusätzliche Spannungen und Verformungen entstehen, welche die Dauerhaftigkeit des Bauwerks herabsetzen können. Auch im Grenzzustand der Tragfähigkeit müssen die Auswirkungen der Schwinddehnung z. B. bei Stabilitätsnachweisen berücksichtigt werden. Darüber hinaus treten Zwangsschnittgrößen als Folge des Schwindens im Über- und Unterbau auf, welche die Tragwerkszuverlässigkeit herabsetzen können (vgl. die Auswirkungen einer Temperaturverkürzung in Bild 5.2). Ein wichtiges Ziel des Entwurfsprozesses sollte daher die Minimierung der Schwinddehnungen durch eine geschickte Wahl der Betonrezeptur sowie des Bauverfahrens sein.

Die Gesamtschwinddehnung des Betons $\varepsilon_{cs}(t)$ zum Zeitpunkt t setzt sich nach EN 1992-2 und SIA 262 aus den beiden Anteilen Trocknungsschwinden $\varepsilon_{cd}(t)$ und autogenem Schwinden $\varepsilon_{ca}(t)$ zusammen (siehe Gl. 5.7). Bei Normalbetonen (Festigkeitsklasse ≤ C 50/60) überwiegt der Anteil des Trocknungsschwindens $\varepsilon_{cd}(t)$. Die Trocknungsschwinddehnung $\varepsilon_{cd}(t)$ (siehe Gl. 5.8 bzw. 5.11) ist von der Höhe der Wasserzugabe bei der Herstellung und dem Anteil des Zementsteins im Gefüge abhängig (W/Z-Wert – dieser beeinflusst die mittlere Betondruckfestigkeit f_{cm}), von der Mahlfeinheit des Zements (Zementart), vom Betrachtungszeitpunkt t (s. Gl. 5.9 bzw. 5.12), dem Verhältnis Oberfläche zu Volumen des Querschnitts (siehe Tabelle 5.8) sowie der relativen Luftfeuchte der Umgebung. Der Grundwert der unbehinderten Trocknungsschwinddehnung $\varepsilon_{cd,0}$ ist für eine relative Luftfeuchte von 80 % in Tabelle 5.7 angegeben. Besonders schwindempfindliche Tragwerke, z. B. integrale Brücken, sind in D für 50 % erhöhte Werte der Trocknungsschwinddehnung $\varepsilon_{cd,0}$ auszulegen. Der erhöhte Wert entspricht dem 95%-Quantil einer Normalverteilung mit Mittelwert $\varepsilon_{cd,0}$ und dem Variationskoeffizienten 30 %.

$$\varepsilon_{cs}(t) = \varepsilon_{cd}(t) + \varepsilon_{ca}(t)$$ nach EN 1992-1-1, SIA 262 (5.7)

$$\varepsilon_{cd}(t) = \beta_{ds}(t, t_s) \cdot k_h \cdot \varepsilon_{cd,0}$$ nach EN 1992-1-1 (5.8)

$$\beta_{ds}(t, t_s) = \frac{(t - t_s)}{(t - t_s) + 0{,}04 \cdot \sqrt{h_0^3}}$$ nach EN 1992-1-1 (5.9)

$$\gamma_{lt} = 1 + 0{,}1 \cdot \log\left(\frac{t}{365}\right) \geq 1{,}0$$ nach DIN EN 1992-2/NA (5.10)

mit

γ_{lt} Sicherheitsfaktor für verzögerte Langzeitverformungen von $\varepsilon_{cd}(t)$

t Alter des Betons in Tagen zum betrachteten Zeitpunkt

t_s Alter des Betons in Tagen zu Beginn des Trocknungsschwindens (i. d. R. das Alter am Ende der Nachbehandlung)

$h_0 = \frac{2 \cdot A_c}{u}$ wirksame Querschnittsdicke [mm]

k_h ein von der wirksamen Querschnittsdicke h_0 abhängiger Koeffizient gemäß Tabelle 5.8

$$\varepsilon_{cd}(t) = \beta(t - t_s) \cdot \varepsilon_{cd,\infty}$$ nach SIA 262 (5.11)

$\beta(t - t_s)$ Zeitbeiwert nach SIA 262 (5.12)

Tabelle 5.7 Grundwert der unbehinderten Trocknungsschwinddehnung $\varepsilon_{cd,0}$ nach EN 1992-1-1 bzw. $\varepsilon_{cd,\infty}$ nach SIA 261

Relative Luftfeuchte 80 %	D-A $\varepsilon_{cd,0}$			CH $\varepsilon_{cd,\infty}$
Zementfestigkeitsklasse → Betonfestigkeitsklasse	CEM 32,5 N	CEM 32,5 R CEM 42,5 N	CEM 42,5 R CEM 52,5 N; R	Alle Festigkeitsklassen
C20/25	0,25 ‰*	0,30 ‰*	0,42 ‰*	0,30 ‰
C25/30	0,23 ‰*	0,29 ‰*	0,39 ‰*	0,28 ‰
C30/37	0,22 ‰*	0,27 ‰*	0,37 ‰*	0,27 ‰
C35/45	0,20 ‰*	0,25 ‰*	0,35 ‰*	0,25 ‰
C40/50	0,19 ‰*	0,24 ‰*	0,33 ‰*	0,23 ‰
C45/55	0,18 ‰*	0,22 ‰*	0,32 ‰*	0,22 ‰
C50/60	0,17 ‰*	0,21 ‰*	0,30 ‰*	0,20 ‰

* *Anmerkung*: Für integrale Brücken in D sind die angegebenen Werte mit dem Faktor 1,5 zur Berücksichtigung der Streuung und zusätzlich mit dem Sicherheitsfaktor $\gamma_{lt} = 1{,}2$ zur Berücksichtigung verzögerter Langzeitverformungen im Endzustand (t = 36500 d = 100 Jahre) zu beaufschlagen.

Tabelle 5.8 k_h-Werte nach EN 1992-1-1 bzw. $\beta(t\text{-}t_s)$-Werte nach SIA 262

	D-A	CH
h_0 [mm]	k_h [–]	$\beta(t - t_s)$ [–]
100	1,0	1,0
200	0,85	0,85
300	0,75	0,75
≥ 500	0,70	0,70

Die autogene Schwinddehnung $\varepsilon_{ca}(t)$ bzw. Schrumpfdehnung wird durch die Hydratation des Zements ausgelöst. Sie ist bei Normalbetonen ausschließlich von der zur Verfügung stehenden Zementmenge, die mit der Betondruckfestigkeit f_{ck} ansteigt, sowie dem Betrachtungszeitpunkt t abhängig. Die Schwinddehnung $\varepsilon_{ca}(t)$ nähert sich asymptotisch dem Endwert $\varepsilon_{ca,(\infty)}$ an.

$$\varepsilon_{ca}(t) = \beta_{as}(t) \cdot \varepsilon_{ca}(\infty) \quad \text{nach EN 1992-1-1} \tag{5.13}$$

$$\varepsilon_{ca}(\infty) = 2{,}5 \cdot (f_{ck} - 10) \cdot 10^{-6} \quad \text{nach EN 1992-1-1} \tag{5.14}$$

$$\beta_{as}(t) = 1 - e^{-0{,}2 \cdot \sqrt{t}} \quad \text{nach EN 1992-1-1} \tag{5.15}$$

Der Endwert der Gesamtschwinddehnung $\varepsilon_{cd,\infty}$, der sich aus dem Endwert des Trocknungsschwindens $\varepsilon_{cd,\infty}$ und dem Endwert des autogenen Schwindens $\varepsilon_{ca,\infty}$ zusammensetzt, kann für D-A zum Betrachtungszeitpunkt t = 100 Jahre den Tabellen 5.9 und 5.10, für CH der Tabelle 5.11 entnommen werden. Alle dort aufgeführten Werte wurden unter Berücksichtigung des geometrischen Koeffizienten $k_h = 0{,}75$ ermittelt.

Tabelle 5.9 Gesamtschwinddehnung $\varepsilon_{cs,\infty}$ für Brücken in D nach DIN EN 1992-2

Relative Luftfeuchte 80 %	Zementfestigkeitsklasse		
Betonfestigkeitsklasse	CEM 32,5 N	CEM 32,5 R CEM 42,5 N	CEM 42,5 R CEM 52,5 N; R
C20/25	0,36 ‰	0,43 ‰	0,59 ‰
C25/30	0,35 ‰	0,43 ‰	0,56 ‰
C30/37	0,35 ‰	0,41 ‰	0,55 ‰
C35/45	0,33 ‰	0,40 ‰	0,54 ‰
C40/50	0,33 ‰	0,40 ‰	0,52 ‰
C45/55	0,33 ‰	0,38 ‰	0,52 ‰
C50/60	0,33 ‰	0,38 ‰	0,51 ‰

Anmerkung: Der Anteil der Trocknungsschwinddehnung $\varepsilon_{cs,\infty}$ ist bei den angegebenen Werten mit dem Sicherheitsfaktor γ_{lt} = 1,2 für verzögerte Langzeitverformungen und zusätzlich mit dem Faktor 1,5 zur Berücksichtigung der Streuung beaufschlagt.

Für Vollplattenquerschnitte mit einer Höhe H_{min} = 250 mm ≤ H ≤ 300 mm werden mit dieser Annahme die genauen Werte $\varepsilon_{cd,\infty}$ um maximal 6 % unterschätzt, was jedoch im Rahmen der üblichen Genauigkeiten liegt. Für gedrungene Querschnitte sind die angegebenen Werte $\varepsilon_{cd,\infty}$ auf der sicheren Seite, eine genaue Berechnung kann bis zu 6 % geringere Gesamtschwinddehnungen $\varepsilon_{cd,\infty}$ ergeben.

Tabelle 5.10 Gesamtschwinddehnung $\varepsilon_{cs,\infty}$ für Brücken in A nach EN 1992-2

Relative Luftfeuchte 80 %	Zementfestigkeitsklasse		
Betonfestigkeitsklasse	CEM 32,5 N	CEM 32,5 R CEM 42,5 N	CEM 42,5 R CEM 52,5 N; R
C20/25	0,21 ‰	0,25 ‰	0,34 ‰
C25/30	0,21 ‰	0,26 ‰	0,33 ‰
C30/37	0,22 ‰	0,25 ‰	0,33 ‰
C35/45	0,21 ‰	0,25 ‰	0,33 ‰
C40/50	0,22 ‰	0,26 ‰	0,32 ‰
C45/55	0,22 ‰	0,25 ‰	0,33 ‰
C50/60	0,23 ‰	0,26 ‰	0,33 ‰

Tabelle 5.11 Anzusetzende Gesamtschwinddehnung $\varepsilon_{cs,\infty}$ für Brücken in CH nach SIA 262

Relative Luftfeuchte 80 %	Alle Zementfestigkeitsklassen
Betonfestigkeitsklasse	
C20/25 bis C 50/60	0,27 ‰

Ein Vergleich der in den Tabellen 5.7 bis 5.11 angegebenen Werte verdeutlicht die unterschiedliche Berücksichtigung des Schwindeinflusses in den verschiedenen Ländern.

5.2.3 Kriechen

Kriechen ist eine zeitabhängige Verkürzung des Betons unter Druckbeanspruchung. Sowohl bei integralen als auch bei semi-integralen Massiv- und Verbundbrücken müssen Auswirkungen des Kriechens im Grenzzustand der Gebrauchstauglichkeit stets berücksichtigt werden, da hierdurch Spannungsumlagerungen und Verformungen entstehen, welche die Dauerhaftigkeit des Bauwerks herabsetzen können. Im Grenzzustand der Tragfähigkeit sind Auswirkungen des Kriechens u. a. bei Betonfertigteilen mit Ortbetonergänzungen, bei Schnittgrößenumlagerungen – z. B. durch eine abschnittsweise Herstellung – sowie bei Stabilitätsnachweisen schlanker Stützen nach Theorie II. Ordnung ebenfalls zu berücksichtigen. Betonkriechen kann ebenso wie Schwinden die wirksame Vorspannung bei zu steifer Auslegung der Gründungselemente stark reduzieren, da ein Teil der Vorspannkraft in den Baugrund abfließt. Ein wichtiges Ziel des Entwurfsprozesses sollte daher die Minimierung des Kriechens durch eine geschickte Wahl der Betonrezeptur sowie des Bauverfahrens sein. Folgende Faktoren beeinflussen den Verlauf und das Ausmaß des Betonkriechens:

- Höhe und Verlauf der Beanspruchung,
- Querschnittsabmessungen des Bauteils,
- Wasser-Zement-Wert (W/Z),
- Zementmenge und Zementart,
- Kornaufbau, Kornform und Gesteinsart der Gesteinskörnung,
- Klima, insbesondere Luftfeuchtigkeit und Temperatur beim Erhärten und während der Beanspruchung,
- Verarbeitung und Verdichtung des Betons,
- Nachbehandlung des Betons (z. B. nach dem Betonieren Feuchtigkeit zuführen, Bauteil abdecken).

„Die Auswirkungen [des Kriechens sind stets] unter der quasi-ständigen Einwirkungskombination zu ermitteln, unabhängig davon, ob eine ständige, eine vorübergehende oder eine außergewöhnliche Bemessungssituation untersucht wird. Im Allgemeinen dürfen die Kriechauswirkungen unter ständigen Lasten und mit dem Mittelwert der Vorspannung ermittelt werden“ (DIN EN 1992-2). In Bild 5.3 ist die Ermittlung der Endkriechzahlen $\varphi(\infty,t_0)$ für Brücken in D-A mit Erstbelastungszeitpunkt t_0 dargestellt.

Die mithilfe von Bild 5.3 ermittelten Endkriechzahlen stellen die zu erwartenden Mittelwerte dar. Bei gegenüber Kriechauswirkungen besonders empfindlichen Tragwerken, z. B. integralen Brücken, sind in D die Endkriechzahlen um 50 % zu erhöhen. Der erhöhte Wert entspricht dem 95 %-Quantil einer Normalverteilung mit Mittelwert $\phi_{(\infty,t0)}$ und dem Variationskoeffizienten 30 % nach DIN EN 1992-2.

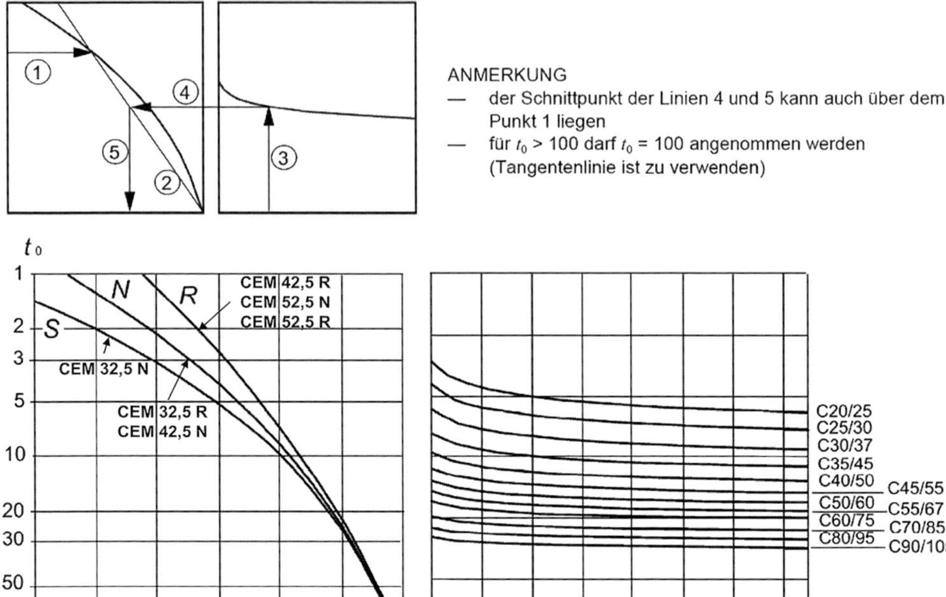

Bild 5.3 Endkriechzahl $\phi(\infty,t_0)$ für Betonbrücken bei 80 % rel. Luftfeuchte nach EN 1992-1-1

In CH werden die Endkriechzahlen $\varphi(t,t_0)$ nach Gl. (5.16) ermittelt. Hierbei wird der Einfluss des Belastungszeitpunktes durch den Beiwert $\beta(t_0)$ (Bild 5.4a)), der Einfluss der Umgebungstemperatur auf das Betonalter mit dem Beiwert k_T (Bild 5.4b)) ermittelt.

$$\varphi(t,t_0) = \varphi_{RH} \cdot \beta_{fc} \cdot \beta(t_0) \cdot \beta(t-t_0) \quad \text{nach SIA 261} \qquad (5.16)$$

mit

$\varphi_{RH} \cdot \beta_{fc}$ Kriechbeiwerte

$\beta(t-t_0) = 1{,}0$ zum Betrachtungszeitpunkt $t = \infty$

$\beta(t_0)$ Beiwert zur Berücksichtigung des Belastungszeitpunktes

Tabelle 5.12 Kriechbeiwerte von Beton in CH nach SIA 261

Relative Luftfeuchte 80 %	Kriechbeiwerte $\phi_{RH} \cdot \beta_{fc}$		
Betonfestigkeitsklasse	$h_0 = 100$ mm	$h_0 = 300$ mm	$h_0 = 600$ mm
C20/25	4,6	4,2	3,9
C25/30	4,1	3,8	3,6
C30/37	3,7	3,4	3,2
C35/45	3,5	3,1	3,0
C40/50	3,1	2,8	2,7
C45/55	2,8	2,6	2,5
C50/60	2,6	2,4	2,3

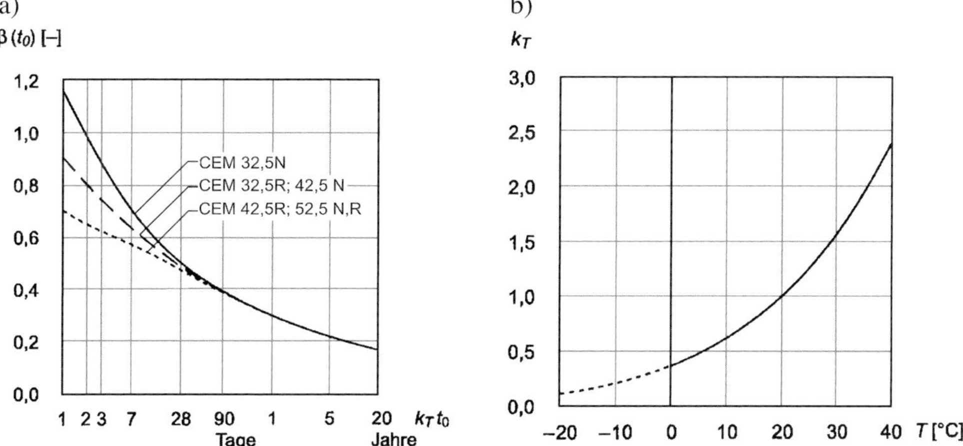

Bild 5.4 a) Beiwert des Belastungszeitpunkts $\beta(t_0)$, b) Temperaturbeiwert k_T nach SIA 261

5.2.4 Erddruck

Als Erddruck (siehe Gl. (5.17)) wird die sich zwischen dem Boden und den Flächen der Unterbauten einstellende Spannung bezeichnet. Erddrücke aus der Hinterfüllung werden nachfolgend als Einwirkungen berücksichtigt, während Erddrucke auf die Gründungselemente Teil der Lagerungsbedingungen sind (s. Abschnitt 5.4). Aktiver Erddruck aus der Hinterfüllung (siehe Bild 5.5) tritt auf, wenn sich das Bauwerk – z. B. als Folge einer Verkürzung des Überbaus – vom Erdreich wegbewegt und der angrenzende, kohäsionslose Boden nachrutschen kann. Erdruhedruck stellt sich ein, wenn das Bauwerk keine Bewegung gegenüber dem angrenzenden Boden erfährt. Bei einer Ausdehnung des Überbaus wird das Erdreich im Hinterfüllbereich gestaucht, wodurch der mobilisierte Erddruck über den Erdruhedruck hinaus ansteigt (siehe Bilder 5.6 und 5.7). Dieser Effekt verstärkt sich bei zunehmender Kopfauslenkung s_h, jedoch bildet der passive Erddruck stets die Obergrenze.

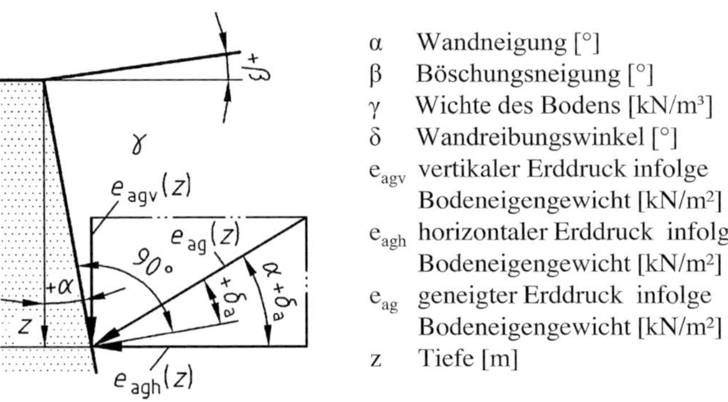

Bild 5.5 Aktiver Erddruck auf ein Bauwerk nach DIN 4085

In Bild 5.6 sind die normierten horizontalen Erddrücke e_h für Hinterfüllbereiche nach der Richtzeichnung Was 7 der Bundesanstalt für Straßenwesen (BASt) und die zugehörigen, passiven, mobilisierten Erddruckbeiwerte $K_{ph,mob}$ nach *Vogt* [31] dargestellt. Bei einer Verdrehung um den Fußpunkt des Widerlagers erreicht der normierte, mobilisierte Erddruck bei einer auf die Widerlagerhöhe h bezogenen Kopfverschiebung $s_h/h = 0{,}005$ in einer Tiefe $z/h \sim 0{,}5$ sein Maximum, während der maximale Erddruck bei einer Parallelverschiebung des Widerlagers in einer Tiefe $z/h = 1{,}0$ am Fußpunkt auftritt. Generell sind die passiven, mobilisierten Erddrücke bei einer Fußpunktverdrehung geringer als bei einer Parallelverschiebung des Widerlagers.

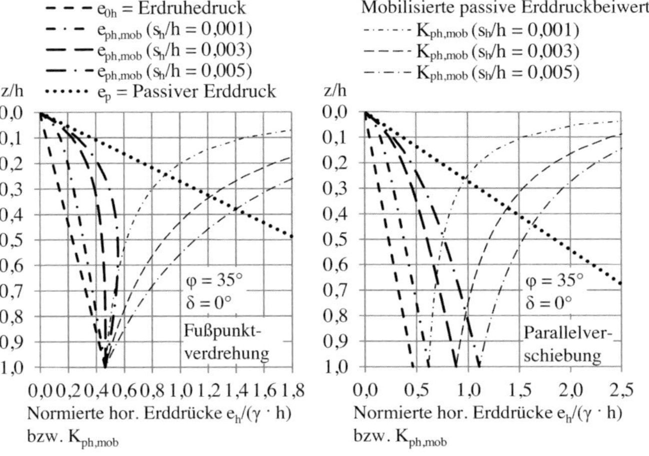

Bild 5.6 Horizontale Erddrücke und Erddruckbeiwerte für Hinterfüllbereiche nach Richtzeichnung Was 7

$$e_{agh}; e_{ph,mob}; e_{pgh}; e_0 = [K_{agh}; K_{ph,mob}; K_{pgh}; K_0] \cdot \gamma \cdot h \; \left[kN / m^2 \right] \tag{5.17}$$

Aktiver-, mobilisierter-, passiver Erddruck; Erdruhedruck

mit

$$K_{agh} = \frac{\cos^2 \varphi}{\left[1 + \sqrt{\frac{\sin(\varphi + \delta) \cdot \sin \varphi}{\cos \delta}}\right]^2}$$ aktiver Erddruckbeiwert für $\alpha = \beta = 0°$ (5.18)

(Winkel nach Bild 5.5)

$$K_{ph,mob}(z) = K_0 + (K_{pgh} - K_0) \cdot \frac{\frac{s_h(z)}{z}}{0{,}02 + \frac{s_h(z)}{z}}$$ [31] (5.19)

$K_{ph,mob}(z)$ mobilisierter, passiver Erddruckbeiwert für D

$$K_{pgh} = \tan^2\left(45° + \frac{\varphi}{2}\right)$$ [-] passiver Erddruckbeiwert für (5.20)

$\alpha = \beta = \delta = 0°$

$$K_0 = 1 - \sin \varphi$$ Erdruhedruckbeiwert für $\alpha = \beta = \delta = 0°$ (5.21)

φ Bodenreibungswinkel [°]

z Tiefe [m] gemessen ab Oberkante Widerlager

h Höhe [m] des Widerlagers

$s_h(z)$ Amplitude der zyklischen Relativverschiebung [m] in der Tiefe z
Bei Verdrehung um den Fußpunkt gilt $s_h(z) = s_{h,Kopf} \cdot (1 - z/h)$
Bei einer Parallelverschiebung gilt $s_h(z) = s_{h,Kopf}$

Tabelle 5.13 Beiwerte K des aktiven und passiven Erddrucks für $\alpha = \beta = 0°$

φ	Beiwert für aktiven Erddruck K_{agh}				Beiwert für passiven Erddruck K_{pgh}			
	$\delta = 0°$	$\delta = ⅓\,\varphi$	$\delta = ½\,\varphi$	$\delta = ⅔\,\varphi$	$\delta = 0°$	$\delta = -⅓\,\varphi$	$\delta = -½\,\varphi$	$\delta = -⅔\,\varphi$
30°	0,33	0,30	0,29	0,28	3,00	3,98	4,50	5,00
32,5°	0,30	0,27	0,26	0,25	3,32	4,62	5,31	6,00
35°	0,27	0,25	0,23	0,22	3,69	5,39	6,32	7,26
37,5°	0,24	0,22	0,21	0,20	4,11	6,33	7,58	8,86

Erddruckbeanspruchungen aus der Hinterfüllung von Widerlagern, einschließlich des mobilisierten, passiven Erddrucks, zählen zu den ständigen Einwirkungen. Der mobilisierte, passive Erddruck unterliegt jahres- und tageszeitlichen Schwankungen, da er vom Verformungsverhalten des Überbaus abhängt. Im Laufe der Zeit kann es durch die wiederkehrenden Bewegungen der Widerlagerwand daher zu Setzungen im Anschlussbereich sowie zur Verdichtung der Hinterfüllung kommen. Setzungen im Anschlussbereich können durch Schleppplatten wirksam verringert werden, darüber hinaus kann das Nachrutschen des Bodens durch die Verwendung von Magerbeton oder bewehrter Erde verhindert werden. Wird die Hinterfüllung mit nichtbindigen Böden ausgeführt, dann sollte der mobilisierte, passive Erddruck mit der maximalen Amplitude der Kopfverformung nach Gl. (5.22) berechnet werden.

$$s_{h,Kopf} = \left(\left| \varepsilon_{cs\infty} \right| + \left| \varepsilon_{cc\infty} \right| (+) \left| \varepsilon_{pm\infty} \right| + \left| \varepsilon_{T,min} \right| + \left| \varepsilon_{T,max} \right| \right) \cdot \frac{L}{2} \tag{5.22}$$

mit

L Brückenlänge [m]

Bild 5.7 zeigt den mobilisierten, passiven Erddruck auf die Widerlager integraler und semi-integraler Brücken nach Schweizer und Englischer Richtlinie (ASTRA und UK Highway Agency). Es wird vorausgesetzt, dass sich die Widerlager integraler Brücken bei einer aufgezwungenen Kopfverformung im Regelfall um den Fuß- oder Drehpunkt verdrehen. Bei semi-integralen Brücken sollte jedoch von einer Parallelverschiebung des Endquerträgers ausgegangen werden.

$$K_{eR} = K_0 + \left(33 \cdot \frac{s_{h,Kopf}}{h} \right)^{0.6} \cdot K_{pgh} \le K_{pgh} \quad \text{nach ASTRA und UK Highway Agency}$$

K_{eR} mobilisierter, passiver Erddruckbeiwert für CH (5.23)

$$K_{eT} = K_0 + \left(40 \cdot \frac{s_{h,Kopf}}{h} \right)^{0.4} \cdot K_{pgh} \le K_{pgh} \quad \text{nach ASTRA und UK Highway Agency}$$

K_{eR} mobilisierter, passiver Erddruckbeiwert für CH (5.24)

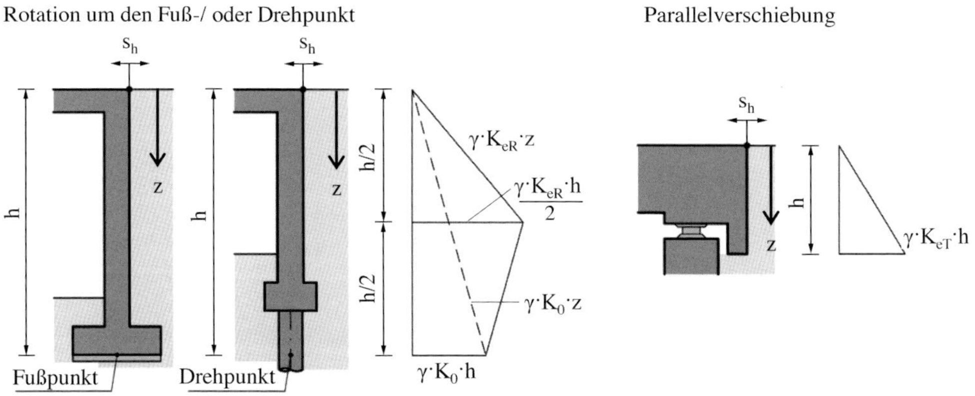

Rotation um den Fuß-/ oder Drehpunkt

Parallelverschiebung

Bild 5.7 Mobilisierter passiver Erddruck in Hinterfüllbereichen CH nach ASTRA

Nach RE-ING ist in D die Erddruckbelastung auf die Widerlager (Rahmenstiele) mit folgenden Grenzen zu untersuchen:

Untere Grenze: minimaler Erddruck = ½ · e_{ah}

Obere Grenze: maximaler Erddruck = $e_{ph,mob}$ bzw. e_{0h}

In Sommerstellung $\Delta T_{N,exp}$ ist die Erddruckbelastung mit dem mobilisierten passiven Erddruck oder, falls ungünstiger wirkend, mit dem Erdruhedruck zu ermitteln. In Winterstellung $\Delta T_{N,con}$ ist die Erddruckbelastung mit 50 % des aktiven Erddrucks bzw. wenn ungünstiger wirkend mit dem Erdruhedruck zu berechnen (RE-ING).

Abschließend ist zu den Erddruckansätzen aus österreichischer Sicht anzumerken, dass in der aktuell in Ausarbeitung befindlichen RVS 15.02.12 besondere Festlegungen für Erddruckansätze getroffen werden sollen und auch Vereinfachungen für kurze Tragwerkslängen möglich sein werden.

5.2.5 Straßenverkehr

Vertikale Lasten

Straßenverkehrslasten wurden in der Vergangenheit europaweit ermittelt und ausgewertet (siehe z. B. [32]). Aus diesen Lastmessungen wurde ein fiktives Lastmodell LM 1 für Straßenverkehrslasten entwickelt (siehe Bild 5.8), welches alle statischen und

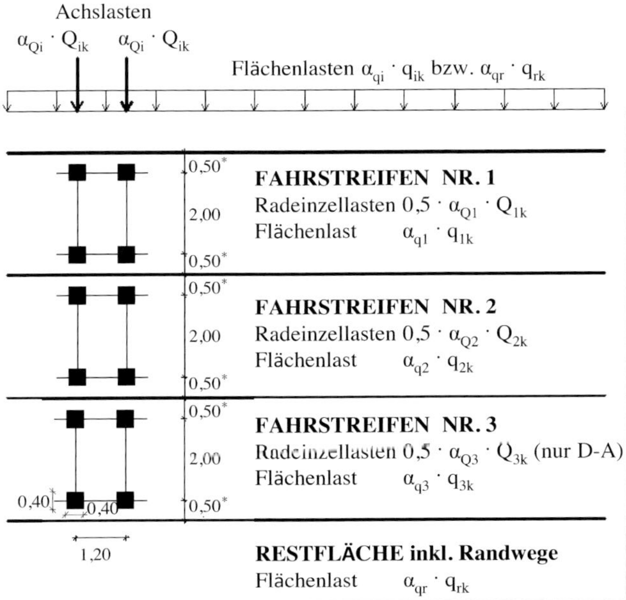

Achslasten

$\alpha_{Qi} \cdot Q_{ik}$ $\alpha_{Qi} \cdot Q_{ik}$

Flächenlasten $\alpha_{qi} \cdot q_{ik}$ bzw. $\alpha_{qr} \cdot q_{rk}$

	D	A	CH
0,50* / 2,00 / 0,50* **FAHRSTREIFEN NR. 1** Radeinzellasten 0,5 · $\alpha_{Q1} \cdot Q_{1k}$ Flächenlast $\alpha_{q1} \cdot q_{1k}$	$\alpha_{Q1} \cdot Q_{1k}$ = 300 kN $\alpha_{q1} \cdot q_{1k}$ = 12 kN/m²	$\alpha_{Q1} \cdot Q_{1k}$ = 300 kN $\alpha_{q1} \cdot q_{1k}$ = 9 kN/m²	$\alpha_{Q1} \cdot Q_{1k}$ = 270 kN $\alpha_{q1} \cdot q_{1k}$ = 8,1 kN/m²
0,50* / 2,00 / 0,50* **FAHRSTREIFEN NR. 2** Radeinzellasten 0,5 · $\alpha_{Q2} \cdot Q_{2k}$ Flächenlast $\alpha_{q2} \cdot q_{2k}$	$\alpha_{Q2} \cdot Q_{2k}$ = 200 kN $\alpha_{q2} \cdot q_{2k}$ = 6 kN/m²	$\alpha_{Q2} \cdot Q_{2k}$ = 200 kN $\alpha_{q2} \cdot q_{2k}$ = 2,5 kN/m²	$\alpha_{Q2} \cdot Q_{2k}$ = 180 kN $\alpha_{q2} \cdot q_{2k}$ = 2,25 kN/m²
0,50* / 2,00 / 0,50* (0,40; 0,40) **FAHRSTREIFEN NR. 3** Radeinzellasten 0,5 · $\alpha_{Q3} \cdot Q_{3k}$ (nur D-A) Flächenlast $\alpha_{q3} \cdot q_{3k}$	$\alpha_{Q3} \cdot Q_{3k}$ = 100 kN $\alpha_{q3} \cdot q_{3k}$ = 3 kN/m²	$\alpha_{Q3} \cdot Q_{3k}$ = 100 kN $\alpha_{q3} \cdot q_{3k}$ = 2,5 kN/m²	$\alpha_{Q3} \cdot Q_{3k}$ = 0 kN $\alpha_{q3} \cdot q_{3k}$ = 2,25 kN/m²
1,20 **RESTFLÄCHE inkl. Randwege** Flächenlast $\alpha_{qr} \cdot q_{rk}$	$\alpha_{qr} \cdot q_{rk}$ = 3 kN/m²	$\alpha_{qr} \cdot q_{rk}$ = 2,5 kN/m²	$\alpha_{qr} \cdot q_{rk}$ = 2,25 kN/m²

* Die Werte gelten für Fahrstreifen mit einer Breite 3,0 m und mittiger Anordnung des Lastmodells. Der Abstand zum Fahrbahn- oder Fahrstreifenrand sollte – falls es zu ungünstigeren Ergebnissen führt – auf 0,20 m verkürzt werden. Zwischen den Radeinzellasten angrenzender Fahrstreifen ist ein Achsabstand ≥ 0,50 m stets einzuhalten.

Bild 5.8 Verkehrslastmodell LM 1 in D-A nach EN 1991-2 und CH nach SIA 261

Tabelle 5.14 Anzahl und Breite fiktiver Fahrstreifen nach EN 1991-2 und SIA 261

Fahrbahnbreite b [m]	Anzahl fiktiver Fahrstreifen	Fiktive Fahrbahnbreite	Breite der Restflächen
b < 5,4 m	n = 1	3 m	b – (3 m)
5,4 m ≤ b ≤ 6,0 m	n = 2	b/2	0
b > 6,0 m	n = ganzzahliger Teil von b/(3 m)	3 m	b – n · (3 m)

dynamischen Effekte aus Fahrzeugüberfahrten abdeckt. Die Einteilung der Fahrbahn in Fahrstreifen und Restflächen erfolgt gemäß Tabelle 5.14. Es ist zu beachten, dass für D, A und CH jeweils unterschiedliche charakteristische Werte der Einzel- und Flächenlasten gültig sind. In CH dürfen die Beiwerte α_{Qi}, α_{qi} und α_{qr} bis maximal 0,65 reduziert werden, wenn es sich um Straßen von untergeordneter Bedeutung mit einer Fahrbahnbreite bis 6 m handelt und dieses Vorgehen mit Bauherren und Aufsichtsbehörden abgestimmt ist. Das LM 1 wird in D-A-CH sowohl für globale als auch für lokale Nachweise eingesetzt. Zusätzlich findet in A das Lastmodell LM 2 (siehe Bild 5.9) für lokale Nachweise Anwendung.

Darüber hinaus sind in D-A-CH in Abstimmung mit der zuständigen Behörde Lastmodelle für Sonderfahrzeuge zu berücksichtigen (siehe EN 1991-2). Falls es zu ungünstigeren Ergebnissen führt, ist in D-A-CH zusätzlich das Lastmodell LM 4 (Menschengedränge) zu berücksichtigen, welches in D-A mit einer Flächenlast von $q_k = 5$ kN/m² belegt ist und in CH projektspezifisch festgelegt wird. Lastmodelle für Nachweise gegen Ermüdung von Bauteilen sind EN 1991-2 und SIA 261 zu entnehmen.

Horizontale Lasten

Die planmäßigen horizontalen Verkehrslasten Bremsen und Anfahren von Fahrzeugen (s. Gl. 5.25) sowie Zentrifugalkräfte (s. Tabelle 5.15) treten stets in Verbindung mit vertikalen Verkehrslasten auf. Brems- und Anfahrlasten sind in Brückenlängsrichtung, Zentrifugallasten radial zur Fahrbahnachse jeweils in Höhe des fertigen Fahrbahnbelags anzusetzen. Die Verteilung horizontaler Verkehrslasten erfolgt entsprechend der horizontalen Steifigkeit der Widerlager und Stützen. Zusätzlich sind bei der Tragwerksanalyse außergewöhnliche horizontale Verkehrslasten infolge Fahrzeuganprall nach EN 1991-2 und SIA 261 zu berücksichtigen.

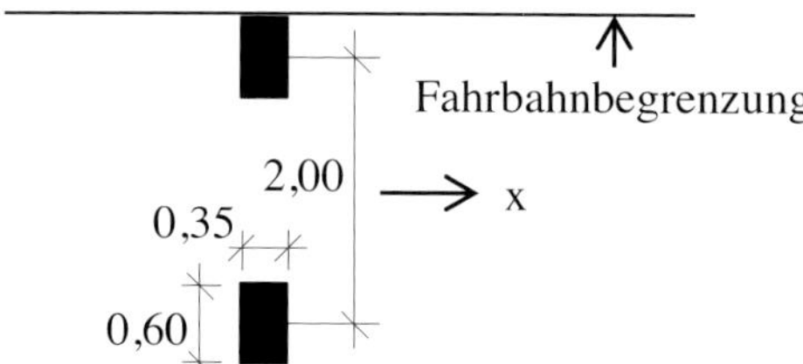

Bild 5.9 Verkehrslastmodell LM 2 für lokale Nachweise in A nach EN 1991-2

$$Q_{lk} = 360 \text{ kN} + 0{,}9 \text{ kN/m}^2 \cdot \alpha_{q1} \cdot b_{FS1} \cdot L \leq 900 \text{ kN (D-CH); } 800 \text{ kN (A)} \quad (5.25)$$

$Q_{lk} = QB_k = QA_k$ Brems- und Anfahrlast nach EN 1991-2 bzw. SIA 261

α_{q1} Anpassungsfaktor: $\alpha_{q1} = 1{,}0$ (A-CH) bzw. $\alpha_{q1} = 1{,}33$ (D)

$b_{FS1} \cdot L$ Fläche des Fahrstreifens 1 zwischen zwei Dilatationsfugen (falls zutreffend) oder den Überbauenden

Tabelle 5.15 Zentrifugalkräfte Q_{vk} in D-A nach EN 1991-2 bzw. QZ_k in CH nach SIA 261

Krümmungsradius r	D-A-CH
$r < 200$ m	$0{,}2\ Q_{vk}^{*}$
$200 \text{ m} \leq r \leq 1500$ m	$Q_{vk}^{*} \cdot (40 \text{ m/r})$
$r > 1500$ m	0

* $Q_{vk} = \sum 2 \cdot (\alpha_{Qi} \cdot Q_{ik})$ nach Bild 5.8

5.2.6 Eisenbahnverkehr bzw. Normalspurbahnverkehr

Vertikale Lasten

Das Eisenbahnlastmodell LM 71 (D-A) bzw. LM 1 (CH) (Bild 5.10a) deckt den statischen Anteil der Einwirkungen aus (Normalspurbahn-)Regelverkehr ab. Ferner ist für Durchlaufträger- und Rahmenbrücken zu prüfen, ob das Lastmodell SW/0 (D-A) bzw. LM 2 (CH) (s. Bild 5.10a)) zu ungünstigeren Ergebnissen führt. Generell ermöglicht der Lastklassenbeiwert α (s. Bild 5.10c)) die Anpassung der Lastmodelle LM 71 und SW/0 (D-A) bzw. LM 1 und LM 2 (CH) an Strecken mit zulässigen Achslasten $\neq 22{,}5$ t und Streckenlasten $\neq 8$ t/m. Alle vier Lastmodelle sind fernerhin in Querrichtung ex-

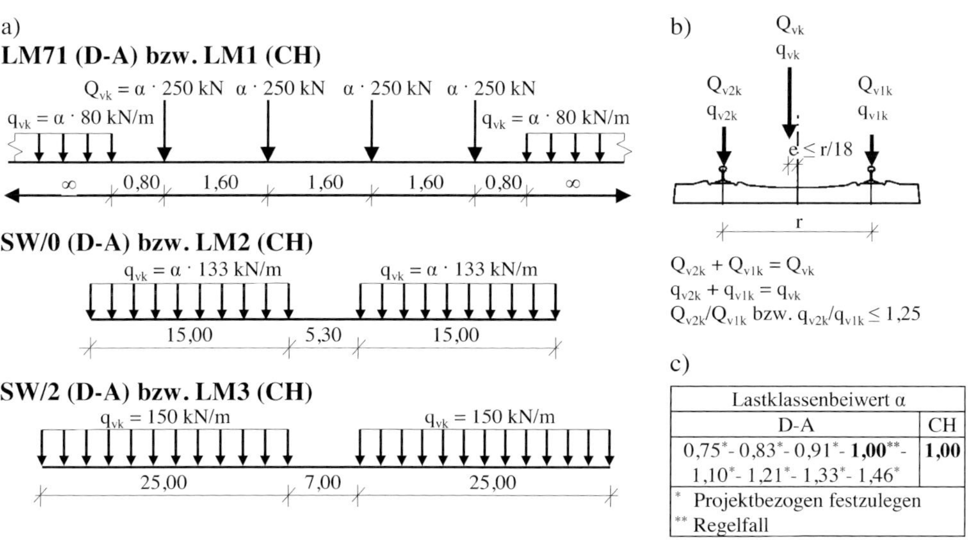

Lastklassenbeiwert α	
D-A	CH
0,75*- 0,83*- 0,91*- **1,00****- 1,10*- 1,21*- 1,33*- 1,46*	**1,00**
* Projektbezogen festzulegen ** Regelfall	

Bild 5.10 Lastmodelle für Eisenbahnlasten in D-A nach EN 1991-2 und in CH nach SIA 261
a) Lastanordnung in Längsrichtung b) Lastaufteilung in Querrichtung c) Lastklassenbeiwert α

zentrisch zur Gleisachse anzuordnen, falls es für die Tragwerksbemessung von Bedeutung ist (s. Bild 5.10b)). In A ist zusätzlich eine Abweichung von der bekannten Gleislage um 0,10 m nach jeder Seite bei der Tragwerksbemessung zu berücksichtigen. Bei Strecken mit Schwerwagen im Ganzzugverkehr ist darüber hinaus das Lastmodell SW/2 (D-A) bzw. LM 3 (CH) (s. Bild 5.10a)) anzusetzen. Dienstgehwege sind mit einer gleichmäßigen Flächenlast $q_{fk} = 5{,}0$ kN/m² zu belasten.

Alle Lastmodelle nach Bild 5.10 sind mit dem Schwingbeiwert für sorgfältig instand gehaltene Gleise nach Gl. (5.26) zu multiplizieren (in Sonderfällen mit dem Schwingbeiwert für normale instand gehaltene Gleise nach Gl. (5.27). Dieser darf bei Überschüttungshöhen $h \geq 1{,}00$ m nach Gl. (5.28) abgemindert werden. Auswirkungen der Einwirkungen aus Eisenbahnverkehr bei Pfeilern mit einem Schlankheitsgrad (Knicklänge/Trägheitsradius) < 30, Widerlagern, Gründungen, Stützwänden und Bodenpressungen dürfen nach EN 1991-2 ohne dynamischen Beiwert ermittelt werden. Zur Berechnung vertikaler Erddrücke aus Eisenbahnverkehr dürfen Vertikallasten ohne dynamischen Beiwert gleichmäßig auf eine Breite von 3 m in einer Tiefe von 0,70 m unter Schienenoberkante verteilt werden.

Schwingbeiwert bei sorgfältiger Gleisinstandhaltung nach EN 1991-2 bzw. SIA 261

$$\Phi_2 \text{ bzw. } \Phi = \frac{1{,}44}{\sqrt{L_\Phi} - 0{,}2} + 0{,}82 \text{ mit } 1{,}0 \leq \Phi_2 \text{ bzw. } \Phi \leq 1{,}67 \qquad (5.26)$$

bei normaler Gleisinstandhaltung nach EN 1991-2

$$\Phi_3 = \frac{2{,}16}{\sqrt{L_\Phi} - 0{,}2} + 0{,}73 \text{ mit } 1{,}0 \leq \Phi_3 \leq 2{,}00 \qquad (5.27)$$

$$\text{red}\,\Phi_{2,3} = \Phi_{2,3} - \frac{h - 1{,}00}{10} \geq 1{,}0 \text{ bzw. } \Phi_{red} = \Phi - \frac{h - 1{,}00}{10} \geq 1{,}00$$

nach EN 1991-2 und SIA 261 (5.28)

mit

$\Phi_{2,3}$ bzw. Φ	dynamischer Beiwert nach EN 1991-2, SIA 261
L_Φ	maßgebende Länge [m] nach Tabelle 5.16
h	Überschüttungshöhe [m]

Auf die Darstellung des Lastmodells „unbeladener Zug“ wird verzichtet, da es für integrale Brücken i. d. R. nicht bemessungsrelevant ist. Jedoch ist stets zu prüfen, ob eine dynamische Berechnung nach EN 1991-2 erforderlich ist. Darüber hinaus sind außergewöhnliche vertikale Lasten (Entgleisung) nach EN 1991-2, SIA 261 bei der Bemessung von Eisenbahnbrücken zu berücksichtigen.

Tabelle 5.16 Maßgebende Längen L_Φ nach EN 1991-2, SIA 261

Bauteil	Maßgebende Länge L_Φ
Fahrbahnplatte aus Beton mit Schotterbett (für Lokal- und Querbeanspruchungen)	
Fahrbahnplatte von Hohlkästen/Plattenbalken Tragwirkung rechtwinklig zu den Hauptträgern Tragwirkung in Längsrichtung (ohne Querträger) Tragwirkung in Längsrichtung (mit Querträgern) Querträger	 3-fache Plattenstützweite 3-fache Plattenstützweite 2-facher Querträgerabstand doppelte Länge der Querträger
Kragarme mit horizontalem Abstand zwischen Schienenkopf und Stegaußenkante $e \leq 0{,}50$ m in Querrichtung in Längsrichtung	 3-facher Stegabstand e (falls zutr.) 3,6 m (in Verbindung mit Φ_3)
Fahrbahnplatte durchlaufend über Querträger in Längsrichtung	 2-facher Querträgerabstand
Fahrbahnplatte bei Trogbrücken in Querrichtung in Längsrichtung	 2-fache Plattenstützweite + 3 m 2-fache Plattenstützweite
Endquerträger oder Abschlussträger in Längsrichtung	 3,6 m (in Verbindung mit Φ_3)
Hauptträger in Längsrichtung (für Globalbeanspruchungen)	
Halb- und Vollrahmen	$L_\Phi = k \cdot L_m \geq \max L_i$ [m] $Lm = 1/n \cdot (H_1 + \sum L_i + H_2)$ [m] $H_{1/2}$ Höhe der Endstiele [m] L_i Länge einzelner Riegel [m] n Anzahl der Riegel und Endstiele n = 2 | 2 | 3 | 4 | ≥ 5 k = 1,2 | 1,2 | 1,3 | 1,4 | 1,5
Einzelgewölbe, Bögen, Versteifungsträger von Langer'schen Balken	halbe Stützweite
Gewölbe (auch Gewölbereihe) mit Hinterfüllung	2-fache lichte Weite des Gewölbes
Hänger (in Verbindung mit Versteifungsträgern)	4-facher Hängerabstand

Horizontale Lasten

Horizontale Lasten aus Eisenbahnverkehr treten sowohl im Regelbetrieb (Anfahr-, Brems-, Zentrifugal-, Seitenstoßkräfte sowie Druck- und Sogeinwirkungen aus Zugverkehr) als auch bei Unfällen auf (Anpralllasten). Im Allgemeinen sind horizontale Lasten zeitgleich mit vertikalen Eisenbahnlasten anzusetzen. Eine Ausnahme bilden Druck- und Sogeinwirkungen aus Zugverkehr sowie Anpralllasten, welche unabhängig von vertikalen Eisenbahnlasten wirksam sein können. Die Verteilung der horizontalen Lasten erfolgt bei integralen Brücken entsprechend der horizontalen Steifigkeit der Widerlager und Stützen.

Anfahrkräfte dürfen für alle Eisenbahnlastmodelle nach Gl. (5.29) ermittelt werden, während Bremskräfte vom verwendeten Lastmodell abhängen (s. Gl. (5.30) oder Gl. (5.31)). Grundsätzlich sind Anfahr- und Bremskräfte in Höhe der Schienenoberkante anzusetzen. Bremskräfte können über die gesamte Zuglänge bzw. Lasteinleitungslänge wirksam werden, jedoch sollten für Lasteinleitungslängen $L_{a,b} > 300$ m die charakteristischen Werte der Bremskräfte in Absprache mit der Aufsichtsbehörde festgelegt werden (EN 1991-2, SIA 261).

Anfahrkraft LM 71, SW/0, HSLM (D-A) nach EN 1991-2 bzw. LM 1/2/3 (CH) nach SIA 261

$$Q_{lak} \text{ bzw. } QA_k = \alpha \cdot 33 \text{ kN/m} \cdot L_{a,b} \le \alpha \cdot 1\,000 \text{ kN} \tag{5.29}$$

Bremskraft LM 71, SW/0, HSLM (D-A) nach EN 1991-2 bzw. LM 1/2 (CH) nach SIA 261

$$Q_{lbk} \text{ bzw. } QB_k = \alpha \cdot 20 \text{ kN/m} \cdot L_{a,b} \le \alpha \cdot 6\,000 \text{ kN} \tag{5.30}$$

Bremskraft SW/2 (D-A) nach EN 1991-2 bzw. LM 3 (CH) nach SIA 261

$$Q_{lbk} \text{ bzw. } QB_k = 35 \text{ kN/m} \cdot L_{a,b} \le 6\,000 \text{ kN} \tag{5.31}$$

mit

$L_{a,b}$ Lasteinleitungslänge der Anfahr- und Bremseinwirkung [m]

α Lastklassenbeiwert nach Bild 5.10

Fliehkräfte sind im Regelfall in 1,80 m Abstand zur Fahrebene (Oberkante der beiden Schienen) nach außen wirkend anzusetzen und sind weder mit dem Schwingbeiwert noch mit dem Lastklassenbeiwert zu multiplizieren. In Abhängigkeit von der maximalen Zuggeschwindigkeit dürfen Fliehkräfte darüber hinaus gemäß Gl. (5.34) abgemindert werden. Für das Lastmodell SW/2 (D-A) bzw. LM 3 (CH) ist die maximale Zuggeschwindigkeit mit $V \le 80$ km/h anzunehmen (EN 1991-2, SIA 261).

$$Q_{tk} = \frac{V^2}{127 \frac{km^2}{h^2 \cdot m} \cdot r} (f \cdot Q_{vk}) \text{bzw.} QZ_k = \frac{V^2}{127 \frac{km^2}{h^2 \cdot m} \cdot r} (\eta \cdot Q_{vk})$$

nach EN 1991-2 und SIA 261 (5.32)

$$q_{tk} = \frac{V^2}{127 \frac{km^2}{h^2 \cdot m} \cdot r} \; f \cdot q_{vk}) \text{bzw.} qZ_k = \frac{V^2}{127 \frac{km^2}{h^2 \cdot m} \cdot r} (\eta \cdot q_{vk})$$

nach EN 1991-2 und SIA 261 (5.33)

$$f \text{ bzw. } \eta = \left[1 - \frac{V - 120}{1000} \cdot \left(\frac{814}{V} + 1{,}75 \right) \cdot \left(1 - \sqrt{\frac{2{,}88}{L_f}} \right) \right] \le 1{,}0$$

nach EN 1991-2 und SIA 261 (5.34)

mit

Q_{tk}, q_{tk}	Fliehkraft [kN] bzw. [kN/m] D-A
QZ_k, qZ_k	Fliehkraft [kN] bzw. [kN/m] CH
Q_{vk}, q_{vk}	Vertikallasten nach Bild 5.10a
V	höchste projektierte Zuggeschwindigkeit [km/h]
r	Gleisradius [m]
f	Abminderungsbeiwert; für $V \leq 120$ km/h gilt: $f = 1{,}0$
L_f	Einflusslänge des belasteten Teils des Gleisbogens [m]
Q_{vk}, q_{vk}	Vertikallasten nach Bild 5.10a

Seitenstoßkräfte (Gl. 5.35) treten als Folge der Schlingerbewegungen der Fahrzeuge bei Kontakt des Spurkranzes mit dem Schienenkopf auf und sind auf Höhe der Schienenoberkante anzusetzen. Sie sind ausschließlich mit dem Lastklassenbeiwert α zu beaufschlagen (EN 1991-2, SIA 261).

$$Q_{Sk} = \alpha \cdot 100 \text{ kN} \qquad \text{bei } \alpha \geq 1{,}0 \text{ nach EN 1991-2 und SIA 261} \tag{5.35}$$

mit

Q_{Sk} Seitenstoß (D-A) bzw. Schlingerkraft (CH)

5.2.7 Fußgänger- und Radverkehre

Fußgänger- und Radverkehrslasten werden als Flächenlasten modelliert. Die zugehörigen Lastmodelle LM 4 (D-A) mit $q_{fk} = 5{,}0$ kN/m² nach EN 1991-2 bzw. LM 1 (CH) mit $q_k = 4{,}0$ kN/m² nach SIA 261 beinhalten alle Auswirkungen der Einwirkungen infolge von Menschenansammlungen einschließlich einer dynamischen Erhöhung der Lasten. Sie sind sowohl in Längs- als auch in Querrichtung nur an den Stellen mit ungünstigen Auswirkungen anzusetzen. Bei Bauwerken, auf denen Menschenansammlungen sehr unwahrscheinlich sind, dürfen in D-A die Lasten des LM 4 nach Gl. (5.36) ermittelt werden.

$$q_{fk} = 2{,}0 + \frac{120}{L+30}\left[\frac{\text{kN}}{\text{m}^2}\right] \quad \text{mit } 2{,}5\frac{\text{kN}}{\text{m}^2} \leq q_{fk} \leq 5{,}0\frac{\text{kN}}{\text{m}^2}$$

$$\text{(D-A) nach EN 1991-2} \tag{5.36}$$

mit

L Belastungslänge [m]

Zusätzlich ist für lokale Nachweise des Überbaus eine konzentrierte Einzellast Q_{fwk} (D-A) bzw. Q_k (CH) mit 10 kN anzusetzen, die auf eine quadratische Aufstandsfläche mit einer Seitenlänge von 0,10 m einwirkt. Kann die Brücke mit Dienstfahrzeugen (Straßenreinigung, Feuerwehr o. Ä.) befahren werden, dann müssen diese als Einwirkungen Q_{serv} berücksichtigt werden. Darüber hinaus ist eine unplanmäßige Anwesenheit von Fahrzeugen auf Fuß- und Radwegbrücken nach EN 1991-2 und SIA 261 als außergewöhnlicher Lastfall zu berücksichtigen, falls feste Absperrungen nicht dauerhaft vorhanden sind. Zusätzlich ist eine in Fahrbahnachse auf Höhe der Fahrbahn wirkende Horizontalkraft nach Gl. (5.37) zu berücksichtigen (EN 1991-2 und SIA 261), welche gleichzeitig mit den vertikalen Lasten wirksam ist.

$$Q_{flk} = 0{,}1 \cdot q_{fk} \cdot L \cdot B \text{ bzw. } 0{,}6 \cdot Q_{fwk} \left[\mathrm{kN}\right] \quad \text{(D-A) nach EN 1991-2} \tag{5.37}$$

$$Q_{hk} = 0{,}1 \cdot q_k \cdot L \cdot B \text{ bzw. } 0{,}6 \cdot Q_k \left[\mathrm{kN}\right] \quad \text{(CH) nach SIA 261}$$

mit

$L \cdot B$ Belastungslänge und -breite [m²]

5.2.8 Wind

Windlasten auf Brücken sind in EN 1991-2 bzw. SIA 261 definiert. Auf eine gesonderte Darstellung wird an dieser Stelle verzichtet.

5.2.9 Schnee

Schneelasten sind in EN 1991-1-3 bzw. SIA 261 definiert. In D sind Schneelasten nicht gleichzeitig mit Verkehrslasten zu berücksichtigen.

5.3 Idealisierung der Struktur

Bereits in Abschnitt 4.2 wurde gezeigt, dass die Modellbildung integraler Brücken stets am Gesamtsystem, bestehend aus Bauwerk und Baugrund, erfolgen muss. Während für Rahmenbrücken mit geringer Stützweite und Schiefe ebene Stabwerksmodelle ausreichend sein können, ist bei der überwiegenden Anzahl integraler Brücken eine Modellierung mit finiten Elementen (FE) notwendig. FE-Modelle können auch Stäbe beinhalten, z. B. zur Modellierung von Pfeilern und Pfahlgründungen. Grundsätzlich sind bei der Wahl des Tragwerkmodells die Anwendungsgrenzen nach Tabelle 5.17 zu beachten.

In D muss nach RE-ING bei Widerlagerschiefen $\theta < 70^{gon}$ eine räumliche Berechnung des Brückensystems erfolgen. Darüber hinaus muss in D die statische Analyse von Überbauten mit Plattenquerschnitten gem. RE-ING mithilfe von Finite-Elemente-Modellen durchgeführt werden.

Tabelle 5.17 Anwendungsgrenzen von Stabwerk- und Finite-Elemente-Modellen

Analyse/Anforderung	Stabwerkmodell	Finite-Elemente-Modell
Berücksichtigung von Zwängungen	Ja	Ja
Räumliche Systeme	(Ja)	Ja
Nachweis von Überbauten mit Plattenquerschnitt	–	Ja
Ermittlung mitwirkender Breiten gegliederter Querschnitte	(Ja) [1)]	Ja
Berücksichtigung der Quertragwirkung	–	Ja
Schnittgrößenvergleich mit Tabellenwerken möglich	Ja	–

1) Näherungsansätze für mitwirkende Breiten sind nach EN 1992-1-1 bzw. SIA 262 nur für konstante Lasten, nicht jedoch für örtlich variable Einwirkungen und Einwirkungen definiert.

5.4 Modellierung des Baugrunds

5.4.1 Allgemeines

In Abschnitt 4 wurde bereits dargestellt, dass die realitätsnahe Modellierung der Bodeneigenschaften bei der Tragwerksanalyse integraler Brücken große Bedeutung hat. Grundsätzlich ist zwischen nachträglich aufgefülltem Boden hinter den Widerlagern (s. Abschnitt 5.2.4) und gewachsenem Boden unterhalb von Flachgründungen (s. Abschnitt 5.4.2) sowie im Bereich von Tiefgründungen (s. Abschnitt 5.4.3) zu differenzieren. Hinterfülltes Material weist vergleichsweise geringe Streuungen der Bodeneigenschaften auf, da es während der Bauphase planmäßig eingebaut und qualitätsgesichert verdichtet wird. Im Gegensatz dazu streuen die Bodeneigenschaften des gewachsenen Bodens in aller Regel stark. Da die Bauwerk-Baugrund-Interaktion die Schnittgrößen des Gesamtsystems integraler Brücken sowohl günstig als auch ungünstig beeinflussen kann (s. Abschnitt 4.2), müssen bei Brücken der Schwierigkeitsklasse ≥ 2 (siehe Tabellen 5.28, 5.29 und 5.31) nicht nur untere Grenzwerte der Bodeneigenschaften (Minimalwerte), sondern auch deren Größtwerte (Maximalwerte) betrachtet werden. Dabei sind jeweils eine Variante mit ausschließlich oberen und eine Variante mit ausschließlich unteren Grenzwerten der Bodeneigenschaften zu untersuchen, wobei horizontale und vertikale Bodenwiderstände korrelieren. In diesem Kontext ist für die Festlegung der Materialparameter des Baugrunds eine enge Kooperation zwischen Baugrundgutachter und Tragwerksplaner angezeigt. Erddrücke aus der Hinterfüllung werden als Einwirkung berücksichtigt.

Bei Flach- oder Tiefgründung des Bauwerks auf Bohr- oder Rammpfählen gewährleistet der gewachsene Boden die Lagesicherheit. Dieser ist in allen Bewegungsrichtungen wirksam und wird im Rechenmodell in Form von Federn modelliert. Die Eigenschaften dieser Bodenfedern beeinflussen die Gesamtsteifigkeitsmatrix K (Gl. (5.38)) des Systems.

$$\vec{F} = K \cdot \vec{V} \tag{5.38}$$

Federkraft = Gesamtsteifigkeitsmatrix · Verschiebung

In Bild 5.11 sind exemplarisch die auf ein Bauteil in horizontaler Richtung möglichen Erddrücke nichtbindiger Böden in Abhängigkeit der Lagerungsart dargestellt. Die Hintergründe der Entstehung der Erdruhedruckkraft E_0, der aktiven Erddruckkraft E_{ah} sowie der passiven Erddruckkraft E_{ph} wurden bereits in Abschnitt 5.2.4 beschrieben. Während bei dichter Lagerung die passive Erddruckkraft ausgehend von der Erdruhedruckkraft schnell und früh ihren Maximalwert $E_{ph,dicht}$ erreicht, ist der Anstieg bei lockerer Lagerung deutlich verlangsamt und $E_{ph,locker}$ wird erst bei einem deutlich größeren Verschiebeweg s erreicht. Auch auf der Seite des aktiven Erddrucks ergeben sich entsprechende Unterschiede. In Bild 5.11 wird zunächst von einem deterministischen Wert E_0 der Erdruhedrucks ausgegangen, obwohl auch diese bodenabhängige Kenngröße Streuungen unterliegt.

Für eine wirklichkeitsnahe Tragwerksanalyse kann der Boden durch horizontale, vorgespannte, nichtlineare Federn modelliert werden, bei denen die Vorspannung den Erdruhedruck abbildet. Bei einer Wandverschiebung in Richtung des anstehenden Bodens vergrößert sich die Federkraft bis zum Erreichen der passiven Erddruckkraft E_{ph} und bleibt anschließend in guter Näherung konstant. Durch eine Wandverschiebung weg vom anstehenden Boden verringert sich die Vorspannkraft bis zum Erreichen der aktiven Erddruckkraft (für die Bemessung ½ E_{ah}) und verharrt auf diesem Niveau. Bei der Festlegung der horizontalen Federsteifigkeit müssen jedoch zusätzlich zyklische Wandverschiebungen infolge von Temperatureinwirkungen berücksichtigt werden, die zu einer allmählichen Verdichtung des Erdkörpers führen können. Darüber hinaus macht der Ansatz nichtlinearer Federn eine nichtlineare Tragwerksanalyse mit den in Abschnitt 5.5 detailliert beschriebenen Einschränkungen erforderlich.

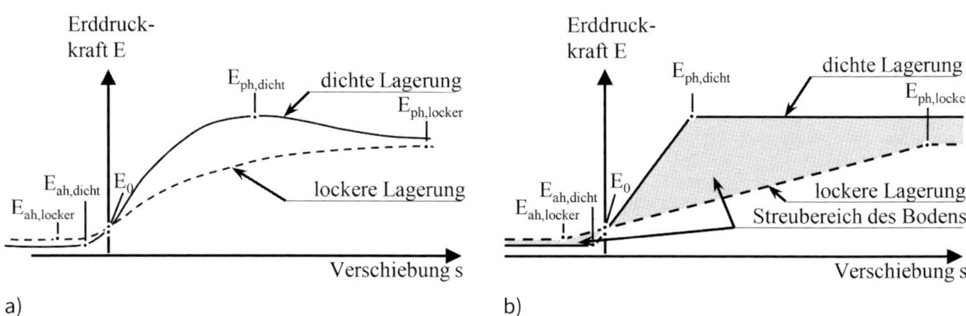

Bild 5.11 Erddruckkräfte nichtbindiger Böden in Abhängigkeit von der Verschiebung s; a) wirklichkeitsnaher Ansatz, b) Berechnungsansatz [33]

5.4.2 Flach gegründete Brücken

Flachgründungen sind einfache und kostengünstige Fundamente, die im Brückenbau i. d. R. bei oberflächennahen, tragfähigen Böden zur Ausführung kommen. In Anwendungsfällen, in denen Maßnahmen zur Bodenverbesserung oder zum Austausch nicht tragfähiger Bodenschichten ergriffen werden, können Flachgründungen auch bei tiefer liegenden, tragfähigen Böden realisiert werden. Brunnen- und Senkkastengründungen zählen daher ebenfalls zu den Flachgründungen. Beim Entwurf integraler Brücken mit Flachgründungen sind folgende Besonderheiten zu beachten:

- Bei der statischen Analyse sind Setzungen wirklichkeitsnah zu berücksichtigen, da diese bei integralen Brücken stets Zwangsschnittgrößen im Tragwerk hervorrufen. *Hinweis:* Die vertikale Tragfähigkeit von Flachgründungen wird durch die Aktivierung von Bodenpressungen erreicht, die in bindigen und nichtbindigen Böden (außer Felsgestein) mit Setzungen verbunden sind. Insbesondere in wassergesättigten, bindigen Bodenschichten können diese Setzungen zeitverzögert auftreten.
- Ein in der Gründungsebene ungleicher Bodenaufbau kann zur Schrägstellung von Flachgründungen führen, die zusätzliche Zwangsschnittgrößen im Tragwerk hervorrufen.
- Nach Meinung der Verfasser kann auf der sicheren Seite liegend als oberer Grenzwert der Bodensteifigkeit in horizontaler Richtung eine unverschiebliche, horizontale Lagerung des Tragwerks berücksichtigt werden, da bei Flachgründungen einwirkende Horizontalkräfte i. d. R. ohne nennenswerte horizontale Verschiebungen ausschließlich über Reibung in der Sohlfuge in den Boden abgetragen werden. *Hinweis:* In D ist es zulässig, als oberen Grenzwert eine verschiebliche horizontale Lagerung mit den Kenngrößen nach Tabelle 5.30 bzw. Tabelle 5.32 in Verbindung mit Tabelle 5.18, anzusetzen.
- Als unterer Grenzwert sollte in D von einer horizontal nachgiebigen Lagerung der Flachgründung mit den Kenngrößen nach Tabelle 5.30 bzw. Tabelle 5.32 in Verbindung mit Tabelle 5.18, ausgegangen werden.
- Bedingt durch die geringe horizontale Nachgiebigkeit von Flachgründungen können in Abhängigkeit der Biegesteifigkeit der Widerlagerwände erhebliche Anteile der Vorspannkräfte von Spannbetonbrücken in den Baugrund abfließen. Hierdurch sind gegenüber konventionellen Brücken höhere Vorspanngrade notwendig [3].
- Bei integralen Rahmenbrücken sind die Nachweise der äußeren Tragfähigkeit der Fundamente (Nachweis gegen Kippen, Gleiten, Grundbruch) unter Berücksichtigung der Fundamentverdrehung infolge Rahmenwirkung sowie ggf. verringerten Auflasten bei stark verkürzten Endfeldern zu führen.

Eine für Flachgründungen mögliche Modellierung des Baugrunds ist in Bild 5.12 dargestellt. Dabei werden die horizontalen Federkonstanten in x- und y-Richtung nach Gl. (5.39) ermittelt. Sind die hierfür erforderlichen, horizontalen Bettungsmoduln nicht bekannt, dann können diese mithilfe des Berechnungsverfahrens nach Gl. (5.41), welches für Spundwände entwickelt wurde, berechnet werden. Grundsätzlich ist zu beachten, dass die mit diesem Rechenansatz ermittelten Federkräfte den Bemessungswert des passiven Erddrucks nicht überschreiten dürfen.

Die Kennwerte der Vertikalfedern können nach Gl. (5.40) unter Verwendung vertikaler Bettungsmoduln nach Gl. (5.43) in Verbindung mit dem Formfaktor nach Bild 5.13 bestimmt werden. Auf eine Verträglichkeit der Setzungen mit dem umgebenden Boden ist zu achten.

Drehfedern um die y-Achse werden für homogene Böden nach Gl. (5.44) und für geschichtete Böden nach Gl. (5.45) in Verbindung mit Bild 5.14 determiniert. Drehfedern um die x-Achse werden für homogene Böden nach Gl. (5.46) und für geschichtete Böden nach Gl. (5.47) in Verbindung mit Bild 5.15 ermittelt. Das Berechnungsverfahren zur Ermittlung der Drehfedern setzt voraus, dass in der Sohlfläche ausschließlich Druckspannungen wirken.

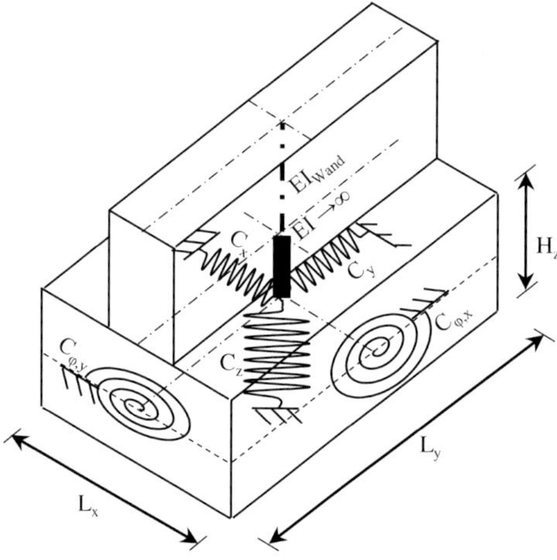

Bild 5.12 Ersatzrechenmodell für Flachgründungen

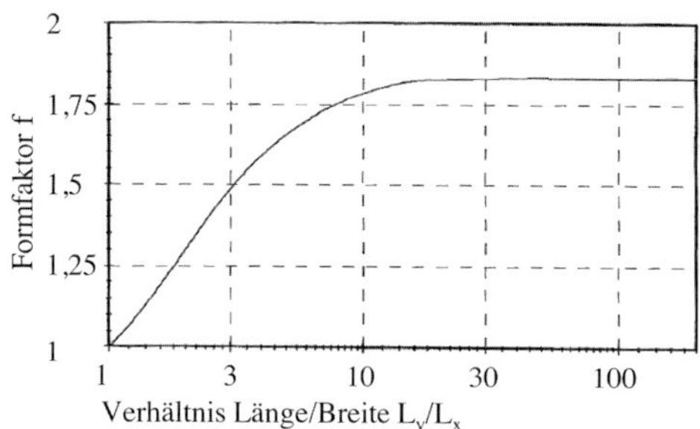

Bild 5.13 Formfaktor f zur näherungsweisen Berechnung des vertikalen Bettungsmoduls nach DIN 4018

Tabelle 5.18 Grenzwerte der Steifemoduln E_s für Flachgründungen in D nach RE-ING

	Horizontal	Vertikal
Unterer Grenzwert	0,5-facher Mittelwert der vertikalen Bettung	0,5-facher Mittelwert
Oberer Grenzwert	2,0-facher Mittelwert der vertikalen Bettung	2,0-facher Mittelwert

$$C_x = k_{h,k} \cdot H_z \cdot L_y \text{ [MN/m] bzw. } C_y = k_{h,k} \cdot H_z \cdot L_x \text{ [MN/m]} \tag{5.39}$$

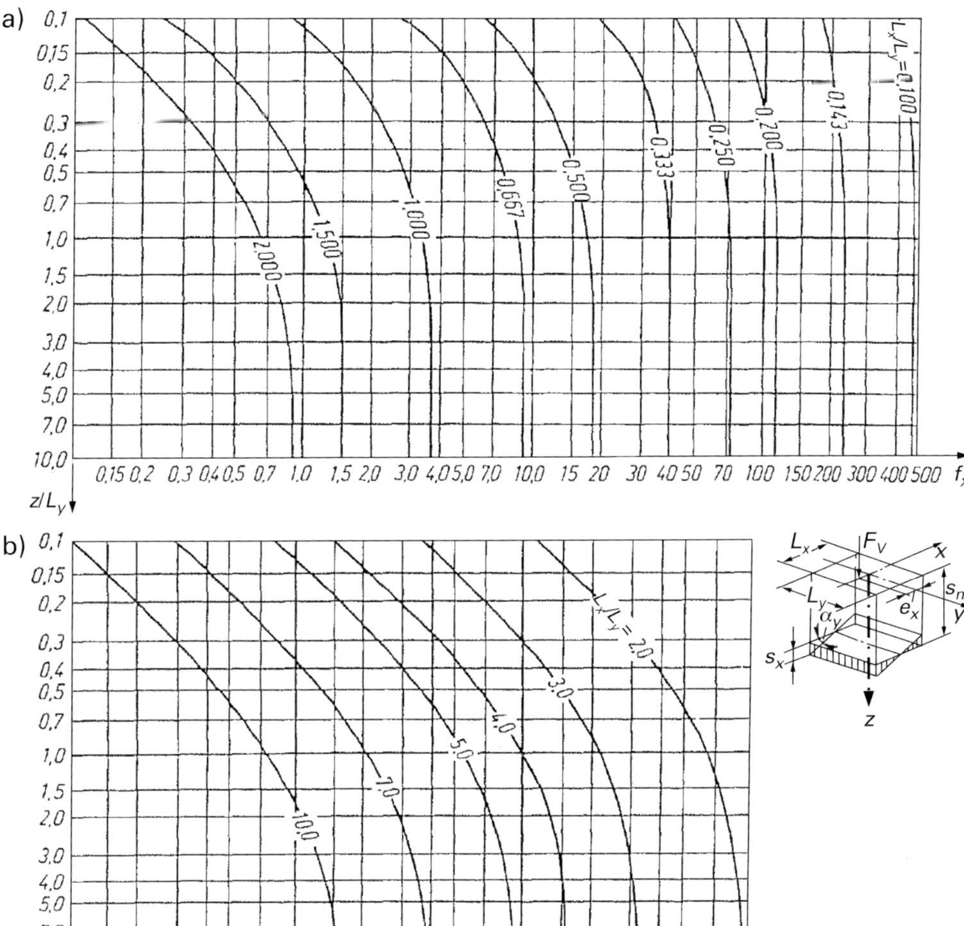

Bild 5.14 Formfaktor f_x [35] zur Berechnung der Verdrehungen um die y-Achse exzentrisch belasteter, rechteckiger, starrer Fundamente a) $0{,}1 \leq L_x/L_y \leq 2$, b) $2 \leq L_x/L_y \leq 10$ (Poissonzahl $\nu = 0$)

$$C_z = k_{v,k} \cdot L_x \cdot L_y \text{ [MN/m]} \tag{5.40}$$

$$k_{h,k} = E_{sh,k}/H_z \text{ [34] [MN/m}^3\text{]} \tag{5.41}$$

charakteristischer Wert horizontaler Bettungsmoduln

$$E_{sh,k} = 0{,}5 \div 1{,}0 \cdot E_{s,k} \text{ [MN/m}^2\text{]} \tag{5.42}$$

charakteristischer Wert horizontaler Steifemoduln des Bodens

$$k_{v,k} = E_{s,k}/(f \cdot L_x) \text{ [MN/m}^3\text{]} \qquad \text{mit } L_x \leq L_y \tag{5.43}$$

charakteristischer Wert vertikaler Bettungsmoduln (DIN 4018)

$$C_{\varphi,y} = \frac{L_y^3 \cdot E_{s,k}}{f_x} \qquad \text{[MNm/Rad] [35], DIN 4019} \qquad (5.44)$$

Drehfeder um y-Achse bei homogenen Böden

$$C_{\varphi,y} = \frac{L_y^3}{\left(\frac{f_{x,1}}{E_1} + \sum_{i=2}^{n} \frac{f_{x,i} - f_{x,i-1}}{E_i}\right)} \qquad \text{[MNm/Rad] [35], DIN 4019} \qquad (5.45)$$

Drehfeder um y-Achse bei geschichteten Böden

$$C_{\varphi,x} = \frac{L_y^3 \cdot E_{s,k}}{f_y} \qquad \text{[MNm/Rad] [35] DIN 4019} \qquad (5.46)$$

Drehfeder um x-Achse bei homogenen Böden

$$C_{\varphi,x} = \frac{L_y^3}{\left(\frac{f_{y,1}}{E_1} + \sum_{i=2}^{n} \frac{f_{y,i} - f_{y,i-1}}{E_i}\right)} \qquad \text{[MNm/Rad] [35] DIN 4019} \qquad (5.47)$$

Drehfeder um x-Achse bei geschichteten Böden

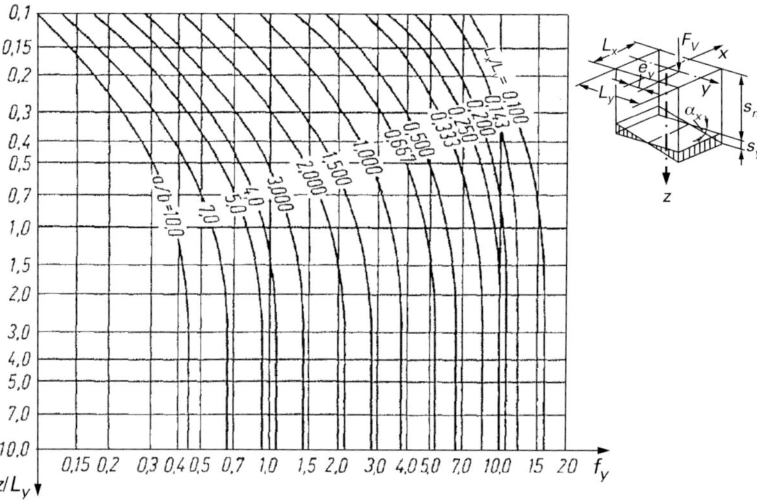

Bild 5.15 Formfaktor f_y [35] zur Berechnung der Verdrehungen um die x-Achse exzentrisch belasteter, rechteckiger, starrer Fundamente (Poissonzahl $\nu = 0$)

5.4.3 Tief gegründete Brücken

Die Mehrzahl der Tiefgründungen integraler Brücken besteht aus einer lastverteilenden Pfahlkopfplatte auf Bohr-, Kleinbohr- oder Verdrängungspfählen. Darüber hinaus kommen Tiefgründungen auf Spundwänden oder Schlitzwänden zum Einsatz. Tiefgründungen sind gegenüber Flachgründungen aufwendiger in der Herstellung, ermöglichen jedoch einen vertikalen Lastabtrag in tiefer liegende, tragfähige Böden. Bei nachgiebig ausgeführten Tiefgründungen können Zwangsschnittgrößen aus Temperatur-, Kriech- und Schwindeinwirkungen sowie Baugrundsetzungen wirksam reduziert werden (siehe dazu Abschnitt 4.3). Der Entwurf integraler Brücken mit Tiefgründungen erfordert die Beachtung folgender Besonderheiten:

- Die statische Analyse muss eine wirklichkeitsnahe Berücksichtigung der Setzungen beinhalten, da diese Zwangsschnittgrößen im Tragwerk hervorrufen. Zur Minimierung von Setzungen sollten die lastabtragenden Gründungselemente bis in tragfähige Felsschichten eingebunden werden, falls die technischen und wirtschaftlichen Randbedingungen dies zulassen.
- Ungleichmäßige Belastungen der Pfähle/Schlitzwände sind zu vermeiden, daher sind diese i. d. R. in der gleichen Bodenschicht abzusetzen.
- Es sollte angestrebt werden, Pfähle bis in tragfähige Schichten zu führen, um hohe Spitzendruckkräfte (siehe Bild 5.16a)) aktivieren zu können. Durch die auftretenden, horizontalen Pfahlbewegungen kann die Mantelreibung (siehe Bild 5.16b)) nicht oder nur eingeschränkt angesetzt werden. Werden verformbare Schichten um Pfähle angeordnet, dann darf die Mantelreibung in diesem Bereich nicht angesetzt werden.
- In D sind für die Tragwerksanalyse die oberen/unteren Grenzwerte der horizontalen bzw. vertikalen Lagerung nach Tabelle 5.30 bzw. Tabelle 5.32 in Verbindung mit Tabelle 5.19 zu verwenden.
- Bei ausreichender horizontaler Nachgiebigkeit von Tiefgründungen fließen meist nur geringe Teile der Vorspannkräfte von Spannbetonbrücken in den Baugrund ab. Dennoch werden gegenüber konventionellen Brücken etwas höhere Vorspanngrade notwendig [3].
- Falls bei integralen Rahmenbrücken der Nachweis der Sicherheit gegen Herausziehen von Pfählen bemessungsrelevant ist, muss nach EN 1997-1, 7.6.3(9) „die

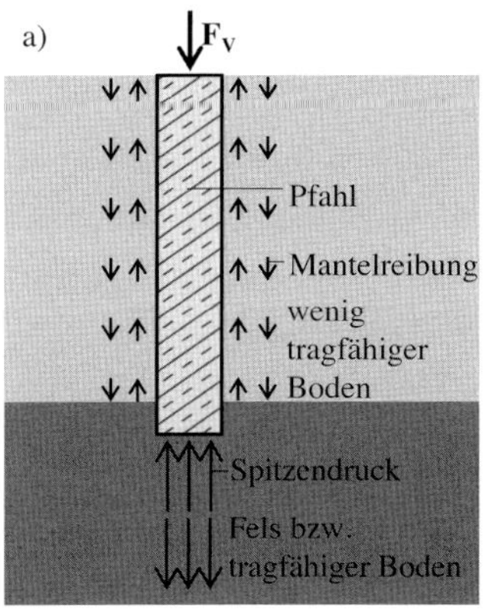

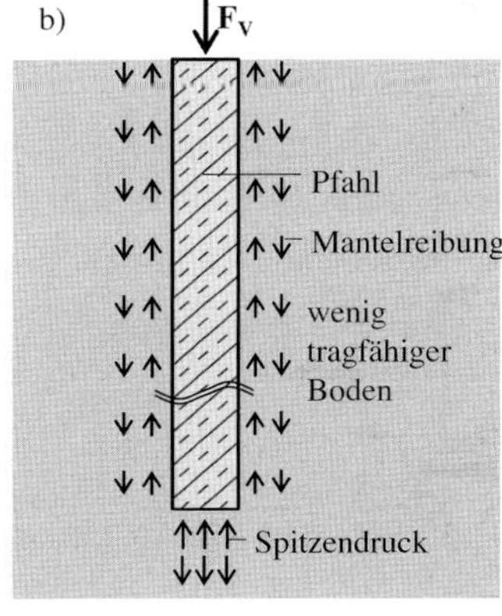

Bild 5.16 Vertikale Tragfähigkeit beim a) Spitzendruckpfahl und b) Mantelreibungspfahl

äußerst nachteilige Wirkung zyklischer und wiederholter Belastung auf den Herauszieh-Widerstand […] berücksichtigt werden".

Tabelle 5.19 Grenzwerte der Steifemoduln E_S für Tiefgründungen nach RE-ING

	Horizontal	Vertikal
Unterer Grenzwert	0,5-facher Mittelwert	1,0-facher Grundwert
Oberer Grenzwert	2,0-facher Mittelwert	4,0-facher Grundwert

Bei tief gegründeten Bauwerken gewährleistet der gewachsene Boden die Lagesicherheit in allen Bewegungsrichtungen. Einzelne Pfähle können im Rechenmodell in Form von Einzelfedern modelliert werden (s. Bild 5.17 c und e).

In neutraler Stellung (Ruhezustand) heben sich die beidseits auf die Pfähle wirkenden Erdruhedrücke gegenseitig auf (s. Bild 5.17a)). Verschiebt sich der Pfahl in horizontaler Richtung, dann können auf einer Pfahlseite die entgegen der Bewegungsrichtung entstehenden Erdwiderstände bei ausreichenden Verschiebungen bis zu passiven Erddrücken ansteigen, während auf der anderen Pfahlseite die Erddrücke nichtbindiger Böden auf den aktiven Wert abfallen (s. Bild 5.17b)). Kehrt sich die Bewegungsrichtung um, dann kehren sich auch die Erddrücke um.

Für nichtlineare Berechnungen kann der Boden um die Einzelpfähle mithilfe beidseitig angeordneter, vorgespannter Federn (s. Bild 5.17c)) und Federkennlinien nach (Bild 5.17d)) modelliert werden. Die Vorspannkräfte der Federn entsprechen dabei den Kräften aus den Erdruhedrücken. Wird der Pfahl zunehmend in Richtung der Bodenfedern verschoben, dann werden die Federn schließlich mit den Kräften der passi-

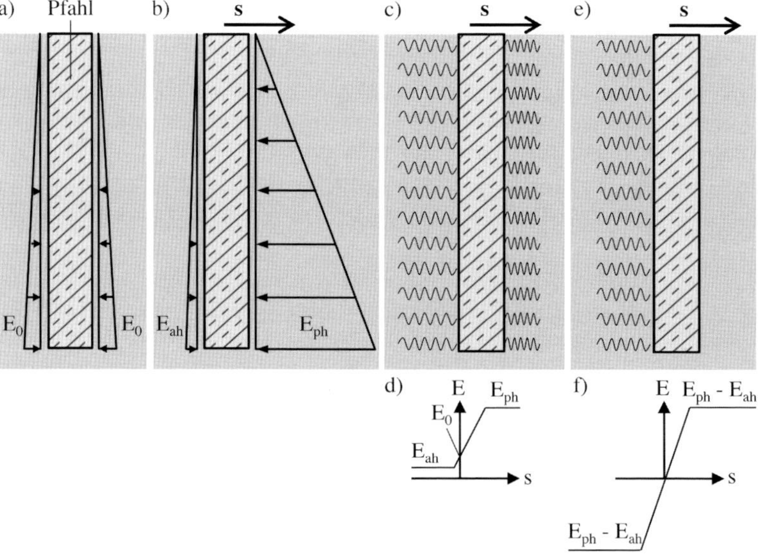

Bild 5.17 Erddruck auf einen Pfahl; a) in Ruhelage, b) bei Verschiebung s, c) Bodenmodell und d) Federkennlinie bei beidseitig angeordneten Federn, e) Bodenmodell und f) Federkennlinie bei einseitig angeordneten Federn

ven Erddrücke belastet und verformen sich anschließend ohne weitere Laststeigerung. Werden die Bodenfedern durch die Pfahlverschiebungen entlastet, dann verringern sich deren Vorspannkräfte bis zum Erreichen der aktiven Erddrücke.

Zur Vereinfachung der Berechnung ist es vorteilhaft und in aller Regel ausreichend genau, den Baugrund lediglich mittels elastisch-plastischer, einseitig angeordneter, nicht vorgespannter Bodenfedern (Zug und Druck identisch) zu modellieren (s. Bild 5.17e)). Deren Federkennlinien (s. Bild 5.17f)) weisen dabei sowohl bei positiver als auch bei negativer Verschiebung als Maximalwert die Differenz aus passiven und aktiven Erddruckkräften auf. Dieses Federmodell eignet sich für die linear-elastische Tragwerksanalyse, wenn das Überschreiten der Maximalkräfte durch Anpassung der Federsteifigkeiten verhindert wird. Dabei ist stets zu prüfen, ob die Wirkung der Federkräfte günstig oder ungünstig ist. Für die Tragwerks- und Bauteilanalyse sind daher die Bemessungswerte der Maximalkräfte mit dem zugehörigen Teilsicherheitsbeiwert zu erhöhen oder abzumindern (siehe Gl. (5.61)).

Im Rechenmodell können die Kenngrößen der Bodenfedern mithilfe des Bettungsmodulverfahrens bestimmt werden. Die Bettungsmoduln k (siehe Gl. (5.48)) sind mithilfe geotechnischer Näherungsformeln aus den Steifemoduln E_s der einzelnen Bodenschichten ableitbar. Nach EN 1997-1 dürfen Querwiderstände nur bei Pfählen mit einem Pfahlschaftdurchmesser $D_s \geq 0{,}30$ m bzw. einer Kantenlänge $a_s \geq 0{,}30$ m angesetzt werden. Zudem ist die Anwendung von Gl. (5.48) auf charakteristische Horizontalverschiebungen von min $\{2{,}0$ cm bzw. $0{,}03 \cdot D_s\}$ begrenzt. Zur Bestimmung linearer Bodenfederkonstanten K sind diese Bettungsmoduln mit den jeweiligen Einzugsflächen A des Bodens zu multiplizieren (Gl. (5.49)). Grundsätzlich ist zu prüfen, ob durch die gemeinsame Wirkung mehrerer Pfähle (s. Bild 5.18 in Verbindung mit Bild 5.19) die Bodenfederkonstante abgemindert werden muss.

$$k_{s,k} = E_{s,k}/D_s \quad [\text{MN/m}^3] \tag{5.48}$$

$$K = k_{s,k} \cdot A \quad [\text{MN/m}] \tag{5.49}$$

mit

D_s Pfahlschaftdurchmesser

A Einzugsfläche [m²]

In Pfahlgruppen, in denen die waagerechte Kopfauslenkung aller Pfähle näherungsweise gleich ist, darf die Verteilung der Horizontalkräfte mit dem Abminderungsfaktor α_i (s. Gl. 5.58) ermittelt werden (s. Bild 5.18 und Bild 5.19). Für linear mit der Tiefe zunehmenden Bettungsmoduln sind die Gln. (5.50) bis (5.53) [36] anzuwenden, für kontante Bettungsmoduln die Gln. (5.54) bis (5.57) [36]. Zwischen $2 < L_{Pfahl}/L_{E,Pfahl} < 4$ darf der Bettungsmodul stets linear interpoliert werden.

$$k_{si,k}(z) = k_{si,k} \cdot z/D_s \tag{5.50}$$

$$k_{si,k} = \alpha_i^{1,67} \cdot k_{sE,k} \quad \text{für } L_{Pfahl}/L_{E,Pfahl,lin} \geq 4 \text{ und lineare Verläufe } k_{si,k}(z) \tag{5.51}$$

$$k_{si,k} = \alpha_i \cdot k_{sE,k} \quad \text{für } L_{Pfahl}/L_{E,Pfahl,lin} \leq 2 \text{ und lineare Verläufe } k_{si,k}(z) \tag{5.52}$$

$$L_{E,Pfahl,lin} = \left(\frac{E \cdot I_{Pfahl}}{k_{sE,k}} \right)^{0.2}$$ el. Länge [m] des Einzelpfahls für $k_{si,k}(z)$ = linear (5.53)

$$k_{si,k}(z) = k_{si,k} = \text{konstant} \quad (5.54)$$

$k_{si,k} = \alpha_i^{1,33} \cdot k_{sE,k}$ für $L_{Pfahl}/L_{E,Pfahl,konst} \geq 4$ für konstante Verläufe $k_{si,k}(z)$ (5.55)

$k_{si,k} = \alpha_i \cdot k_{sE,k}$ für $L_{Pfahl}/L_{E,Pfahl,konst} \leq 2$ für konstante Verläufe $k_{si,k}(z)$ (5.56)

$$L_{E,Pfahl,kont} = \left(\frac{E \cdot I_{Pfahl}}{k_{sE,k} \cdot D_s} \right)^{0.25}$$ el. Länge [m] d. Einzelpfahls für $k_{si,k}(z)$ = konst. (5.57)

$\alpha_i = \alpha_L \cdot \alpha_Q$ Abminderungsfaktor siehe Bilder 5.18 und 5.19 (5.58)

mit

$E \cdot I_{Pfahl}$ Biegesteifigkeit des Pfahls [MNm²]

$k_{sE,k}$ char. Bettungsmodul des Einzelpfahls in der Tiefe $z = D_s$ [MN/m³]

$k_{si,k}$ char. Bettungsmodul des Pfahls i der Gruppe in der Tiefe $z = D_s$ [MN/m³]

L_{Pfahl} Länge des Pfahls [m]

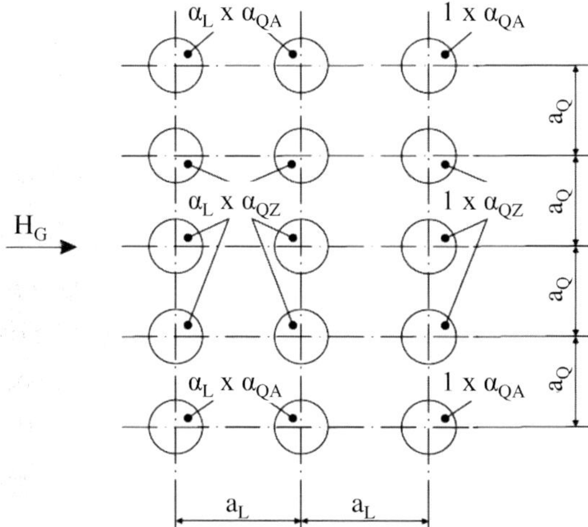

Bild 5.18 Abminderungsfaktoren α_i in Abhängigkeit von der Lage des Pfahls innerhalb der Gruppe und zur Richtung der Einwirkung H_G [36]

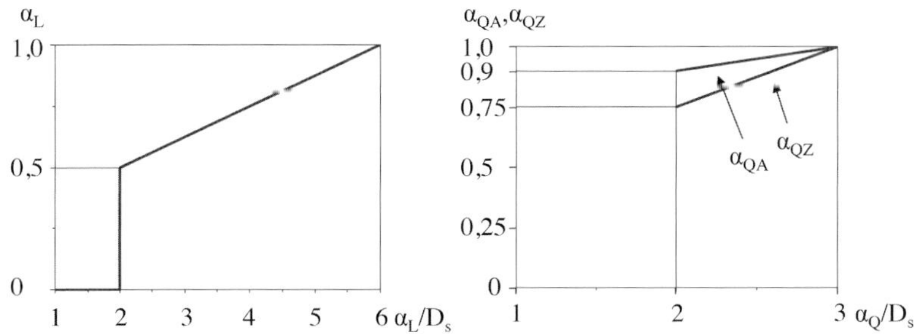

Bild 5.19 Abminderungsfaktoren α_L sowie α_{QA},α_{QZ} [36] ; für αQ/Ds < 2 gelten die Bedingungen einer durchgehenden Wand

Zur Ermittlung der horizontalen Erddruckkraft auf einen Einzelpfahl (siehe Gl. (5.59)) wird der Erddruck mit der Einflussbreite b′ multipliziert. Erddruckkräfte auf Pfahlgruppen sind allerdings stark vom Achsabstand a_Q, a_L und der Pfahlanordnung abhängig. Bei Pfählen, die im Grundriss hintereinander angeordnet werden, führen die überschneidenden Ausbruchkegel des passiven Erddrucks oder die zusammenfallenden Erdkeile des aktiven Erddrucks zu einer Reduzierung der maximalen Erddruckkräfte (s. Bild 5.20a), c), d)). Dieser Effekt kann durch das versetzte Anordnen der Pfähle im Grundriss vermieden werden (s. Bild 5.20b). Es ist jedoch stets zu prüfen, ob mit der Annahme einer geschlossenen Wand mit der Breite $B' + (3 \cdot D_s$ bzw. $3 \cdot a_s)$ (siehe Gl. (5.60)) und einer gleichmäßigen Aufteilung des Erddrucks auf alle Pfähle höhere Beanspruchungen im Tragwerk entstehen [36].

$$E_h = b' \cdot e_h \cdot f \tag{5.59}$$

$$E_h = [(B' + 3 \cdot a_s) \cdot e_h \cdot f]/n_G \text{ bzw. } [(B' + 3 \cdot D_s) \cdot e_h \cdot f]/n_G \tag{5.60}$$

$$F_d \le E_{h,d} = E_h/\gamma_{R,e} \text{ bzw. } F_d \le E_{h,d} = \gamma_G \cdot E_h \tag{5.61}$$

mit

e_h horizontaler Erddruck [kN/m²]

$e_h = e_{ph} - e_{ah}$ bei einseitig angeordneten Bodenfedern (Bild 5.17f)

$e_h = e_{ph}$ bei beidseitig angeordnete Bodenfedern (Bild 5.17d)

E_h horizontale Erddruckkraft eines Pfahls [kN/m]

b' $\min\{a_Q; 3 \cdot D_s$ bzw. $3 \cdot a_s; B'/n_Q\}$ Einflussbreite auf einen Pfahl [m]

n n_Q = Anzahl der Pfähle je Pfahlreihe; n_G = Gesamtanzahl der Pfähle

f Gruppenfaktor nach Bild 5.20

F_d Bemessungswert der Federkraft [kN/m]

$\gamma_{R,e}$ Teilsicherheitsbeiwert des Erdwiderstands. In D-A-CH ist $\gamma_{R,e} = 1{,}40$

γ_G Teilsicherheitsbeiwert für ständige Einwirkungen

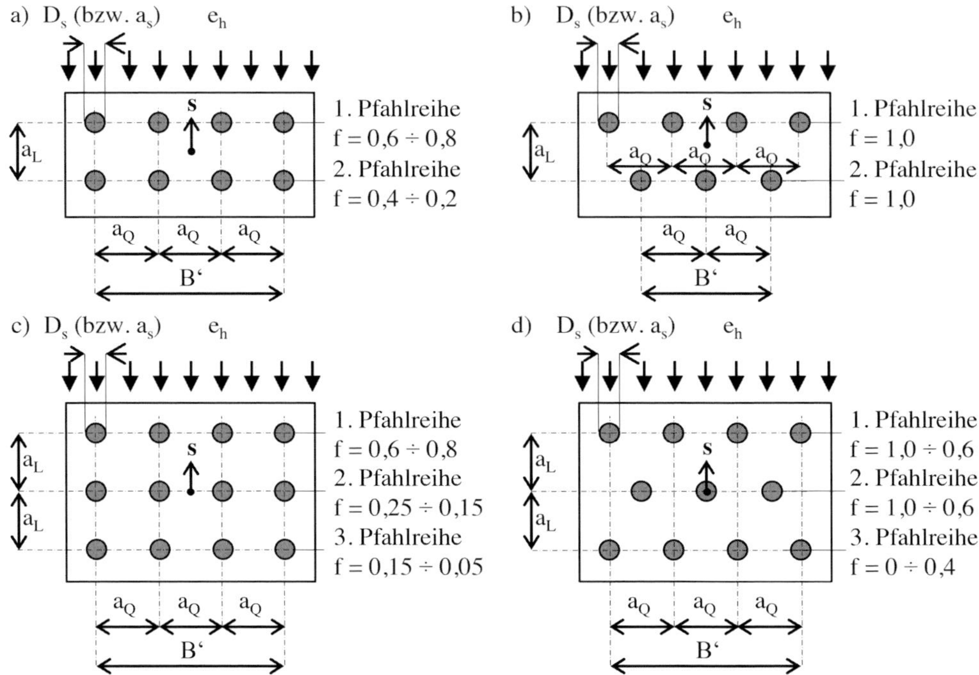

Bild 5.20 Gruppenfaktor f bei a) zwei bzw. c) drei hintereinander angeordneten Pfahlreihen sowie bei b) zwei bzw. d) drei versetzten Pfahlreihen in Anlehnung an [36]

5.5 Schnittgrößenermittlung

Integrale Brücken sind statisch unbestimmt gelagerte Bauwerke mit einer Interaktion zwischen Tragwerk und Baugrund, die hohen Anforderungen genügen müssen. Für den Nachweis einer hinreichenden Dauerhaftigkeit und ausreichenden Tragfähigkeit müssen daher die im Tragwerk entstehenden Schnittgrößen möglichst realitätsnah ermittelt werden.

Die Steifemoduln der Böden E_S beeinflussen die Größe der entstehenden Zwangsschnittgrößen infolge von Temperatureinwirkungen, Kriechen und Schwinden maßgeblich und wirken sich auch auf die Schnittgrößen aus Eigengewicht, Verkehrslasten und Vorspannung aus. Sie sind jedoch erheblichen Unsicherheiten unterworfen. Bei einfeldrigen Rahmenbrücken führen beispielsweise kleinere Steifemoduln E_S zu einer Erhöhung der Feldmomente des Überbaus, während höhere Steifemoduln E_S die Rahmeneckmomente vergrößern (siehe dazu Abschnitt 4.5.3). Einerseits begrenzt der maximale Erddruck die entstehenden Zwangsschnittgrößen, andererseits können bei Bauteilverkürzungen Einwirkungen aus Zwang nur bis zum Erreichen der Zugfestigkeit des Betons entstehen. Letzteres kann zum Aufreißen von Tragwerksteilen führen, wodurch wiederum die Steifigkeitsmatrix des Gesamtsystems (siehe Gl. (5.38)) beeinflusst wird, was zu einer Änderung der Schnittgrößenverteilung gegenüber dem ungerissenen Tragsystem führt [33].

Wie aus Bild 5.11 hervorgeht, besteht ein nichtlinearer Zusammenhang zwischen Bauteilverformung und entstehendem Erddruck. Das Spannungs-Dehnungs-Verhalten von Beton ist im Grenzzustand der Tragfähigkeit ebenfalls nichtlinear und verursacht zusammen mit möglicher Rissbildung ein nichtlineares Last-Verformungs-Verhalten des Systems. Eine wirklichkeitsnahe Tragwerksanalyse integraler Stahlbeton-, Spannbeton- und Stahlverbundbauwerke erfordert daher grundsätzlich eine Schnittgrößenermittlung unter Berücksichtigung sämtlicher Nichtlinearitäten. Die wesentlichen Randbedingungen einer nichtlinearen Tragwerksanalyse sollen an dieser Stelle in knapper Form zusammengefasst werden [33]:

- Die Tragwerksanalyse erfolgt immer am Gesamtsystem. Dies bedingt die Kenntnis der im jeweiligen Querschnitt vorhandenen Bewehrung und integriert damit die Querschnittsbemessung in die Schnittgrößenermittlung.
- Die Vorhersagegenauigkeit der auftretenden Verformungen und der sich einstellenden Schnittgrößen ist wirklichkeitsnäher und ermöglicht die realistische Erfassung der Rissbildung sowie der entstehenden Zwangsschnittgrößen.
- Eine getrennte Berücksichtigung streuender Materialeigenschaften auf der Widerstandsseite mithilfe entsprechender Teilsicherheitsbeiwerte ist nicht möglich. Die Tragwerksanalyse sollte daher stets mit Mittelwerten der Materialeigenschaften (auch des Bodens!) erfolgen und der Sicherheitsabstand zwischen Einwirkungen und Systemwiderstand entsprechend adjustiert werden.
- Die Superposition der Auswirkungen einzelner Lastfälle ist nicht möglich; vielmehr sind die Auswirkungen aller denkbaren Einwirkungskombinationen unter Berücksichtigung streuender Bodeneigenschaften stets getrennt am Gesamtsystem zu ermitteln. Dies führt zu einer Vielzahl von Berechnungen, da im Vorfeld die maßgebende Bemessungssituation häufig nicht abgeschätzt werden kann (siehe dazu Abschnitt 5.6.3).

Für Massivbrücken in D-A sind nichtlineare Berechnungsverfahren nach EN 1992-2 ohne Zustimmung der zuständigen Bauaufsichtsbehörde nur für den Nachweis von schlanken Druckgliedern (Pfeilern) zugelassen. In CH sind nichtlineare Berechnungsverfahren nach SIA 261 prinzipiell anwendbar, es müssen jedoch ausreichende Erfahrungen mit diesem Berechnungsverfahren vorliegen.

Aufgrund der im Brückenbau auftretenden Vielzahl möglicher Einwirkungskombinationen und Nachweissituationen hat es sich in der Praxis bewährt, die Schnittgrößen integraler Brücken unter der Annahme idealisierter (linear-elastischer) Materialeigenschaften zu berechnen und erst bei der anschließenden Querschnittsbemessung die Nichtlinearitäten des Baustoffs zu berücksichtigen. Dabei werden mögliche Ungenauigkeiten in der Schnittgrößenermittlung infolge des zugrunde gelegten linear-elastischen Materialverhaltens in Form von Teilsicherheitsfaktoren γ (siehe Gl. (5.65)) erfasst. Die Bauwerk-Baugrund-Interaktion kann ausreichend genau mit dem Ansatz vereinfachter Baugrundmodelle (s. Abschnitt 5.4) bzw. vereinfachter Lastansätze für die Hinterfüllung (s. Abschnitt 5.2.4) abgebildet werden.

Die Berücksichtigung der Rissbildung des Betons erfolgt bei der linear-elastischen Tragwerksanalyse durch Näherungsansätze (Tabelle 5.20), die eine Verbesserung der

Vorhersagegenauigkeit der Schnittgrößen ermöglichen. Grundsätzlich bietet eine linear-elastische Tragwerksanalyse folgende Vorteile [33]:

- Eine Nachweisführung auf Basis getrennter Teilsicherheitsbeiwerte auf Einwirkungs- und Widerstandsseite ist möglich und kann querschnittsbezogen erfolgen.
- Die mögliche Superposition der Auswirkungen verschiedener Einwirkungen reduziert den Berechnungsaufwand erheblich.
- Die Ermittlung der maßgebenden Einwirkungskombination und der maßgebenden Verkehrslaststellung kann rechnergestützt erfolgen.
- Die Bemessung auf Querschnittsebene kann unabhängig von der Schnittgrößenermittlung durchgeführt werden.

Tabelle 5.20 Berücksichtigung der Rissbildung im Grenzzustand der Tragfähigkeit bei linear-elastischer Tragwerksanalyse nach DIN EN 1992-2, ÖNORM B 1992-2 und SIA 262

Einwirkung	D	A	CH
Baugrundbewegungen Temperatureinwirkungen	0,6-fache Steifigkeiten des Zustands I sind zulässig.	Es ist keine Abminderung der Steifigkeit zulässig.	Abminderungen der Steifigkeiten infolge Rissbildung sind zu begründen.

Tabelle 5.21 Näherungsansätze zur Berücksichtigung der Rissbildung im Grenzzustand der Tragfähigkeit bei nichtlinearer Tragwerksanalyse nach DIN EN 1992-2, ÖNORM B 1992-2 und SIA 262

Einwirkung	D	A	CH
Baugrundbewegungen Temperatureinwirkungen	Mindestens 0,4-fache Steifigkeiten des Zustands I sind anzusetzen.	Es ist keine Abminderung der Steifigkeit zulässig.	Abminderungen der Steifigkeiten infolge Rissbildung sind zu begründen.

5.6 Grundlagen der Bemessung

5.6.1 Nachweiskonzept bei linear-elastischer Tragwerksanalyse

Wie in Abschnitt 5.5 dargestellt, können nur bei linear-elastischer Systemanalyse Schnittgrößenermittlung und Querschnittsbemessung unabhängig voneinander erfolgen. Nach [4] unterscheidet sich – bei elastizitätstheoretischer Schnittgrößenermittlung – die Tragwerksbemessung integraler Brücken grundsätzlich nicht von dem Vorgehen bei konventionellen Brücken. Generell sind Brücken nach EN 1990 und SIA 260 für die Grenzzustände der Gebrauchstauglichkeit (Gln. (5.62) bis (5.64)) und der Tragfähigkeit (Gln. (5.65, 5.66)) zu bemessen.

Darüber hinaus ist zu beachten, dass auch bei Anwendung des Teilsicherheitskonzeptes günstig und ungünstig wirkende Auswirkungen der Zwangsbeanspruchungen sowohl auf der Einwirkungs- als auch der Widerstandsseite differenziert zu betrachten sind. Dies bedeutet, dass je nach Beanspruchungssituation unterschiedliche Bodenkennwerte (z. B. Maximal- bzw. Minimalwerte) bemessungsrelevant werden, wobei im Vorfeld häufig nicht abgeschätzt werden kann, welcher Wert in welcher Nachweissituation maßgeblich ist (vgl. [33]).

Einwirkungskombinationen für den Nachweis der Gebrauchstauglichkeit

Für die Bemessung im Grenzzustand der Gebrauchstauglichkeit sind drei Einwirkungskombinationen zu betrachten:

Charakteristische Einwirkungskombination:

$$E_{d,char} = \sum_{j\geq 1} G_{k,j} + P_k + Q_{k,1} + Q_{SH} + \sum_{i>1} \psi_{0,i} \cdot Q_{k,i} \leq C_d \quad (5.62)$$

Häufige Einwirkungskombination:

$$E_{d,frequ} = \sum_{j\geq 1} G_{k,j} + P_k + \psi_{1,1} \cdot Q_{k,1} + Q_{SH} + \sum_{i>1} \psi_{2,i} \cdot Q_{k,i} \leq C_d \quad (5.63)$$

Quasi-ständige Einwirkungskombination:

$$E_{d,perm} = \sum_{j\geq 1} G_{k,j} + P_k + Q_{SH} + \sum_{i\geq 1} \psi_{2,i} \cdot Q_{k,i} \leq C_d \quad (5.64)$$

mit

- ΣG_k ständige Einwirkungen
- P_k charakteristischer Wert der Vorspannkraft
- Q_k veränderliche Einwirkung (Index 1 = Leiteinwirkung)
- Q_{SH} Einwirkung aus Kriechen und Schwinden des Betons und ggf. Relaxation des Spannstahls
- ψ Kombinationsbeiwert für veränderliche Einwirkungen
- C_d Bemessungswert der Gebrauchsgrenze

Einwirkungskombinationen für den Nachweis der Tragsicherheit

Für die Nachweise im Grenzzustand der Tragfähigkeit ist zwischen ständigen/vorübergehenden und außergewöhnlichen Bemessungssituationen zu differenzieren. Darüber hinaus ist ein ausreichender Widerstand gegenüber Ermüdungsbeanspruchungen von Bauteilen nachzuweisen (siehe EN 1992-2, EN 1994-2, SIA 262, SIA 264).

Ständige und vorübergehende Bemessungssituation:

$$E_d = \left[\sum \gamma_{G,j} \cdot G_{k,j} \right) + \left(\cdot_{P} \cdot P_k \right) + \left(\cdot_{Q,1} \cdot Q_{k,1} \right) + \left(\gamma_{SH} \cdot Q_{SH} \right) + \sum_{i>1} \left(\gamma_{Q,i} \cdot \psi_{0,i} \cdot Q_{k,i} \right) \right] \leq R_d \quad (5.65)$$

Außergewöhnliche Bemessungssituation:

$$E_d = \left[\sum \left(\gamma_{G,j} \cdot G_{k,j} \right) + P_k + A_d + \psi_{1,1} \cdot Q_{k,1} + \sum_{i>1} \left(\psi_{2,i} \cdot Q_{k,i} \right) \right] \leq R_d \quad (5.66)$$

mit

- A_d außergewöhnliche Einwirkung
- R_d Bemessungswert des Tragwiderstands nach Tabelle 5.25

In Tabelle 5.22 sind die Teilsicherheitsbeiwerte der Einwirkungen bei ständiger und vorübergehender Bemessungssituation, in Tabelle 5.23 die ψ-Faktoren für Straßen-, Eisenbahn- und Fußgängerbrücken dargestellt. Für den gleichzeitigen Ansatz vertikaler und horizontaler Eisenbahnlasten sowie vertikaler Eisenbahnlasten auf mehr als einem Gleis gelten gesonderte ψ-Faktoren, welche EN 1990 bzw. SIA 260 zu entnehmen sind. Bei integralen Brücken in D sind Temperatureinwirkungen zudem stets in Kombination mit den mobilisierten Erddrucklasten anzusetzen (s. Tabelle 5.24). Dieses Vorgehen ist nach Meinung der Verfasser auch bei Brücken in A-CH sinnvoll.

Tabelle 5.22 Teilsicherheitsbeiwerte der Einwirkungen bei ständiger und vorübergehender Bemessungssituation nach EN 1990 und SIA 260

Einwirkung	Teilsicherheits-beiwert günstig/ungünstig	D-A	CH
Ständige Einwirkungen G_k	$\gamma_{G,sup}/\gamma_{G,inf}$	1,35[1)]/1,00[1)]	1,35[1)]/0,80[1)]
Erddruck aus Bodeneigengewicht G_k	$\gamma_{G,sup}/\gamma_{G,inf}$	1,35[2)]/1,00	1,35/0,70
Erdauflast oder Schotter G_k	$\gamma_{G,sup}/\gamma_{G,inf}$	1,35/1,00	1,35[6)]/0,80
Setzungen G_k	$\gamma_{G,set,sup}/\gamma_{G,set,inf}$	1,35/0	1,35/0
Vorspannung P_k	$\gamma_{p,unfav}/\gamma_{p,fav}$	1,00[3)]/1,00[3)]	1,00
Straßen- und Fußgängerverkehr Q_k	$\gamma_{Q,sup}/\gamma_{Q,inf}$	1,35/0	1,50/0
Eisenbahnverkehr LM 71, SW/0 (D-A) bzw. Lastmodell 1,2 (CH) Q_k	$\gamma_{Q,sup}/\gamma_{Q,inf}$	1,45/0	1,45/0
Eisenbahnverkehr SW/2 (D-A) bzw. Lastmodell 3 (CH) Q_k	$\gamma_{Q,sup}/\gamma_{Q,inf}$	1,20/0	1,20/0
Temperatur Q_k	$\gamma_{Q,sup}/\gamma_{Q,inf}$	1,35[4)]/0	1,50/0
Schwinden Q_{SH}	$\gamma_{SH,sup}/\gamma_{SH,inf}$	1,00[4)]/0	1,50/0
Sonstige veränderliche Einwirkungen Q_k	$\gamma_{Q,sup}/\gamma_{Q,inf}$	1,50[5)]/0	1,50[5)]/0

1) Alle Teileinwirkungen gleicher Ursache werden in Abhängigkeit ihrer jeweils resultierenden Gesamteinwirkung günstig oder ungünstig bezüglich der Teilsicherheitsbeiwerte angesetzt
2) Bei Erdruhedruck gilt nach EN 1997-1 $\gamma_{G,sup} = 1{,}20$
3) Bei Vorspannung mit Spanngliedern bezieht sich der Teilsicherheitsbeiwert auf den für die Bemessung anzusetzenden Mittelwert der Vorspannkraft
4) In A gilt $\gamma_{Q,sup} = 1{,}50$ für Temperatur- und Schwindeinwirkungen.
5) Variable Einwirkungen z. B. Wind, Verkehrslast auf Hinterfüllungen
6) Für Schütthöhen von 2 m bis 6 m darf $\gamma_{G,sup}$ linear von 1,35 auf 1,20 reduziert werden

Tabelle 5.23 ψ-Faktoren für Straßen-, Eisenbahn- und Fußgängerbrücken nach EN 1990 und SIA 260

Einwirkung	Bezeichnung		D			A			CH		
			ψ_0	ψ_1	ψ_2	ψ_0	ψ_1	ψ_2	ψ_0	ψ_1	ψ_2
Einwirkungen auf Straßenbrücken	LM 1	Doppelachse	0,75	0,75	0,20[h]	0,75	0,75	0,3[g]	0,75	0,75	0
		gleichmäßig verteilte Last	0,40	0,40	0,20[h]	0,40	0,40	0,3[g]	0,75	0,75	0
		Horizontallasten	0	0	0	0	0	0	0,75	0,75	0
		Gehwegbelastung	0,40	0,40	0	0,40	0,40	0,3[g]	0,75	0,75	0
	LM 2	Einzelachse	0	0,75	0	0	0,75	0,3[g]	–	–	–
	LM 4	Menschengedränge	0	0	0	0	0	0	–	–	–
	horizontaler Erddruck aus Verkehr		–	–	–	–	–	–	0,70	0,70	0,70
	Wind auf Brücke unter Verkehr F_{Wk}		0,60	0,20	0	0,60	0,20	0	0,60	0,20	0
	Wind während der Bauausführung		0,80	0	0	0,80	0	0	0,60	0,20	0
	Wind auf Brücke ohne Verkehr $F_{Wk}{}^{*}$		1,00	0	0	1,00	0	0	0,60	0,20	0
Einwirkungen auf Eisenbahnbrücken (Regelspur)	LM 71		0,80	a)	0	0,80	a)	$0{,}75\lambda$[c]	1,00	1,00[d]	0[e]
	SW/0		0,80	a)	0	0,80	a)	$0{,}75\lambda$[c]	1,00	1,00[d]	0[e]
	SW/2		0	1,00	0	0	1,00	$0{,}75\lambda$[c]	0	1,0	0[f]
	Bremsen, Anfahren, Zentrifugallast		b)	b)	b)	b)	b)	b)	1,00	1,00[d]	0
	Seitenstoß		1,00	0,80	0	1,00	0,80	0	1,00	1,00[d]	0
	Lasten auf Dienstwege		0,80	0,50	0	0,80	0,50	$0{,}75\lambda$[c]	0,40	0,40	0
	Horizontaler Erddruck aus Verkehr		0,80	a)	0	0,80	a)	0	0,70	0,70	0,70
	Aerodynamische Zugeinwirkungen		0,80	0,50	0	0,80	0,50	0	1,00	0,50	0
	Wind bei Zugverkehr F_{Wk}		0,75	0,50	0	0,75	0,50	0	0,80	0,50	0
	Wind ohne Zugverkehr $F_{Wk}{}^{**}$		1,00	0	0	1,00	0	0	0,80	0,50	0
Einwirkungen auf Fußgängerbrücken	Vertikallast aus LM 4 (D-A) bzw. LM 1 (CH) inklusive Horizontallast		0,40	0,40	0	0,40	0,40	0	0,40	0,40	0
	Einzellast inklusive Horizontallast		0	0	0	0	0	0	0	0	0
	Wind F_{Wk}		0,30	0,20	0	0,30	0,20	0	0,60	0,20	0
Temperatureinwirkungen T_k			0,60	0,60	0,50	0,60	0,60	0,50	0,60	0,60	0,50
Schneelasten $Q_{Sn,k}$			0,80	0	0	0,80	0	0	0,60	0,20	0
Einwirkungen aus Schwinden und Kriechen			1,00	1,00	1,00	1,00	1,00	1,00	1,00	1,00	1,00
Lasten aus der Bauausführung			1,00	0	1,00	1,00	0	1,00	–	–	–
Erddruck aus Wasserdruck			–	–	–	–	–	–	0,70	0,70	0,70

a) $\psi_1 = 0{,}80$ bei 1 belasteten Gleis, $\psi_1 = 0{,}70$ bei 2 belasteten Gleisen, $\psi_1 = 0{,}6$ bei 3 oder mehr belasteten Gleisen

b) ψ-Werte analog zur zugehörigen Vertikallast zu wählen

c) Nach ÖNORM B 1990-2 gilt: $\lambda = 0{,}8$ für eingleisige Tragwerke mit $L_\Phi \geq 10$ m; $\lambda = 1{,}0$ für eingleisige Tragwerke mit $L_\Phi \leq 5$ m. Zwischenwerte sind linear zu interpolieren. Bei ≥ 2 belasteten Gleisen ist λ zusätzlich um 25 % abzumindern. Dabei ist L_Φ die maßgebende Länge zur Bestimmung des dynamischen Beiwertes.

d) Gilt für zwei belastete Gleise

e) Im Allgemeinen gilt $\psi_2 = 0$; im Lastfall Erdbeben gilt $\psi_2 = 0{,}3$; im Lastfall Anprall gilt $\psi_2 = 1{,}0$

f) Im Lastfall Entgleisung gilt $\psi_2 = 1{,}0$

g) Für Straßenbrücken aus Stahlbeton oder Spannbeton gilt nach ÖNORM B 1992-2: $\psi 2 = 0{,}3$

h) Nach DIN EN 1990/NA/A1 gilt: $\psi 2 = 0{,}2$

Tabelle 5.24 Kombinationen der Temperatureinwirkungen und Erddrücke in D nach RE-ING

	Temperatureinwirkung	Erddruck
Sommerstellung	$\Delta T_{Mz,max}$ (+) $\Delta T_{My} + 0{,}35 \cdot \Delta T_{N,exp}$ bzw. $0{,}75 \cdot \Delta T_{Mz,max}$ (+) $0{,}75 \cdot \Delta T_{My} + \Delta T_{N,exp}$	$E_{ph,mob}$ bzw. E_0
Winterstellung	$\Delta T_{Mz,min}$ (+) $\Delta T_{My} + 0{,}35 \cdot \Delta T_{N,con}$ bzw. $0{,}75 \cdot \Delta T_{Mz,min}$ (+) $0{,}75 \cdot \Delta T_{My} + \Delta T_{N,con}$	½ E_{ah} bzw. E0

Die Bemessungswerte des Tragwiderstands R_d von Baustoffen für ständige und vorübergehende Bemessungssituationen sind in Tabelle 5.25 dargestellt. Für außergewöhnliche Bemessungssituationen sind i. d. R. erhöhte Bemessungswerte des Tragwiderstands zulässig (siehe EN 1992-1-1, EN 1994-1-1, SIA 262, SIA 264).

Tabelle 5.25 Bemessungswerte des Tragwiderstands R_d von Baustoffen bei ständiger und vorübergehender Bemessungssituation

Material		D-A	CH
Beton		$f_{cd} = \alpha_{cc}^{1)} \cdot f_{ck}/\gamma_c =$ $0{,}85^{1)} \cdot f_{ck}/1{,}50$ EN 1992-1-1	$f_{cd} = \eta_t^{2)} \cdot f_{ck}/\gamma_c =$ $1{,}0^{2)} \cdot f_{ck}/1{,}50$ SIA 262
Betonstahl		$f_{yd} = f_{yk}/\gamma_s = f_{yk}/1{,}15$ EN 1992-1-1	$f_{sd} = f_{sk}/\gamma_s = f_{sk}/1{,}15$ SIA 262
Spannstahl		$f_{pd} = f_{p0,1k}/\gamma_s = f_{p0,1k}/1{,}15$ EN 1992-1-1	$f_{pd} = f_{p0,1k}/\gamma_s = f_{p0,1k}/1{,}15$ SIA 262
Baustahl	Fließen des Trägerquerschnitts	$f_{yd} = f_{yk}/\gamma_M = f_{yk}/1{,}00$ EN 1993-1-1	$f_{yd} = f_{yk}/\gamma_a = f_{yk}/1{,}05$ SIA 264
	Verlust der Bauteilstabilität	$f_{yd} = f_{yk}/\gamma_M = f_{yk}/1{,}10$ EN 1993-1-1	
	Versagen von Schraub-, Schweiß-, Bolzen- und Nietverbindungen	$f_{yd} = f_{yk}/\gamma_M = f_{yk}/1{,}25$ EN 1993-1-1	
Kopfbolzen (Stahlversagen)		$P_{Rd} = P_{Rk}/\gamma_v = P_{Rk}/1{,}25$ EN 1994-1-1	$P_{Rd} = P_{Rk}/\gamma_v = P_{Rk}/1{,}25$ SIA 264

1) Für Stahlverbundtragwerke gilt $\alpha_{cc} = 1{,}0$

2) Für Tragwerke mit einem Verkehrslastanteil an den Gesamtlasten $> 10\,\%$ ist $\eta_t = 1{,}0$ (Regelfall)
Für Tragwerke mit einem Verkehrslastanteil an den Gesamtlasten $< 10\,\%$ an $\eta_t = 0{,}85$

f_{ck} charakteristischer Wert der Zylinderdruckfestigkeit des Betons s. Tabelle 5.26

f_{yk} (D-A) bzw. f_{sk} (CH) char. Wert der Fließgrenze von Beton- und Baustahl nach Tabelle 5.27

$f_{p0,1k}$ charakteristischer Wert der 0,1%-Dehngrenzenspannung von Spannstahl nach Tabelle 5.27

In Tabelle 5.26 sind die Materialparameter von Normalbetonen, in Tabelle 5.27 die Eigenschaften ausgewählter Beton-, Spann- und Baustähle dargestellt.

Tabelle 5.26 Eigenschaften von Normalbetonen in D-A-CH nach EN 1992-1-1 bzw. SIA 262

Symbol	Einheit	C20/25	C25/30	C30/37	C35/45	C40/50	C45/55	C50/60
f_{ck}	N/mm²	20	25	30	35	40	45	50
$f_{ck,cube}$	N/mm²	25	30	37	45	50	55	60
f_{cm}	N/mm²	28	33	38	43	48	53	58
f_{ctm}	N/mm²	2,2	2,6	2,9	3,2	3,5	3,8	4,1
E_{cm}	kN/mm²	30[a)]	31[a)]	33[a)]	34[a)]	35[a)]	36[a)]	37[a)]
ε_{ce1}	‰	2,0[b)]	2,1[b)]	2,2[b)]	2,25[b)]	2,3[b)]	2,4[b)]	2,45[b)]
ε_{cu1}	‰	3,5[b)]	3,5[b)]	3,5[b)]	3,5[b)]	3,5[b)]	3,5[b)]	3,5[b)]

a) Werte gültig für D-A. Diese Werte entsprechen in CH Betonen mit Gesteinskörnungen aus gebrochenem Kalk ($k_E = 9\,500 \div 10\,000$ nach Gl. (5.67)

b) Werte gültig für D-A. In CH gilt: $\varepsilon_{ce1} = \varepsilon_{c1d} = 2$ ‰; $\varepsilon_{cu1} = \varepsilon_{c2d} = 3$ ‰

$$E_{cm} = k_E \sqrt[3]{f_{cm}} \quad \text{Mittelwert des E-Moduls (CH)} \tag{5.67}$$

mit

k_E Beiwert; $k_E = 10\,000 \div 12\,000$ für Gesteinskörnungen aus Alluvialkies
$k_E = 8\,000 \div 10\,000$ für gebrochenen Kalk
$k_E = 6\,000 \div 8\,000$ für glimmerhaltiges Gestein

Tabelle 5.27 Eigenschaften ausgewählter Beton-, Spann- und Baustähle in D-A-CH

Material	D-A	CH
Betonstahl B500B EN 1992-1-1, SIA 262	$f_{yk} = 500$ N/mm²	$f_{sk} = 500$ N/mm²
	$E_s = 200\,000$ N/mm²	$E_s = 205\,000$ N/mm²
Spannstahllitzen St 1570/1770 (D-A) EN 1992-1-1 Y1770S7 (CH) SIA 262	$f_{p0,1k} = 1\,500$ N/mm²	$f_{p0,1k} = 1\,520$ N/mm²
	$E_p = 195\,000$ N/mm²	$E_p = 195\,000$ N/mm²
Baustahl S235 EN 1993-1-1, SIA 263	$f_{yk} = 235$ N/mm² [a)]	$f_{yk} = 235$ N/mm² [a)]
	$E_s = 210\,000$ N/mm²	$E_s = 210\,000$ N/mm²

a) Werte für Erzeugnisdicken ≤ 40 mm

5.6.2 Geotechnische Kategorien und Schwierigkeitsklassen

Die Tragwerksanalyse integraler und semi-integraler Brücken basiert auf einer Grenzwertbetrachtung, da im Vorfeld häufig nicht abgeschätzt werden kann, ob die Auswirkungen der Zwangsbeanspruchungen auf die Nachweise in den Grenzzuständen der Tragfähigkeit und Gebrauchstauglichkeit günstig oder ungünstig sind. Die Erfahrungen zeigen jedoch, dass integrale Brücken mit einer Länge ≤ 20 m weitgehend unempfindlich gegenüber Zwangsbeanspruchungen sind. Erst bei höheren behinderten Verformungen einer Brücke steigen auch die Anforderungen an die Berechnung und Ausführung.

Aus diesem Grund werden in D integrale und semi-integrale Brücken in Schwierigkeitsklassen unterteilt, die in Abhängigkeit der Bauart sowie der verwendeten Materialien die Anforderungen an die Planung und Ausführung definieren. Die Einteilung empfiehlt sich aufgrund ähnlicher normativer Voraussetzungen auch in A-CH. Mithilfe der Definition von Schwierigkeitsklassen ist einerseits gewährleistet, dass einfache Bauwerke mit vergleichsweise geringem Aufwand und andererseits komplexe Bauwerke ebenfalls ausreichend sicher und robust geplant werden.

In den Tabellen 5.28 und 5.29 sind die Schwierigkeitsklassen von Einfeld- und Mehrfeld-Rahmenbrücken definiert. Die hierfür maßgebenden Bewegungslängen integraler Brücken werden aus dem Achsabstand der Widerlager (s. Bild 5.21 bzw. Bild 5.22) ermittelt. Aus der Brückenbauart und der Bewegungslänge ergeben sich die Anforderungen nach Tabelle 5.30. Es wird deutlich, dass bei Rahmenbrücken der Schwierigkeitsklasse 1 gegenüber konventionellen Brücken mit Lagern ein nur geringer Mehraufwand bei der Planung und Ausführung entsteht. Spannbetonbrücken hingegen sind immer in die Schwierigkeitsklasse 2 oder höher mit den entsprechenden Mindestanforderungen einzugruppieren.

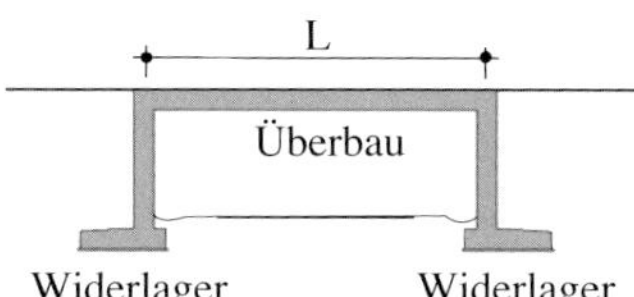

Bild 5.21 Bewegungslängen L integraler Einfeld-Rahmenbrücken nach RE-ING

Tabelle 5.28 Schwierigkeitsklassen integraler Einfeld-Rahmenbrücken in D nach RE-ING

Schwierigkeitsklasse	Stahlverbund	Stahlbeton	Spannbeton
1	L ≤ 20 m	≤ 20 m	–
2	20 m < L ≤ 50 m	20 m < L ≤ 40 m	L < 30 m [1)]
3	50 m < L ≤ 65 m	40 m < L ≤ 55 m	30 m < L ≤ 50 m
4	L > 65 m	L > 55 m	L > 50 m

1) Spannbetonfertigteilträger L < 35 m

Hinweis: Die tabellierten Grenzwerte gelten für den Regelfall einer symmetrischen Brücke der Länge L mit Widerlagerschiefen $80^{gon} \leq \theta \leq 100^{gon}$. Widerlagerschiefen $70^{gon} \leq \theta < 80^{gon}$; sehr steife Gründungen (z. B. auf Fels, steifer Pfahlbock) oder unsymmetrische Systeme führen zur Reduzierung der Grenzwerte um 5 m. Weichen mindestens zwei Brückeneigenschaften vom Regelfall ab oder beträgt die Widerlagerschiefe $\theta < 70^{gon}$, so erfolgt eine Einordnung in die nächsthöhere Schwierigkeitsklasse ohne Reduzierung der Grenzwerte.

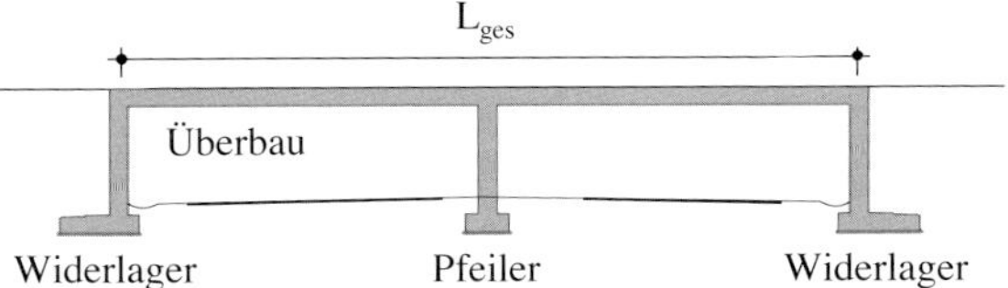

Bild 5.22 Bewegungslängen L_{ges} integraler Mehrfeld-Rahmenbrücken nach RE-ING

Tabelle 5.29 Schwierigkeitsklassen integraler Mehrfeld-Rahmenbrücken in D nach RE-ING

Schwierigkeitsklasse	Stahlverbund	Stahlbeton	Spannbeton
1	≤ 30 m	≤ 30 m	–
2	30 m $< L_{ges} \leq 60$ m	30 m $< L_{ges} \leq 50$ m	$L_{ges} < 40$ m
3	60 m $< L_{ges} \leq 75$ m	50 m $< L_{ges} \leq 65$ m	$40 < L_{ges} \leq 55$ m 1)
4	$L_{ges} > 75$ m	$L_{ges} > 65$ m	$L_{ges} > 55$ m 2)

1) Spannbetonfertigteilträger: $40 < L_{ges} \leq 60$ m
2) Spannbetonfertigteilträger: $L_{ges} > 60$ m
Hinweis: Die tabellierten Grenzwerte gelten für den Regelfall einer symmetrischen Brücke der Länge L_{ges} mit Widerlagerschiefen $80^{gon} \leq \theta \leq 100^{gon}$. Widerlagerschiefen $70^{gon} \leq \theta < 80^{gon}$; sehr steife Gründungen (z. B. auf Fels, steifer Pfahlbock) oder unsymmetrische Systeme führen zur Reduzierung der Grenzwerte um 10 m. Weichen mindestens zwei Brückeneigenschaften vom Regelfall ab oder beträgt die Widerlagerschiefe $\theta < 70^{gon}$, so erfolgt eine Einordnung in die nächsthöhere Schwierigkeitsklasse ohne Reduzierung der Grenzwerte.

Integrale Brücken werden in D der geotechnischen Kategorie (GK) 2 nach DIN EN 1997-1 zugeordnet. Ihr Entwurf setzt ein geotechnisches Gutachten und einen geotechnischen Entwurfsbericht voraus, in dem die prinzipielle Eignung des Baugrunds für eine integrale Bauweise festgestellt werden muss. Darüber hinaus ist für die Bauausführung eine Arbeitsanweisung des bautechnischen und bauzeitlichen Ablaufs erforderlich, die i. d. R. auch bei konventionell gelagerten Brücken erstellt wird. Tabelle 5.30 enthält zusätzliche Mindestanforderungen an integrale Brücken in D nach RE-ING.

Tabelle 5.30 Mindestanforderungen an integrale Brücken in D in Anlehnung an RE-ING

Nr.	Anforderung — Schwierigkeitsklasse	1	2	3	4
1	Baugrund				
1.1	Mittelwerte der Baugrundsteifigkeit	X	X	X	X
1.2	Obere und untere Grenzwerte der Baugrundsteifigkeit		X	X	X
2	Entwurfsplanung				
2.1	Erstellung des Gründungskonzepts unter Beteiligung des Sachverständigen für Geotechnik und Bestätigung der vollständigen Umsetzung der geotechnischer Empfehlungen durch diesen.		X	X	X
2.2	Prüfung des Gründungskonzepts durch einen unabhängigen Sachverständigen für Geotechnik und Bestätigung der vollständigen Umsetzung der geotechnischen Empfehlungen durch diesen.				X

2.3	Statischer Nachweis der Einhaltung der Betondruckspannungen, der Begrenzung der Rissbreiten bzw. der Dekompression; Ausarbeitung der Bewehrungsführung und – falls zutreffend – der Verankerung der Stahlverbundträger in den Rahmenecken; Detailzeichnungen der Rahmenecken.		X	X	X
2.4	Bautechnische Prüfung des Entwurfs durch einen Prüfingenieur				X
3	Modellierung des statischen Systems in der Ausführungsplanung				
3.1	FE-Berechnung empfohlen für Brücken mit gegliederten Querschnitten			X	X
3.2	FE-Berechnung erforderlich für Brücken mit Plattenquerschnitten			X	X
3.3	Abstimmung zwischen Tragwerksplaner, Prüfingenieur und Sachverständigen für Geotechnik, ob eine Analyse des Langzeitverhaltens des Bodens mithilfe geeigneter FE-Modelle erforderlich ist.				X
4	Bauausführung Bestätigung der Baugrundannahmen vor Ort vom Sachverständigen für Geotechnik		X	X	X
5	Kontrolle, Unterhalt Im Rahmen der Bauwerksprüfungen sollen Zwängungsrisse, Setzungen in der Hinterfüllung und Schäden am Fahrbahnübergang für eine Erfahrungssammlung dokumentiert werden.			X	X

Grundsätzlich weisen semi-integrale Brücken im Vergleich zu integralen Brücken geringere Zwangsschnittgrößen auf und werden in D in die Schwierigkeitsklassen nach Tabelle 5.31 eingruppiert. Dabei sind sowohl die Bewegungslänge als auch die Bauart der Brücke maßgebend für die Einstufung. Als Bewegungslänge wird die maximale Länge zwischen dem Verformungsruhepunkt des Tragwerks und dem am weitesten entfernten Pfeiler verstanden (s. Bild 5.23).

In D werden semi-integrale Brücken i. d. R. der geotechnischen Kategorie (GK) 2 nach DIN EN 1997-1 zugeordnet. Auch für den Entwurf einer semi-integralen Brücke sind ein geotechnisches Gutachten und ein geotechnischer Entwurfsbericht zu erstellen, in dem die prinzipielle Eignung des Baugrunds für diese Bauweise festgestellt werden muss. Auch für semi-integrale Brücken ist für die Bauausführung eine Arbeitsanweisung des bautechnischen und bauzeitlichen Ablaufs vorzulegen. Tabelle 5.32 enthält die Mindestanforderungen an semi-integrale Brücken in D nach RE-ING.

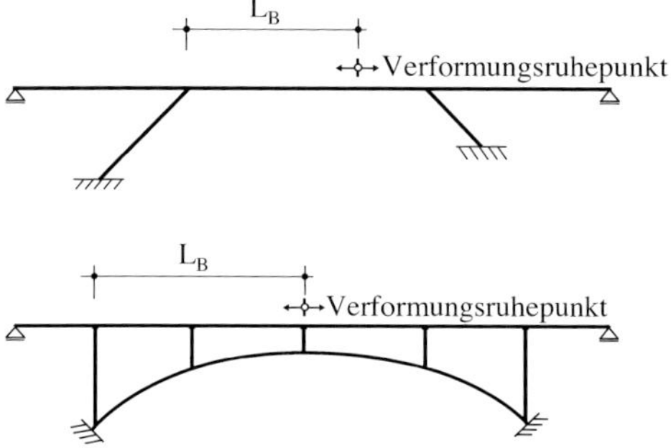

Bild 5.23 Bewegungslängen L_B semi-integraler Brücken nach RE-ING

Tabelle 5.31 Schwierigkeitsklassen semi-integraler Brücken in D nach RE-ING

	Semi-integrale Rahmenbauwerke		
Schwierigkeitsklasse	Stahlverbund	Stahlbeton	Spannbeton
1	$L_B \leq 30$ m	$L_B \leq 25$ m	$L_B \leq 20$ m
2	$30 < L_B \leq 60$ m	$25 < L_B \leq 50$ m	$20 < L_B \leq 40$ m
3	$L_B > 60$ m	$L_B > 50$ m	$L_B > 40$ m

Tabelle 5.32 Mindestanforderungen an semi-integrale Brücken in D in Anlehnung an RE-ING

Nr.	Anforderung Schwierigkeitsklasse	1	2	3
1	Baugrund			
1.1	Mittelwerte der Baugrundsteifigkeit	X	X	X
1.2	Obere und untere Grenzwerte der Baugrundsteifigkeit		X	X
2	Entwurfsplanung			
2.1	Erstellung des Gründungskonzepts unter Beteiligung des Sachverständigen für Geotechnik und Bestätigung der vollständigen Umsetzung der geotechnischer Empfehlungen durch diesen.		X	X
2.2	Prüfung des Gründungskonzepts durch einen unabhängigen Sachverständigen für Geotechnik und Bestätigung der vollständigen Umsetzung der geotechnischen Empfehlungen durch diesen.			X
2.3	Statischer Nachweis der Einhaltung der Betondruckspannungen, der Begrenzung der Rissbreiten bzw. der Dekompression sowie Untersuchung der Sohlspannungsverteilung wegen des Einflusses der klaffenden Fuge auf den Ansatz der Drehfedersteifigkeit; Ausarbeitung der Bewehrungsführung und – falls zutreffend – der Verankerung der Stahlverbundträger in der maßgebenden Rahmenecke; Detailzeichnungen der Rahmenecken.		X	X
2.4	Bautechnische Prüfung des Entwurfs durch einen Prüfingenieur			X
3	Modellierung des statischen Systems in der Ausführungsplanung			
3.1	FE-Berechnung empfohlen für Brücken mit gegliederten Querschnitten			X
3.2	FE-Berechnung erforderlich für Brücken mit Plattenquerschnitten			X
3.3	Abstimmung zwischen Tragwerksplaner, Prüfingenieur und Sachverständigen für Geotechnik, ob eine Analyse des Langzeitverhaltens des Bodens mithilfe geeigneter FE-Modelle erforderlich ist.			
4	Bauausführung Bestätigung der Baugrundannahmen vor Ort vom Sachverständigen für Geotechnik		X	X
5	Kontrolle, Unterhalt Im Rahmen der Bauwerksprüfungen sollen Zwängungsrisse, Setzungen in der Hinterfüllung und Schäden am Fahrbahnübergang für eine Erfahrungssammlung dokumentiert werden.			X

5.6.3 Nichtlineare Berechnung

Kernelemente eines konventionellen Entwurfs sind normenbasierte Materialgesetze, Lastmodelle und Nachweise, welche neben der Wirtschaftlichkeit vor allem die Tragfähigkeit und Zuverlässigkeit der Brücken gewährleisten sollen. Üblicherweise wird heute in der Praxis eine lineare Schnittkraftermittlung durchgeführt und das Superpositionsprinzips für die Bildung der erforderlichen Lastkombinationen angewendet. Dies führt im Regelfall zu auf der sicheren Seite liegenden Ergebnissen. Bei integralen Brücken kann es allerdings durch die einfache Superposition von Last- und Zwangsschnittgrößen in bestimmten Fällen auch zu einer Unterschätzung der Schnittgrößen kommen. Aus diesem Grund ist es durchaus gerechtfertigt, nichtlineare Berechnungen für integrale Brücken anzuwenden. Diese erlauben eine realitätsnahe Beschreibung des Strukturverhaltens, insbesondere von Rissbildung, Durchbiegung und Schnittkraftumlagerungen [37]. Im Folgenden sollen daher die wesentlichen Randbedingungen für den nichtlinearen Entwurf von integralen Brücken dargestellt werden.

Nach ÖNORM EN 1992 Abschnitt 5.7 dürfen nichtlineare Verfahren der Schnittgrößenermittlung sowohl für den Nachweis in den Grenzzuständen der Gebrauchstauglichkeit als auch der Tragfähigkeit verwendet werden, wobei die Nichtlinearitäten der Baustoffe angemessen zu berücksichtigen sind. Die Berechnung kann dabei nach Theorie 1. oder 2. Ordnung erfolgen. Für vorwiegend ruhend belastete Tragwerke dürfen die Auswirkungen vorausgegangener Lasteinwirkungen vernachlässigt und eine monotone Zunahme der Einwirkungen angesetzt werden [37].

Die für nichtlineare Verfahren verwendeten Baustoffeigenschaften müssen die Steifigkeit realistisch darstellen und die Versagens-Unsicherheiten berücksichtigen. Bei Einbezug von Effekten nach Theorie 2. Ordnung sollen die Auswirkungen der Rissbildung, des nichtlinearen Werkstoffverhaltens und von Kriechen berücksichtigt werden. Bei integralen Brücken muss der Einfluss der Steifigkeit benachbarter Bauteile, Fundamente sowie die Bauwerk-Baugrund-Interaktion in die Schnittgrößenermittlung eingehen.

Für die nichtlineare Schnittgrößenermittlung empfiehlt die ÖNORM EN 1992-1-1 in Abschnitt 5.8.6 die in Bild 5.24 dargestellten Arbeitslinien für Beton und Betonstahl. Der Bemessungswert der Tragfähigkeit darf mit den auf Grundlage von

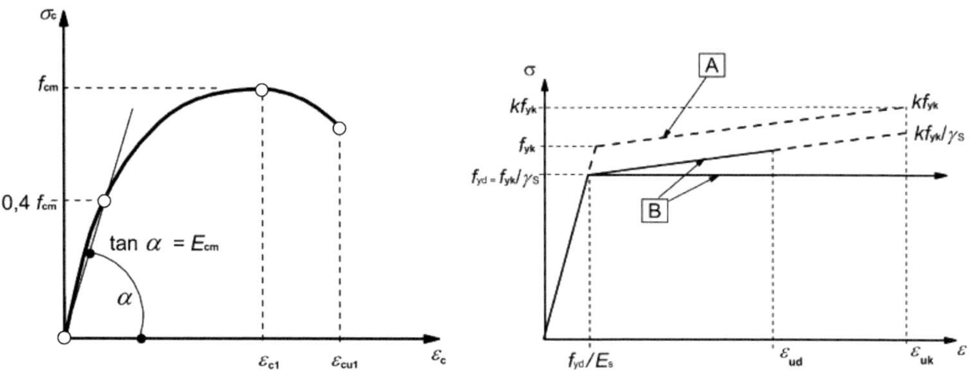

Bild 5.24 Arbeitslinien Beton und Betonstahl nach EN 1992-1-1 [37]

Bemessungswerten ermittelten Arbeitslinien bestimmt werden. Hierzu ist f_{cm} durch den Bemessungswert der Druckfestigkeit f_{cd} zu ersetzen. Der Bemessungswert des Elastizitätsmoduls soll durch einen Teilsicherheitsbeiwert von $\gamma_{Ce} = 1{,}2$ berücksichtigt werden [37].

Für die Querschnittsbemessung auf Basis einer nichtlinearen Berechnung können wie gewohnt die Bemessungswerte für Beton und Stahl, f_{yd} und f_{cd} angesetzt werden.

Im Gegensatz zur linearen Schnittkraftermittlung, bei der aufgrund von relativ geringen Rechenanforderungen ohne größere Probleme eine hohe Anzahl an Lastfällen und Lastfallkombinationen untersucht werden können, ist die nichtlineare Schnittkraftermittlung vor allem beim Einsatz erweiterter bruchmechanisch basierter FE-Methoden mit hohem Rechenaufwand verbunden. Ferner gilt das Superpositionsprinzip nicht mehr, womit ausgewählte Lastfallkombinationen unter Berücksichtigung der Belastungsgeschichte ausgewertet werden müssen. Dies führt zur Notwendigkeit, die große Anzahl an unterschiedlichen Lastfällen und möglichen Kombinationen auf eine überschaubare Anzahl zu reduzieren.

Dazu wird vorgeschlagen, zuerst eine traditionelle lineare Schnittkraftermittlung und Bemessung durchzuführen, um so die approximierte räumliche Bewehrungsverteilung zu bestimmen und kritische Querschnitte in Bezug auf die unterschiedlichen Grenzzustände identifizieren zu können. Auf Basis dieser Größen lassen sich relevante Lastfälle und Laststellungen und letztlich Lastkombinationen ermitteln, welche einen maßgebenden Beitrag zu den kritischen Größen liefern. Schließlich werden neben den ständigen Lasten nur jene veränderlichen für eine nichtlineare Analyse herangezogen, die einen zu erwartenden Einfluss auf die Bemessung haben. Als Startwert für die Bestimmung der Steifigkeit der einzelnen Bauteile kann zudem die über die lineare Bemessung ermittelte Bewehrungsverteilung herangezogen werden [37].

Grundsätzlich besteht der Ablauf einer nichtlinearen Berechnung in einer inkrementellen Lastaufbringung entsprechend der maßgebenden Belastungsgeschichte und nachfolgender Laststeigerung der veränderlichen Lastanteile, bis ein Stabilitäts- oder Querschnittsversagen des Gesamtsystems oder einer dessen Komponenten eintritt. Die derart ermittelte Traglast (ULS) ist nach ÖNORM EN 1992-2 um den Faktor $\gamma_O = 1{,}27$ zu reduzieren. Grenzwerte für die Grenzzustände der Gebrauchstauglichkeit sind für Brücken ebenfalls in der ÖNORM EN 1992-2 sowie dem zugehörigen nationalen Anwendungsdokument (NAD) geregelt.

Aufgrund der Einschränkungen im Rahmen der nichtlinearen Schnittgrößenermittlung muss jede Optimierung mit klar definierter Strategie in inkrementeller Form erfolgen. Wie in Bild 5.25 dargestellt ist, kann ausgehend von einer oder wenigen klar definierten Lastkombinationen und der aus einer linearen Bemessung resultierenden Bewehrungsverteilung eine Optimierung durchgeführt werden, wobei die Last inkrementell bis zum Versagen erhöht wird und in jedem Berechnungsschritt alle Grenzzustände gegen die definierten Limits zu überprüfen sind. Die Berechnung endet, sobald in einem Grenzzustand die definierten Grenzwerte überschritten werden. Nach jedem Durchlauf können aufgrund der Ergebnisse des vorangegangenen die Entwurfsgrößen wie beispielsweise Bewehrungsmengen verändert werden [37].

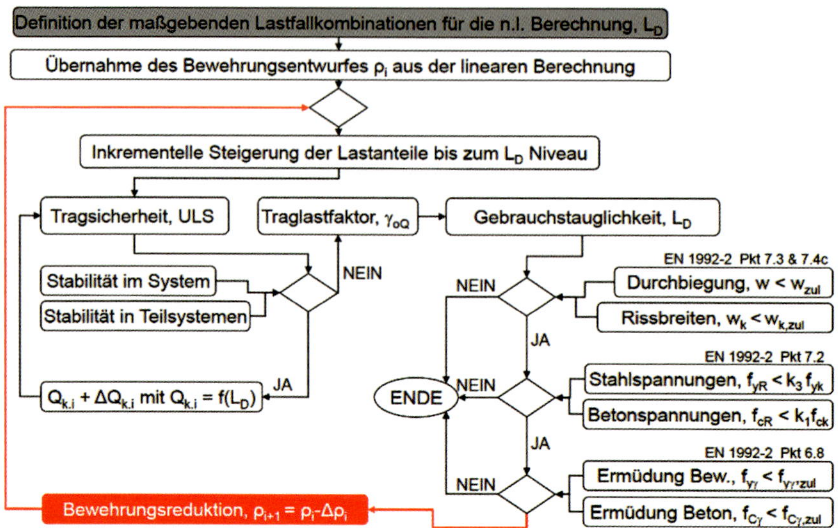

Bild 5.25 Ablaufdiagramm der nichtlinearen Berechnung [37]

Die nichtlineare Berechnung basiert im Allgemeinen auf den Materialmittelwerten und den Lastmodellen der Grenzzustandsgleichungen. Somit wird eine in der allgemeinen Bemessung vorhandene Sicherheit reduziert. Es muss, um die Mittelwerte und die Lastmodelle zu garantieren, eine erhöhte Planungs- und Ausführungskontrolle sichergestellt werden. Empfehlenswert ist die Kopplung der nichtlinearen Berechnungsmethoden mit Monitoringsystemen (siehe Abschnitt 7.4) und eventuell probabilistischen Analysemethoden, um den Einfluss der Streuung der Eingangsparameter zu erfassen. Allerdings haben solche Betrachtungen im Moment nur wissenschaftliche Bedeutung, da sich diese weit außerhalb der gängigen Bemessungspraxis sowie Normenlage befinden.

Für Details und die Darstellung der nichtlinearen Berechnung anhand eines konkreten Bauwerks wird auf [37] verwiesen. Dabei konnte gezeigt werden, dass durchaus nennenswerte Reduktionen der bei einer herkömmlichen Bemessung ermittelten Bewehrungsmengen möglich sind.

6 Konstruktive Durchbildung

Um ein möglichst dauerhaftes, fugenloses Bauwerk herzustellen, sind sorgfältig durchdachte konstruktive Lösungen für das Brückenende und insbesondere für den Übergangsbereich vom Tragwerk auf die freie Strecke erforderlich. In diesem Kapitel sollen daher bewährte Details, die insbesondere in D-A-CH gebräuchlich sind, gezeigt werden. Zusätzlich erfolgt eine kurze Erläuterung von Konstruktionsdetails aus dem amerikanischen Raum, welche durch die verbreitete Anwendung dieser Bauweise in den zugehörigen Regelwerken einen sehr hohen Detailierungsgrad aufweisen.

Die Darstellung von unterschiedlichen konstruktiven Lösungen soll den planenden Ingenieur zu neuen Ideen anspornen oder auch die Möglichkeit geben, auf erprobte und dauerhafte Regeldetails zurückzugreifen. Für eine vertiefte Betrachtung wird in den folgenden Abschnitten auf vorhandene Regelwerke und Richtlinien verwiesen, in denen auch weitere Festlegungen zur konstruktiven Durchbildung von integralen Brücken zu finden sind. Erläuterungen zu möglichen Ausführungsformen folgender Bauteile werden zusammengestellt:

- Allgemeine Ausführung des Brückenendes,
- konstruktive Hinweise für einzelne Bauteile wie zum Beispiel Rahmenecken,
- Ausführung von Schleppplatten.

Schleppplatten sind ein wesentliches Bauteil integraler Brücken und werden daher zumeist im Regelfall angeordnet. Diese soll den Ausgleich von vertikalen und horizontalen Relativverschiebungen zwischen dem Brückenende und dem angrenzenden Straßenoberbau ermöglichen. Die vertikalen Verschiebungen werden durch eine kontinuierliche Zunahme der Steifigkeit von der freien Strecke auf das Bauwerk ausgeglichen. Setzungsdifferenzen hinter dem Bauwerk treten üblicherweise aufgrund der zyklischen Verschiebungen des Brückenendes infolge Temperatur und auch durch mögliche Nachverdichtungen aufgrund der dynamischen Verkehrseinwirkung auf. Umfangreiche Forschungsarbeiten zur Funktion und baulichen Optimierung von Schleppplatten sowie der Interaktion zwischen Baugrund und Bauwerk, und im Speziellen der Schleppplatte, sind in [38] und [39] zu finden.

Bild 6.1 Starke Setzungen in der Fahrbahn bei fehlender Schleppplatte

Integrale Brücken: Entwurf, Berechnung, Ausführung, Monitoring, Erste Auflage.
Roman Geier, Volkhard Angelmaier, Carl-Alexander Graubner, Jaroslav Kohoutek.

6.1 Deutschland

6.1.1 Ausführung des Brückenendes

Konstruktive Hinweise und Details für die Ausführung von Brückenenden sind in RE-ING – Abschnitt integrale Bauwerke – und in RiZ-ING festgelegt. In diesen Richtlinien werden in Abhängigkeit der Bauwerkslänge, des Lagerungskonzeptes sowie der Verkehrskategorie 1 bis 4 unterschiedliche Regeltypen für das Tragwerk empfohlen und zugehörige konstruktive Details festgelegt. Dabei wird im Hinblick auf die Lagerung der Schleppplatte und die Ausführung des Anschlusses zwischen Überbau und Schleppplatte sowie zum angrenzenden Straßenoberbau unterschieden. In Abhängigkeit der gewählten Hinterfüllung für das Widerlager sind die Regeldetails auf die Randbedingungen des jeweiligen Projekts anzupassen. Diese Regeltypen sind folgende:

- Einfacher Fahrbahnabschluss nach RiZ-ING „Abs 4“ (Bild 6.2a)), bei dem man üblicherweise ohne eine Schleppplatte auskommt. Diese Lösung ist für Verkehrskategorien 1 und 2 (höherrangiges Straßennetz) zulässig. Die horizontale Gesamtverschiebung am Bauwerksende ist mit 10 mm begrenzt.
- Einfacher Fahrbahnabschluss nach RiZ-ING „Abs 5“ (Bild 6.2b)), bei dem man im Regelfall ebenfalls ohne eine Schleppplatte auskommt. Diese Lösung ist nur für die Verkehrskategorien 3 und 4 (geringer LKW-Anteil) zulässig. Die horizontale Gesamtverschiebung am Bauwerksende ist mit 20 mm begrenzt.
- Typ I mit einer tiefliegenden Schleppplatte für alle Verkehrskategorien anwendbar (Bild 6.3a)). Für die Kategorien 1 und 2 ist die maximale horizontale Gesamtverschiebung am Bauwerksende mit 20 mm und für Kategorien 3 und 4 mit 25 mm begrenzt.

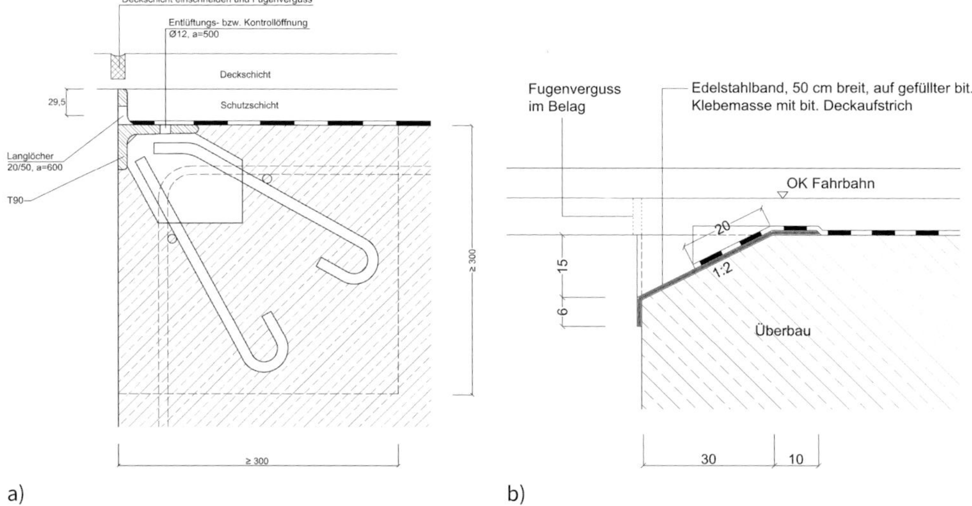

Bild 6.2 Einfache Fahrbahnabschlüsse nach RiZ-ING

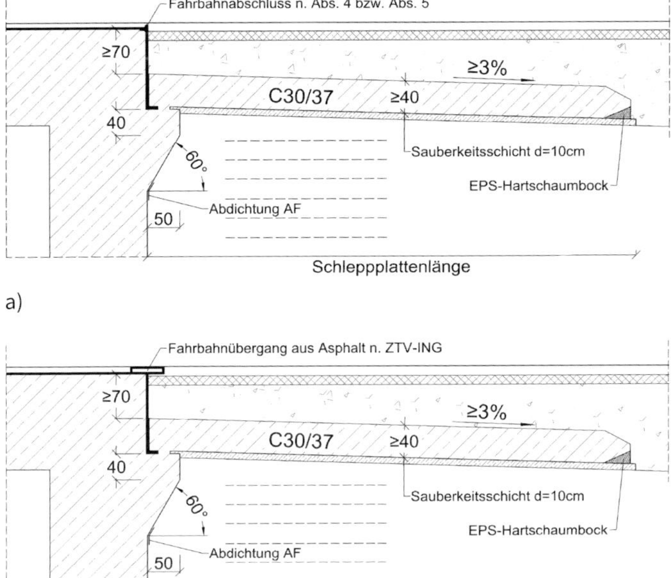

Bild 6.3 Regeltyp I und II für das Brückenende nach RE-ING

- Typ II mit einer tiefliegenden Schleppplatte für alle Verkehrskategorien anwendbar (Bild 6.3b)). Die maximale horizontale Gesamtverschiebung am Bauwerksende ist mit 37,5 mm begrenzt wobei die Bedingungen ≤ 25 mm Dehnweg sowie ≤ 12,5 mm Stauchweg einzuhalten sind.
- Typ III mit einer tiefliegenden Schleppplatte für alle Verkehrskategorien anwendbar (siehe Bild 6.6). Die maximale horizontale Gesamtverschiebung am Bauwerksende ist mit 70 mm begrenzt.

6.1.2 Hinweise für besondere Bauteile

In Bezug auf konstruktive Details integraler Brücken sind in RE-ING folgende Grundsätze vermerkt, die es bereits beim Entwurf zu beachten gilt:

- Die Bewehrung von Rahmenecken darf maximal 3-lagig ausgeführt werden, sofern nicht aufgrund anderer Richtlinien höhere Anforderungen (d. h. weniger Bewehrungslagen) bestehen.
- Bei Rahmenbauwerken, bei denen der Überbau mittels Fertigteilträgern in Spannbeton oder Stahlverbund hergestellt werden soll, muss die Ortbetonergänzung zumindest 25 cm stark ausgebildet werden.
- Bei Stahlverbundrahmen muss die Rahmenecke konstruktiv so ausgebildet werden, dass ausreichend Platz für die Einbindung der Verbundelemente in die Widerlagerkonstruktion bleibt und dass die Rahmeneckbewehrung entsprechend eingebracht

und verankert werden kann. In diesem Zusammenhang wird auch auf das Handbuch INTAB [24] zur wirtschaftlichen und dauerhaften Bemessung von Verbundbrücken mit integralen Widerlagern verwiesen.

- Betongelenke sind vollkommen wartungsfrei und zeichnen sich durch eine hohe Dauerhaftigkeit aus. Sie entsprechen damit im besonderen Maße den Grundprinzipien der integralen Bauweise. In [40] sind umfassende Hinweise zur Berechnung und konstruktiven Durchbildung enthalten.

Wird bei einem integralen Tragwerk ein vorgespannter Überbau geplant, so ist auf die konstruktive Durchbildung der Rahmeneckbewehrung gemeinsam mit der Spannbewehrung zu achten. Empfohlen wird, mittels Rucksack einen Überstand zur Widerlagerwand zu schaffen, um neben der räumlichen Trennung zwischen Rahmeneck und Spannkopf einen gleichmäßigen Spannkrafteintrag zu gewährleisten. Dabei wird ein Überstand von 75 cm über die Hinterkante des Widerlagers als Mindestwert gemäß Bild 6.4 empfohlen.

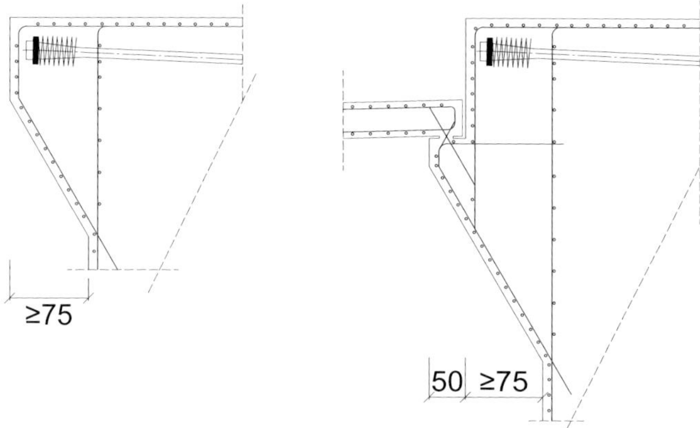

Bild 6.4 Ausbildung des Rahmenecks mit Vorspannung nach RE-ING

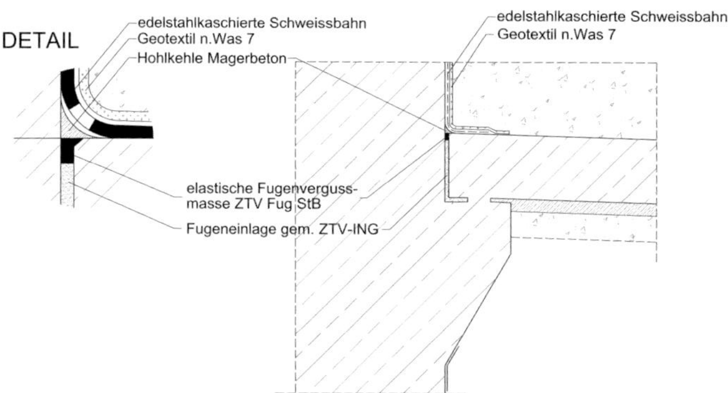

Bild 6.5 Detailausbildung für den Anschlussbereich nach RE-ING

6.1.3 Ausführung von Schleppplatten

In Hinblick auf die konstruktive Ausführung von Schleppplatten wird in RE-ING festgelegt, dass grundsätzlich tiefliegende, d. h. unterhalb des Straßenoberbaus liegende Schleppplatten, anzuordnen sind. Diese sollten von der Tiefenlage auch unterhalb der Längsentwässerung der Straße liegen.

Grundsätzlich wird beim Anschluss der Schleppplatten an den Überbau zwischen einer monolithisch, gelenkig ausgeführten Verbindung oder einem gleitenden Anschluss unterschieden. Bei gleitendem Anschluss wird im Bereich der Fuge zwischen Überbau und Schleppplatte im Regelfall ein Fahrbahnübergang aus Asphalt vorgesehen.

Bei einer monolithischen Verbindung wird zumindest ein Teil der Bauwerksverschiebungen an das Ende der Schleppplatte verlagert und somit in eine größere Entfernung vom beanspruchten Rahmeneck verschoben. Dies bietet den Vorteil, dass durch die abtauchende Schleppplatte eine Möglichkeit besteht, die auftretenden Bauwerksverschiebungen über eine größere Strecke in den Straßenoberbau einzuleiten. In diesem Fall ist für die Gewährleistung der gelenkigen Verbindung die Bewehrung gekreuzt einzubauen (RE-ING).

Wird die Ausführung eines einprofiligen Fahrbahnübergangs im Bereich der Fuge erforderlich, so ist dafür Sorge zu tragen, dass die Bewegung zwischen Tragwerk und Schleppplatte genau an dieser Stelle stattfindet. Daher sind gleitend gelagerte Schleppplatten mit einer Gleitpaarung Stahl auf Stahl gemäß Bild 6.6 erforderlich (RE-ING).

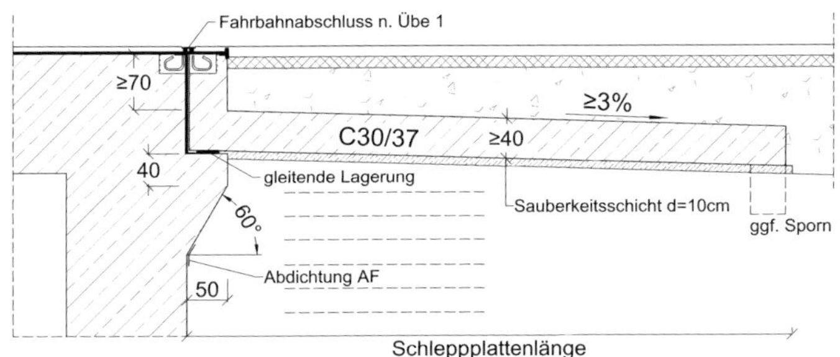

Bild 6.6 Regeltyp III für das Brückenende nach RE-ING

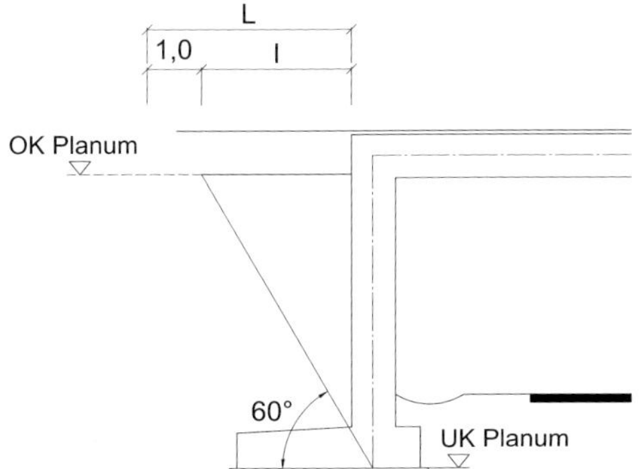

Bild 6.7 Vereinfachte Ermittlung der Schleppplattenlänge nach RE-ING

Die Länge der Schleppplatte soll so gewählt werden, dass vertikale und horizontale Relativverschiebungen zwischen Tragwerk und Straßenoberbau zuverlässig ausgeglichen werden können. Dabei ist gemäß RE-ING von einer vereinfachten Ermittlung der Länge nach Bild 6.7 auszugehen, die sich in der Vergangenheit gut bewährt hat.

Die Mindestdicke der Schleppplatte soll bei konstantem Querschnitt 40 cm betragen. Wird eine Schleppplatte mit veränderlicher Stärke vorgesehen, so darf diese auf einen Mindestwert von 30 cm reduziert werden. Die Längsneigung an der Oberseite hat zumindest 3 % zu betragen, um Wasser zuverlässig an das Ende der Schleppplatte zu leiten.

6.2 Österreich

6.2.1 Ausführung des Brückenendes

Im Gegensatz zu Deutschland und der Schweiz gibt es in Österreich durch die derzeit in Ausarbeitung befindliche Richtlinie und Vorschrift für das Straßenwesen zu integralen Brücken RVS 15.02.12 bisher noch keine verbindlich festgelegten Details für die Ausführung der zugehörigen Brückenenden. Allerdings enthält die Regelplanung des Autobahnbetreibers ASFiNAG [41] eine Richtzeichnung für die Ausführung der Schleppplatte und der Bauwerkshinterfüllung für integrale Brücken (siehe Bild 6.10). Zusätzlich werden in der RVS 15.06.11 generelle Hinweise für die Ausführung von Schleppplatten und der Hinterfüllung von Widerlagern angegeben, die auch für konventionell gelagerte Brücken gelten.

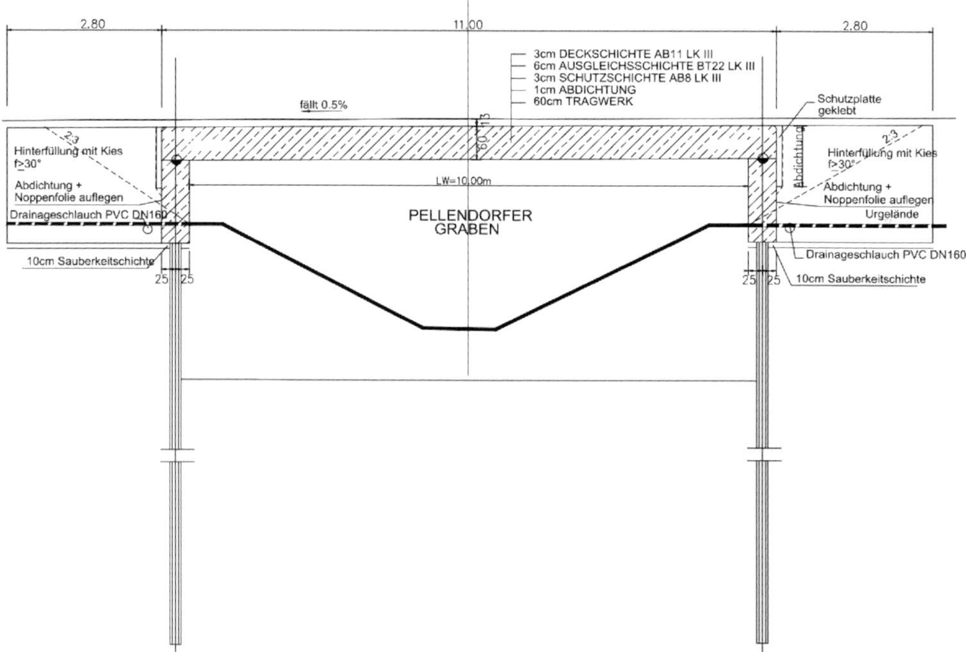

Bild 6.8 Integrale Brücke (Länge < 15 m) ohne Maßnahmen im Übergangsbereich

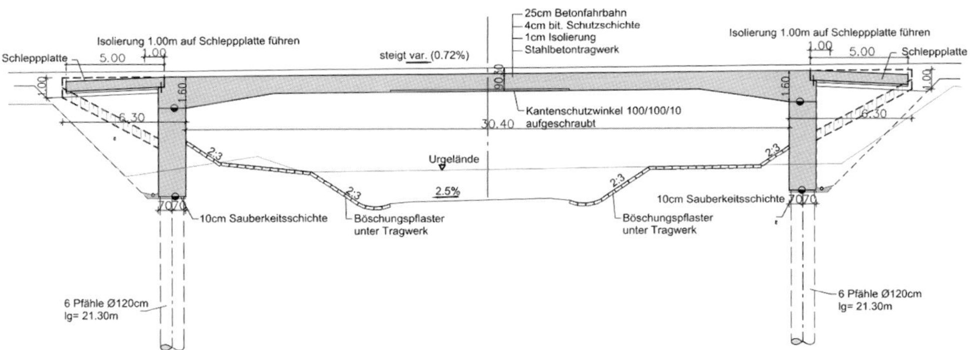

Bild 6.9 Stahlbetonrahmen mit Tiefgründung und lichter Weite von 30,4 m

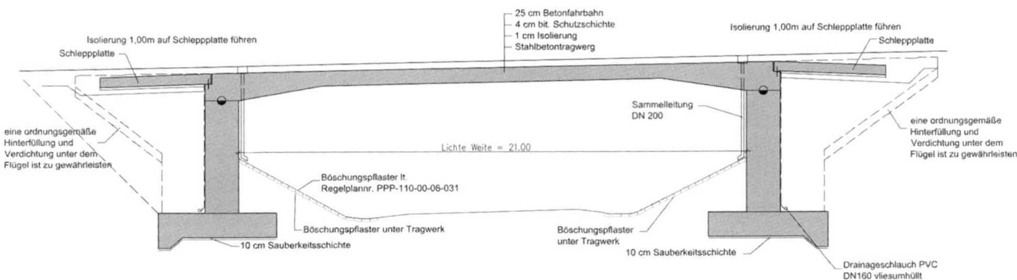

Bild 6.10 Stahlbetonrahmen mit Flachgründung und lichter Weite von 24,7 m

Für die Ausführung des Übergangsbereiches von Tragwerk auf die freie Strecke können aufgrund von Erfahrungswerten folgende Anhaltswerte herangezogen werden:

- Tragwerke mit einer Gesamtlänge ≤ 15 m können gänzlich ohne Maßnahmen im Übergangsbereich zum Beispiel gemäß Bild 6.8 ausgeführt werden (Belag der freien Strecke läuft durch). Bei diesen Objekten wird auch bewusst auf eine Schleppplatte verzichtet. Solche Tragwerke funktionieren auch nach jahrelangem Betrieb nachweislich ohne Schäden.
- Tragwerke mit einer Gesamtlänge > 15 m bis etwa 40 m werden mit geringfügigen Maßnahmen im Übergangsbereich ausgeführt (Bilder 6.9 und 6.10). Dabei handelt es sich zumeist um abtauchende Schleppplatten in Kombination mit einem Belagstrennschnitt. Je nach ausgeführter Neigung der Schleppplatte wird die auftretende Längenänderung des Tragwerks in tiefere Bodenschichten eingeleitet und damit eine Verteilung auf eine größere Wirkungslänge im Fahrbahnbelag ermöglicht.
- Brücken mit einer Gesamtlänge > 40 m werden mit unterschiedlichen Maßnahmen für den Hinterfüllbereich und den Übergang von der freien Strecke auf die Brücke ausgeführt (Belagstrennschnitte, längsdehnweiche Schleppplatten etc.). Hier sind dem Tragwerksplaner bei Zustimmung des Bauherrn und eines Prüfers eigentlich keine Grenzen gesetzt (siehe dazu Abschnitt 6.5).

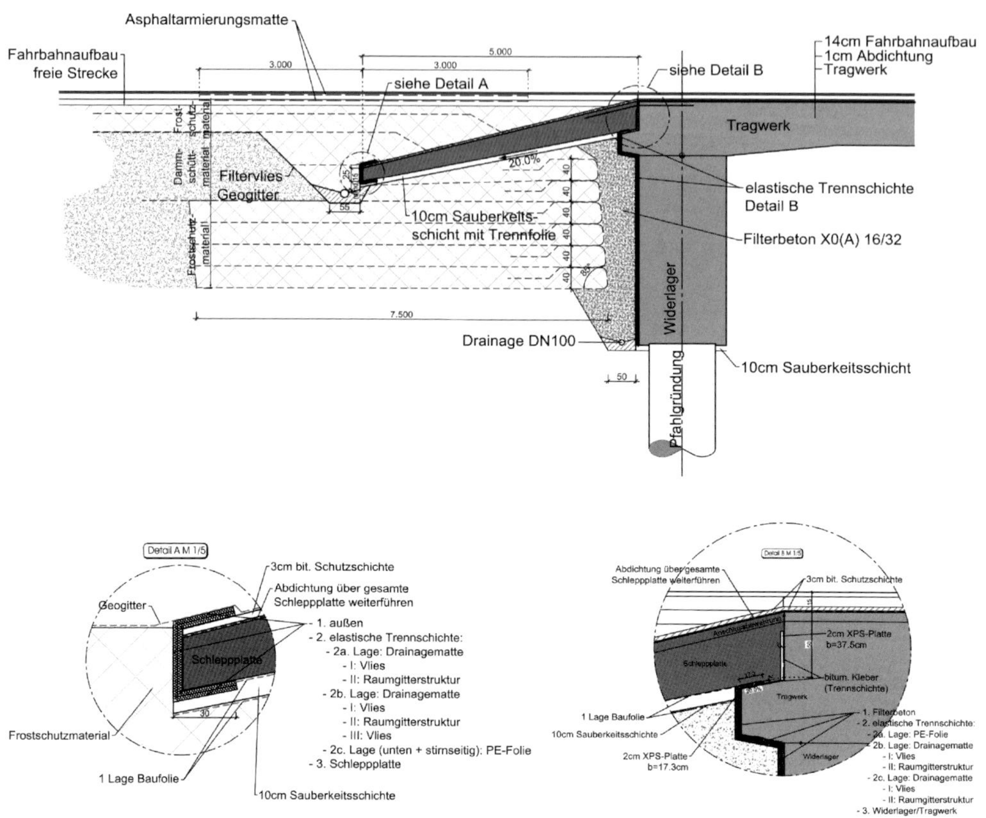

Bild 6.11 Beispiel für die Ausführung des Brückenendes mit Details

6.2.2 Hinweise für besondere Bauteile

Generell soll gemäß dem aktuellen Entwurfsstand der RVS 15.02.12 die konstruktive Ausbildung der Rahmenecke möglichst einfach gestaltet werden, wobei zur Sicherstellung einer ausreichenden Duktilität maximal eine 2-lagige Bewehrungsführung empfohlen wird. Die Anordnung einer Voute im Rahmeneck wird als sehr günstig beurteilt, um die erforderlichen Bewehrungsmengen durch den größeren inneren Hebelarm zu reduzieren und diese auch einbringen und verankern zu können.

In allen Oberflächen des Bauwerks ist eine Mindestbewehrung erforderlich, die über die Festlegungen in der ÖNORM B 1992-1-1 hinausgeht. Die Größenordnung dieser Bewehrung ist so zu wählen, dass damit die Zwangsbeanspruchung in Querrichtung der Brücke abgedeckt wird und dazu keine gesonderten Nachweise erforderlich werden. Aktuell wird vorgeschlagen, 0,2 % der gesamten Betonfläche je Seite und Richtung als Mindestbewehrung anzuordnen. Diese Bewehrung soll auch bei allen statischen Nachweisen herangezogen werden.

Die Schleppplatte soll mit dem Rahmentragwerk monolithisch verbunden werden, um die Bauwerksbewegungen möglichst weit von der Rahmenecke in den Untergrund einzuleiten. Außerdem wird empfohlen, die Schleppplatte tief abtauchen zu lassen (Neigungswinkel > 10°), um die auftretenden Längenänderungen am Ende der Schleppplatte auf eine möglichst große Strecke im Fahrbahnbelag zu verteilen und um Wasser zuverlässig abzuleiten (Bild 6.12).

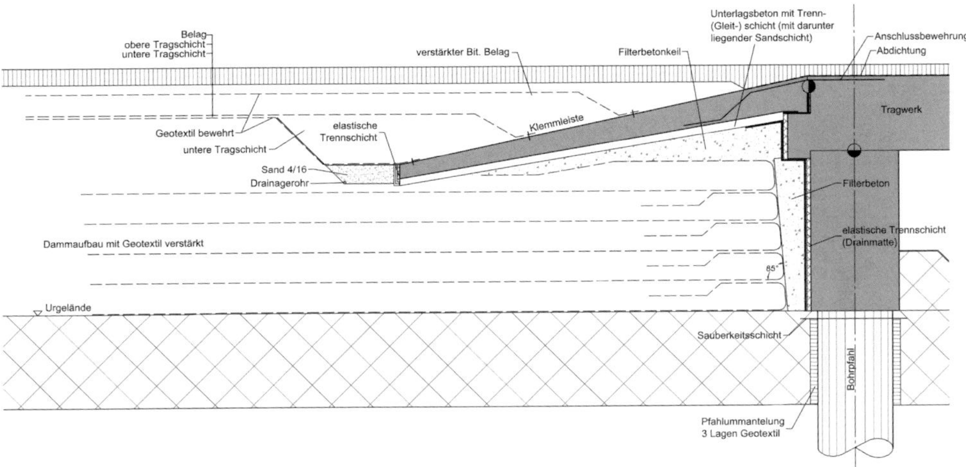

Bild 6.12 Ausbildung des Brückenendes gemäß [41]

6.2.3 Ausführung von Schleppplatten

Gemäß RVS 15.06.11 darf beim Neubau von Brückenwiderlagern entweder eine Erdhinterfüllung oder eine starre Hinterfüllung (Beton) ausgeführt werden. Die Schleppplattenlänge soll im Regelfall 3,0 m nicht unterschreiten und 5,0 m nicht überschreiten. Sollten sich bei der Berechnung der Schleppplattenlänge Werte für L > 5,0 m bzw. eine schräge Schleppplattenlänge L_S > 6,0 m ergeben, so sind aus wirtschaftlichen Gründen andere Lösungen für den Übergangsbereich anzustreben.

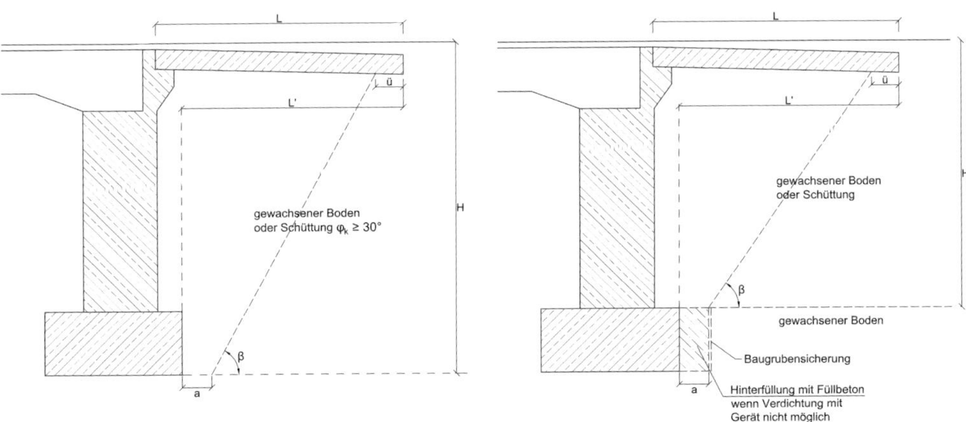

Bild 6.13 Ausführungsformen für die Schleppplatte nach RVS 15.06.11

Bei kurzen Schleppplattenlängen sind fallweise starre Baugrubenhinterfüllungen wie beispielsweise mittels Einkornbeton zu bevorzugen. Diese Lösung bietet sich auch an, wenn Boden mit steiler Böschungsneigung (> 70°) ansteht. Dabei ist jedoch zu beachten, dass die Widerlagerwand auf den Druck des Frischbetons zu bemessen ist.

Die Hinterfüllung der Widerlager und Flügel hat in Lagen von maximal 30 cm Höhe mit entsprechender Verdichtung zu erfolgen. Unmittelbar hinter dem Bauwerk ist ein Kiesfilter mit einer Mindeststärke von 50 cm und nach Erfordernis eine Dränage vorzusehen (RVS 15.06.11).

Schleppplatten werden in Österreich üblicherweise monolithisch an das Tragwerk angeschlossen, wobei eine gelenkige Verbindung ausgeführt werden sollte. Alternativ dazu wird die Schleppplatte mittels Schubdübeln an das Tragwerk angehängt. Ziel ist es in beiden Fällen, die auftretenden Bewegungen möglichst weit vom hochbeanspruchten Rahmeneck in den Untergrund einzuleiten.

Nachdem es in Österreich keine umfangreichen standardisierten Details für integrale Brücken gibt, hat dies in den vergangenen Jahren dazu geführt, dass zahlreiche innovative Lösungen für die Ausbildung des Widerlagers sowie des Übergangsbereichs zwischen Tragwerk und freier Strecke entwickelt wurden (siehe dazu Abschnitt 6.5).

6.3 Schweiz

6.3.1 Ausführung des Brückenendes

In der Schweiz gibt es durch die ASTRA-Richtlinie über die konstruktiven Einzelheiten von Brücken zahlreiche und detailliert ausgearbeitete Lösungen für die Ausführung des Brückenendes integraler Tragwerke. Die Richtlinie umfasst dabei nicht nur integrale Brücken, sondern gibt auch Handlungsanweisungen für konventionell gelagerte Brücken.

In Abhängigkeit des gewählten Lagerungskonzeptes für das Brückenende werden unterschiedliche Regeltypen mit Festlegung konstruktiver Details angegeben. Diese unterscheiden sich in Hinblick auf die Anordnung einer Schleppplatte und die Ausbildung des Straßenoberbaus. Es werden Lösungen für ein integral nachgiebiges Brückenende, ein integral steifes Brückenende (bei im Grundriss stark gekrümmten Brücken) und für semi-integrale Brücken dargestellt. Die konstruktiven Details sind auf die jeweiligen Gegebenheiten des konkreten Bauwerks sinngemäß anzupassen und umfassen nach ASTRA (siehe Bild 6.14):

- Typ I1: für integral nachgiebige Brückenenden bei kurzen Brücken mit niedrigen Widerlagern. Der Straßenoberbau wird nicht über die Brücke geführt; es wird keine Schleppplatte angeordnet. Wird dieser Typ bei Hochleistungsstraßen angewendet, so sind Maßnahmen im Bereich der Hinterfüllung erforderlich bzw. sind die maximalen Setzungen nachzuweisen.
- Typ I2: grundsätzlich wie Typ I1, allerdings wird in diesem Fall der Straßenoberbau über das Tragwerk geführt.
- Typ I3: wird als Normalfall für gerade integrale Brücken definiert und gilt für integral nachgiebige Widerlager. Zum Unterschied zu Typ I1 wird eine Schleppplatte hinter dem Tragwerk angeordnet.

- Typ I4: gilt für kurze Brücken mit integral nachgiebigen Brückenenden, bei denen der Straßenoberbau über die Brücke geführt und eine Schleppplatte angeordnet wird.
- Typ I5: wird bei integral steifen Widerlagern bei im Grundriss stark gekrümmten Brücken angewendet. Dabei wird der Straßenoberbau nicht über die Brücke geführt, jedoch eine Schleppplatte vorgesehen.

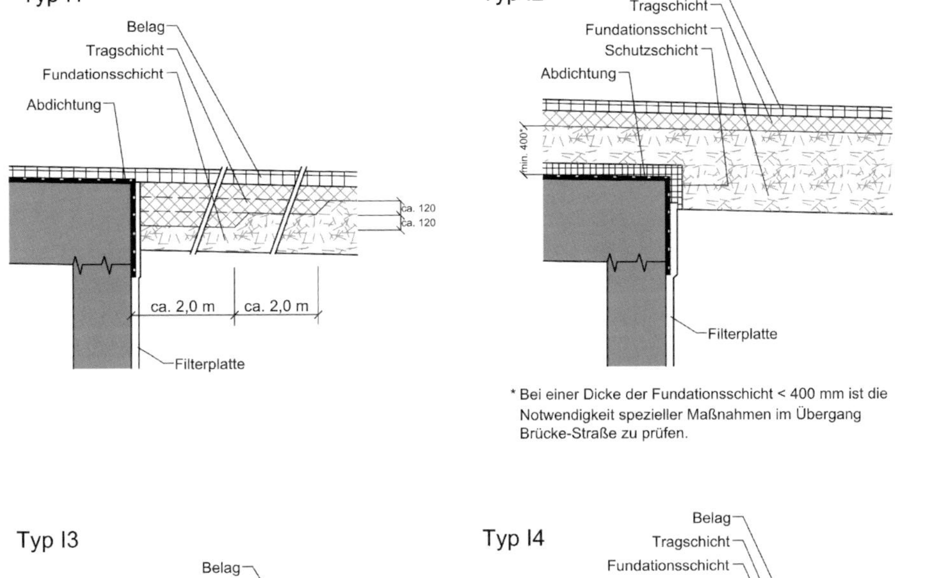

Bild 6.14 Ausführungen der Brückenenden nach ASTRA

Ferner ist in ASTRA ein Flussdiagramm für die Vorgehensweise zur Wahl eines Ausführungstyps für das Brückenende enthalten. Dabei stellt die effektive horizontale Relativverschiebung am Brückenende in Abhängigkeit zahlreicher Faktoren das Bemessungskriterium dar.

Da dieses Verfahren allerdings aufwendig und daher nur für größere und komplexere Bauwerke gerechtfertigt ist, wird ein vereinfachtes Nachweisverfahren für die Wahl der Ausführungsform des Brückenendes beschrieben. Das vereinfachte Verfahren ist bei folgenden Kriterien zugelassen:

- Die Brücke ist im Grundriss gerade oder leicht gekrümmt.
- Die Lage des Bewegungsruhepunktes ist zuverlässig bekannt.
- Horizontale Überbauverschiebungen infolge horizontaler und vertikaler Einwirkungen sind vernachlässigbar.

Die resultierende Verschiebung und der sich daraus ergebende Ausführungstyp für das Brückenende sind für diese Fälle proportional zu den unbehinderten Längenänderungen des Überbaus ausgehend vom Bewegungsruhepunkt. Durch die angeführten Kriterien kann vorausgesetzt werden, dass es zu keiner Behinderung der zyklischen Bewegungsanteile durch den Unterbau kommt (ASTRA).

6.3.2 Hinweise für besondere Bauteile

Für stark gekrümmte integrale Brücken werden in ASTRA Konzepte für kastenförmige steife Widerlager gezeigt, wobei zwischen einer hohen Steifigkeit gegenüber horizontalen Verschiebungen auch die Behinderung einer Rotation um die vertikale Achse bzw. die Erhöhung der Einspannwirkung der Randfelder im Fokus stehen.

Des Weiteren werden in ASTRA Modifikationen der oben angeführten Grundtypen für vorgespannte Tragwerke bzw. Ausbildungen mit Pfahlkopfriegel gezeigt. Um die Ankerköpfe einer Vorspannung bei integralen Tragwerken vor dem Zutritt von chloridhaltigem Wasser zu schützen, ist ähnlich wie in Deutschland vorgesehen, die Spannverankerung hinter die Widerlagerwand gemäß Bild 6.15 zu führen.

Widerlagerwände und andere, an das Erdreich angrenzende Wände sind mit gut durchlässigem Material zu verfüllen und mit einer Dränage zu versehen. Gegebenenfalls kann es auch erforderlich werden, eine Abdichtung dieser Bauteile vorzunehmen. Die Wandstärken der Tragwerksteile sollen im Regelfall mindestens 30 cm betragen (ASTRA).

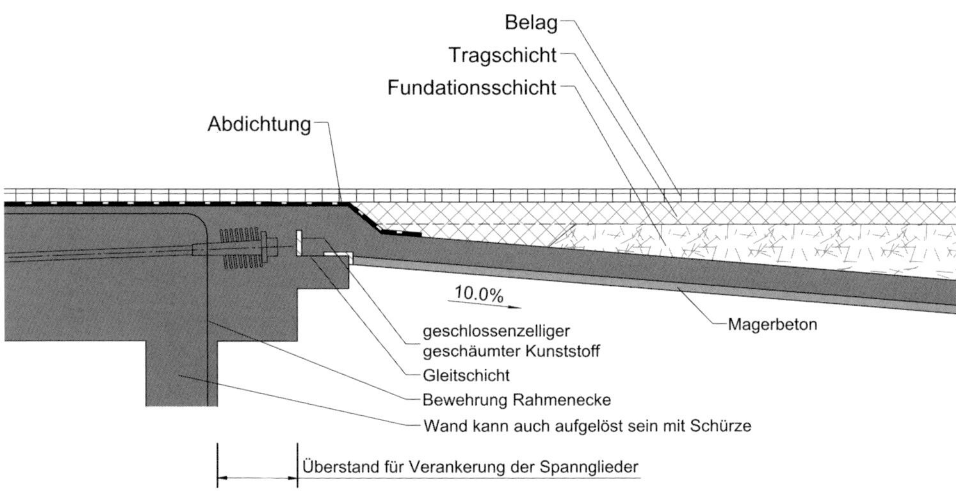

Bild 6.15 Detail für die Ausbildung des Rahmenecks bei Vorspannung nach ASTRA

6.3.3 Ausführung von Schleppplatten

Für Schleppplatten wird in ASTRA eine Bauteildicke von mindestens 30 cm empfohlen. Die Länge ist in Abhängigkeit der zu erwartenden Setzungsdifferenzen zu ermitteln und beträgt aufgrund von Erfahrungswerten etwa 5 m bis 8 m für Hochleistungsstraßen bzw. 3 m bis 5 m für übrige Straßen. Bei der Wahl der Längsneigung ist so vorzugehen, dass am Ende der Schleppplatte zumindest die Stärke des Straßenoberbaus vorhanden ist und die Neigung etwa 10 % beträgt.

Grundsätzlich soll im Zuge von Hochleistungsstraßen immer eine Schleppplatte angeordnet werden. Ein Verzicht ist nur dann möglich, wenn die zu erwartenden Setzungsdifferenzen zwischen Tragwerk und Straßenkörper 10 mm für den Ausführungstyp I1 und 20 mm für den Ausführungstyp I2 nicht überschreiten.

Für Relativverschiebungen < 30 mm kann die Schleppplatte am Brückenende verschieblich aufgelegt werden, wobei eine Belagsdehnfuge aus Polymerbitumen erforderlich wird (siehe Bild 6.16). Alternativ dazu kann eine monolithische Verbindung der Schleppplatte mit dem Tragwerk ausgeführt werden, wobei die konstruktive Gestaltung so erfolgen muss, dass sich ein Gelenk ausbilden kann (siehe Bild 6.15).

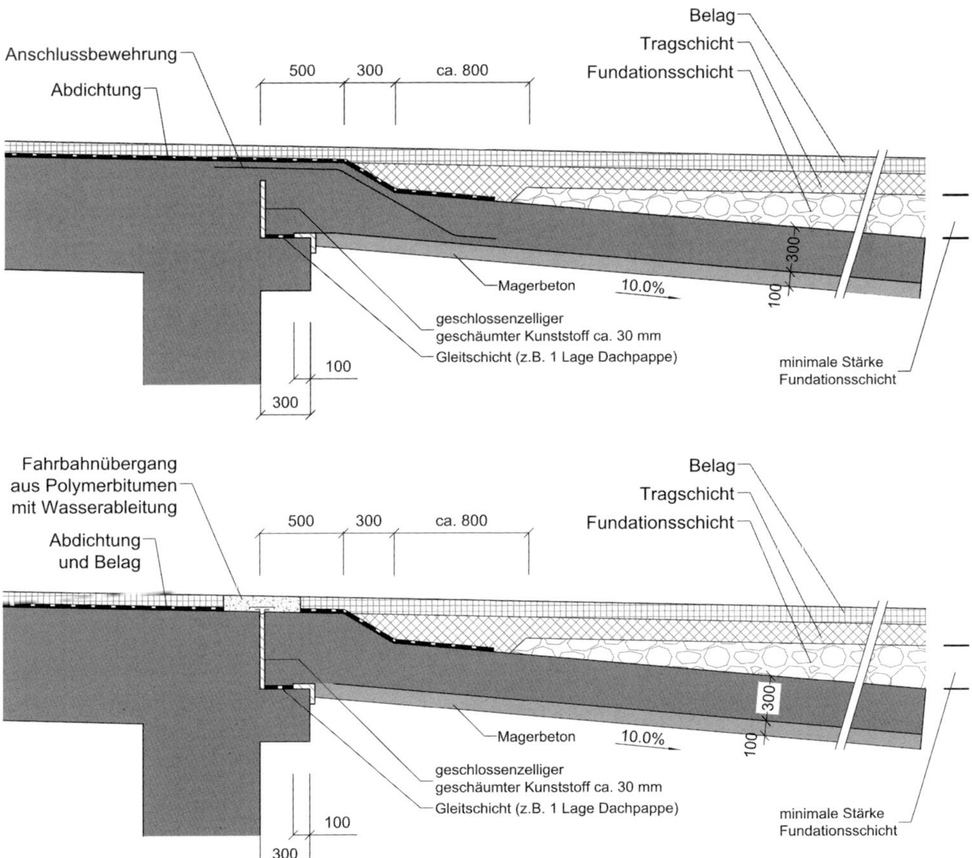

Bild 6.16 Festlegungen für die Schleppplatte gemäß ASTRA

6.4 Angloamerikanischer Raum

Besonders in den USA und Kanada werden integrale Brücken sehr häufig und auch bei großen Brückenlängen eingesetzt. Durch das Fehlen von verbindlichen Vorschriften zur regelmäßigen Brückenprüfung in den einzelnen Bundesstaaten haben integrale Bauwerke durch ihre höhere Robustheit auch unter diesem Gesichtspunkt besondere Bedeutung. Die einzelnen Bundesstaaten und die zugehörigen Straßenverwaltungen (DOT – Departments of Transportation) haben meist verschiedene Richtlinien für den Entwurf und die Bemessung integraler Bauwerke wie zum Beispiel ALBERTA. Darin werden Standarddetails für die Ausbildung des Widerlagers und für den Übergang vom Tragwerk auf die freie Strecke in Abhängigkeit von der Brückenlänge angegeben. In diesen Richtlinien werden in gleichem Maße integrale und semi-integrale Brücken (mit Lager ausschließlich in den Widerlagerachsen) angesprochen.

Generell wird versucht, mit möglichst flexiblen Widerlagerkonstruktionen zu arbeiten, um die Zwangsschnittgrößen im Überbau zu begrenzen. Dabei kommen besonders häufig Stahlunterbauten wie beispielsweise Spundwandgründungen oder duktile Pfähle zur Anwendung. In den Regelwerken werden die Ausführungsformen für den Übergang auf die freie Strecke sowie die Bewehrungsführung im Widerlager zur Anbindung des Überbaus an den Unterbau detailliert dargestellt. Neben Stahlbetontragwerken werden insbesondere auch Anwendungen bei Verbundtragwerken sowie bei Fertigteilträgern in Stahlbetonbauweise erläutert.

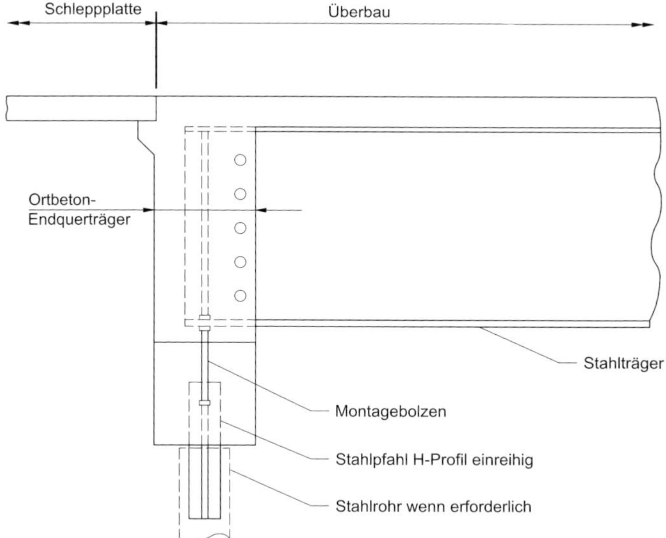

Bild 6.17 Ausbildung des Brückenendes für einen Stahlüberbau nach ALBERTA

Fallweise werden bei langen integralen Brücken geteilte Schleppplatten mit dazwischen liegenden Auflagerbalken eingesetzt, um die auftretenden Längsverschiebungen möglichst weit vom Tragwerk in den Untergrund einzuleiten. Eindringendes Wasser in diesen Bereichen ist weitaus unkritischer als in der Nähe des hochbeanspruchten Rahmenecks oder der Lager bei semi-integralen Bauwerken. Überdies sind Instandsetzungsarbeiten an diesen Stellen einfacher und vor allem rascher durchführbar. Üblicherweise werden im angloamerikanischen Raum hoch liegende – d. h. auf Höhe der Fahrbahn liegende – Schleppplatten angeordnet. Exemplarisch werden gemäß ONTARIO folgende Ausführungsformen gezeigt (Bild 6.18):

- Fugentyp C1: wird für Tragwerkslängen unter 50 m angewendet, wobei am Tragwerksende ein Frässchnitt mit bituminösem Fugenverguss vorgesehen wird.
- Fugentyp C2 und C3: für Brückenlängen zwischen 50 m und 100 m als Regeldetail angewendet. Setzungen wird durch einen Auflagerbalken entgegengewirkt. Die Ausführung mit Frässchnitt und bituminösem Fugenverguss wird eher bei untergeordneten Verkehrswegen angewendet; das Detail mit Fugenband und Stahlwinkel wird für übergeordnete Straßen empfohlen.
- Fugentyp C4: wird für Brückenlängen von über 100 m Länge angewendet. Dabei wird zwischen dem Rahmeneck und der Schleppplatte eine weitere, oben liegende Fahrbahnplatte angeordnet. Diese Platte ist mittels Schubdübeln an das Tragwerk angehängt und liegt auf einem eigens gegründeten Auflagerbalken auf. Die Bewegung wird daher an das Ende dieser Fahrbahnplatte verlegt und ein Fahrbahnübergang in unterschiedlicher Ausführungsform (Belagdehnfuge, Fingerfuge etc.) angeordnet.

Anzuführen ist, dass für den angloamerikanischen Raum eine Vielzahl von detaillierten Lösungsvorschlägen und Angaben über die Bewehrungsführung vorhanden sind, die den Umfang des vorliegenden Werkes deutlich überschreiten würden. Die gezeigten Lösungen sollen daher nur exemplarisch für die zugrunde liegenden Konzepte stehen. Die durchweg positiven und lange zurückreichenden Erfahrungen mit den dargestellten Fugendetails und den integralen Bauwerken im Allgemeinen sollen auf jeden Fall Anregung sein, diese Bauweise verbreitet einzusetzen.

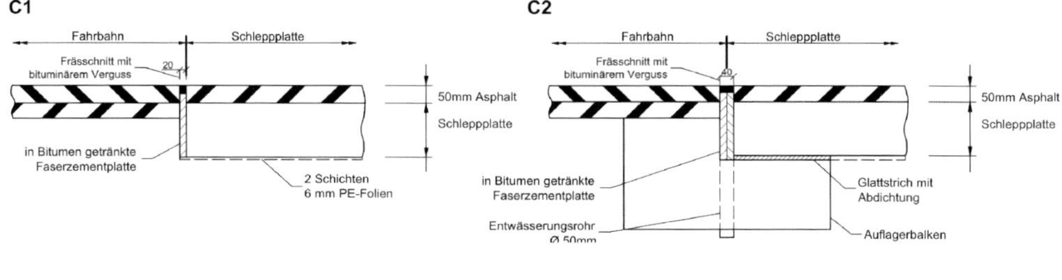

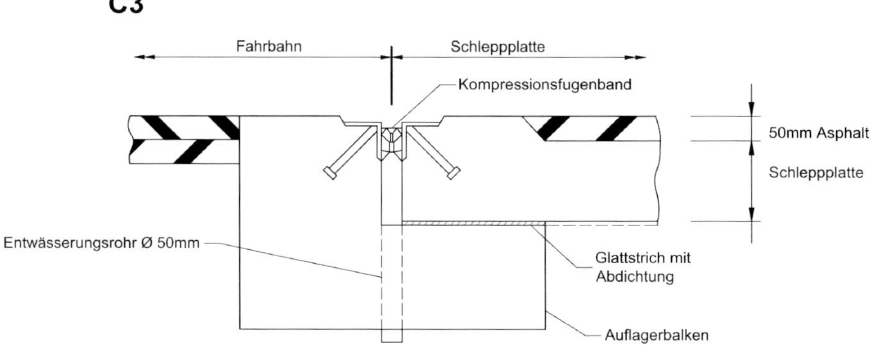

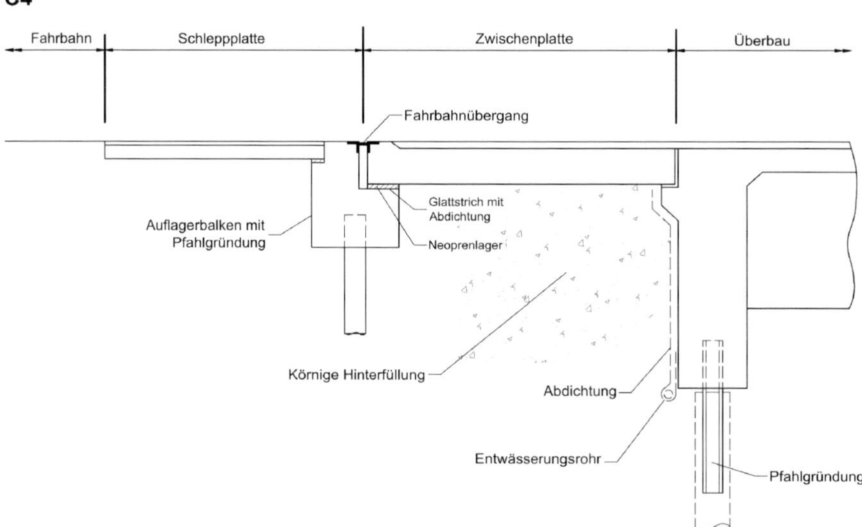

Bild 6.18 Ausführung der Fugen bei Schleppplatten gemäß ONTARIO

6.5 Sonderkonstruktionen

Gerade im Bereich der integralen Brücken sind in den letzten Jahrzehnten immer wieder innovative Lösungen entstanden, wenn ein besonderes Entwurfsziel verfolgt wird. Aufgrund des vermehrten Einsatzes integraler Bauwerke auch bei größeren Tragwerkslängen sind daher Maßnahmen erforderlich, welche die zyklisch auftretenden Verformungen des Widerlagers elastisch und dauerhaft aufnehmen können. Die grundsätzliche Aufgabe dabei ist, die auftretenden Verformungen möglichst gleichmäßig zu verteilen und diese so auf eine größere Länge des Straßenoberbaus zu verteilen. In den folgenden Abschnitten werden daher zwei unterschiedliche Konzepte gezeigt, mit denen auch bei größeren integralen Brücken mit Längen > 150 m keine wartungsintensiven Fahrbahnübergänge oder Belagsdehnfugen erforderlich sind.

6.5.1 Fahrbahnübergang aus Betonelementen

Am Institut für Tragkonstruktionen (Forschungsbereich Stahlbeton und Massivbau) an der TU Wien wurde in Zusammenarbeit mit dem Institut für Verkehrswissenschaften (Forschungsbereich Straßenbau) in den letzten Jahren eine neuartige Fahrbahnübergangskonstruktion entwickelt. Dieses System wurde durch die TU Wien in Österreich patentiert [42].

Die Fahrbahnübergangskonstruktion besteht aus aneinandergereihten Betonelementen, die auf einer Gleitfläche aufliegen und durch korrosionsgeschützte Zugglieder miteinander verbunden sind. Die Gleitplatte wird über Querrippen mit dem Untergrund schubfest verbunden. Die Zugglieder werden mit einem Ende im Brückentragwerk und mit dem anderen Ende in einem Ankerblock verankert, mit dem auch die Gleitplatte monolithisch verbunden ist. Auf die Betonelemente wird eine sogenannte SAMI-Schicht (Stress Absorbing Membrane Interlayer) und darüber ein speziell entwickelter Fahrbahnaufbau aufgebracht [43].

Die Verformungen des Brückentragwerks infolge von Langzeiteffekten und zyklischer Temperaturbeanspruchung werden über das kontinuierliche Öffnen und Schließen der Fugen zwischen den Betonelementen und durch Verschiebungen der einzelnen Betonelemente aufgenommen. Dadurch wird die auftretende Längenänderung des Bauwerks auf mehrere Fugenöffnungen verteilt und die einzelnen Verschiebungswege sind deutlich kleiner als die resultierende Gesamtverschiebung. Die am Brückenende vorhandene Längsverformung wird somit kontinuierlich über die gesamte Länge der Übergangskonstruktion abgebaut (Bild 6.19).

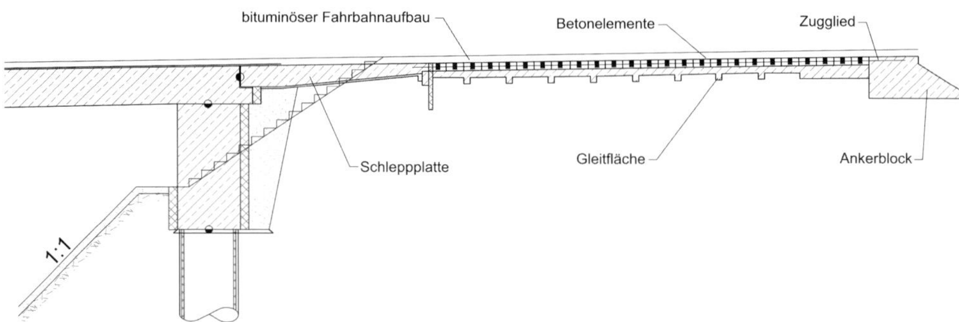

Bild 6.19 Längsschnitt durch den Fahrbahnübergang [43]

Durch die zwischen den Betonelementen und der Tragschicht angeordnete SAMI-Schicht werden die Dehnungen gleichmäßig in den Asphaltoberbau der Fahrbahn eingeleitet und der Straßenbelag kann ohne Maßnahmen von der freien Strecke kommend über das Brückenbauwerk geführt werden.

Auf Grundlage der rechnerisch erzielten Ergebnisse wurde im Rahmen eines Forschungsprojekts ein Prototyp des Fahrbahnübergangs hergestellt und im Labor umfangreichen Testreihen unterzogen. Der Prototyp weist eine Breite von 3 m und durch die Verwendung von 20 Betonelementen eine Länge von 8 m auf. Diese Konfiguration würde einem Fahrbahnübergang für eine etwa 85 m lange integrale Brücke entsprechen. Bei diesen Testreihen zeigte sich, dass die maßgebende Bemessungssituation tiefe Temperaturen bei maximaler Bauwerksverkürzung darstellt. In diesem Zustand werden die einzelnen Betonelemente vollständig auseinandergezogen und es entstehen im Fahrbahnbelag die größten Zugspannungen [43].

Aufgrund der sehr positiven Testresultate für den neuen Fahrbahnübergang wird bei einem Pilotprojekt der ASFiNAG im Zuge der Autobahn A5 in Österreich das System aktuell bei einer 112 m langen integralen Brücke eingebaut. Der neue Fahrbahnübergang wird dabei im Anschluss an eine oben liegende Schleppplatte angeordnet und weist eine Länge von 10 m auf. Die Breite der Übergangskonstruktion beträgt aufgrund des Autobahnquerschnitts 13 m. Als Zugglieder für die Verbindung der einzelnen Betonelemente wurde Glasfaserbewehrung mit einer Zugfestigkeit von > 1.000 N/mm² und gerippter Oberfläche vorgesehen.

Für dieses Pilotprojekt werden zwei unterschiedliche Elementtypen für die Betonfertigteile mit Längen von 1 m und 2 m untersucht. Diese haben einen trogförmigen Querschnitt und weisen eine Breite von 40 cm und eine Höhe von 20 cm auf (siehe Bild 6.20) [44]. Die Zugglieder werden als Schutz in Hüllrohren geführt. Die Betonelemente werden in einer solchen Weise angeordnet, dass die Fugen paralleler Elemente zueinander versetzt sind. Ferner werden die Fugen zwischen den Fertigteilen mit einer elastischen Vergussmasse abgedichtet, um Verschmutzungen zu verhindern und die dauerhafte Funktion des Fahrbahnübergangs zu gewährleisten.

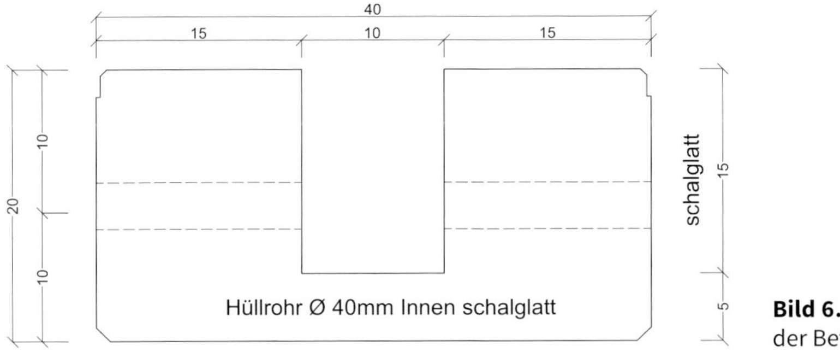

Bild 6.20 Querschnitt der Betonelemente [44]

Ein geplantes Messprogramm und Langzeitbeobachtungen des Tragwerks, des Fahrbahnübergangs sowie der im Brückenbereich ausgeführten bituminösen Fahrbahndecke sollen Aufschluss über die tatsächliche Funktion des Übergangs unter realen Nutzungsbedingungen im Autobahnnetz geben.

6.5.2 Schleppplatte aus bewehrtem Gummibeton

Ein ähnliches Konzept wurde bei der in Abschnitt 7.4.2 gezeigten Oberwarter Brücke in Österreich angewendet. Ziel der Planung war es, die Bewegungen des Widerlagers möglichst weit vom hochbeanspruchten Rahmeneck und über eine größere Strecke in tiefe Bodenschichten einzuleiten.

Aus statischer Sicht wurde daher an das Ende der konventionellen Schleppplatte eine Feder angehängt, deren Steifigkeit so eingestellt wurde, dass sich über die Länge eine möglichst gleichmäßige Dehnung ergibt. Die Länge der Feder wurde so angesetzt, dass am freien Ende zum Boden nahezu keine Längsverschiebung mehr auftritt [45]. Auf der anderen Seite wurde die Feder mit der konventionell abtauchenden Schleppplatte verbunden.

Bei den durchgeführten Untersuchungen im Zuge der Tragwerksplanung hat sich aber gezeigt, dass für diesen Zweck Stahlbeton zu steif und die untersuchten Geotextilien zu weich waren. Mit einer Ausführung in Stahlbauweise wäre es möglich gewesen, die erforderliche Längssteifigkeit gut einzustellen, allerdings bestand dabei die Frage, wie der zugehörige Boden aktiviert werden kann, um die Längenänderungen gleichmäßig zu verteilen.

Ausführliche Untersuchungen zeigten, dass die besten Ergebnisse erzielt werden konnten, wenn bei einer konventionellen Rezeptur eines Standardbetons die Gesteinskörnung durch Gummigranulat ersetzt wird [46]. Für die gezeigte Anwendung bei der Oberwarter Brücke wurden dazu zerkleinerte Altreifen verwendet. Auf diese Weise konnte ein Beton hergestellt werden, welcher mit einem sehr geringen E-Modul den Anforderungen weitestgehend gerecht wurde. Dazu wurden rund 680 kg Gummigranulat, 415 kg Zement und 166 Liter Wasser verwendet. Durch Zugabe von Fließmittel sollte die gute Verarbeitbarkeit des Betons gewährleistet werden.

Die Versuche zeigten, dass ein E-Modul und eine Festigkeit von nur 1 % des Normalbetons erreicht werden konnte. Da sich die Frage nach der Verbundfestigkeit des Gummibetons mit der vorgesehenen Längsbewehrung stellte, wurden gemäß ÖNORM EN 15184 Auszugversuche für die Bewehrung durchgeführt. Dabei zeigte sich, dass eine Auszugfestigkeit von nur 5 % im Vergleich zu einem konventionellen Beton erreicht werden konnte und somit eine 20-fache Verankerungslänge erforderlich gewesen wäre [46]. Es wurde daher für das vorliegende Projekt festgelegt, unter der Gummibeton-Schleppplatte angeordnete, quer liegende Verankerungskörper vorzusehen, in denen die Bewehrung verankert werden kann (Bild 6.21).

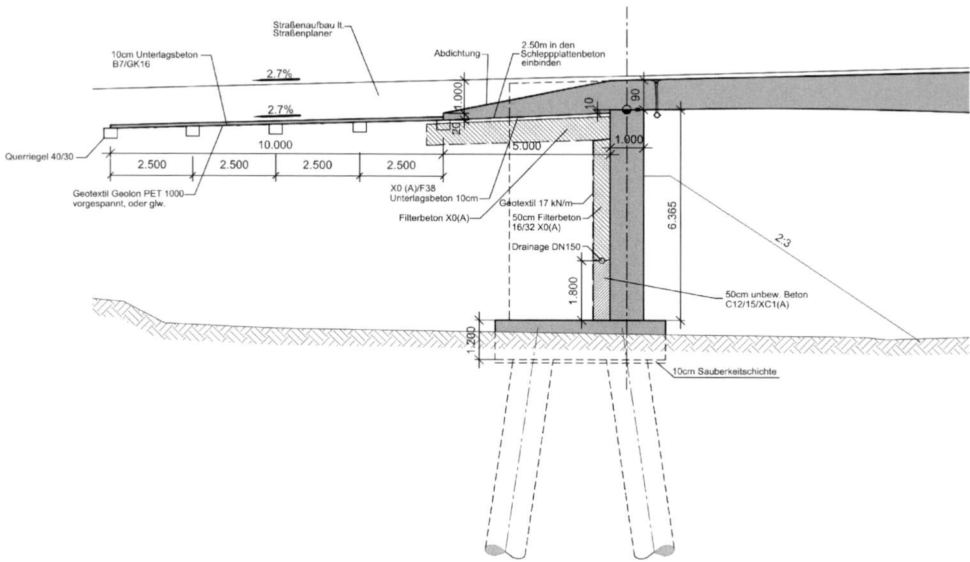

Bild 6.21 Ausführung der längsdehnweichen Schleppplatte

Die Längssteifigkeit der Schleppplatte konnte durch die Bewehrung zielsicher eingestellt werden. Die Verbindung mit dem Boden zur Verteilung der auftretenden Längenänderungen erfolgt durch den Gummibeton. Aufgrund der geringen Verbundfestigkeit zwischen Bewehrungsstahl (welcher ausschließlich aus Dauerhaftigkeitsgründen verzinkt wurde) und dem Gummibeton kann sich der Effekt einstellen, dass eine durchgehende Bewehrung bis zum Schleppplattenende ohne Zusatzmaßnahmen das gewünschte Systemverhalten einer längsdehnweichen Konstruktion ergibt [45]. Es waren somit im Bereich des Gummibetons keine besonderen Maßnahmen zur Verteilung der Dehnungen erforderlich.

Die bisher durchgeführten Messungen (siehe Abschnitt 7.4.2) zeigten, dass sich der vorgesehene Fahrbahnübergang plangemäß verhält und seit der Fertigstellung des Tragwerks im Jahr 2011 im Straßenoberbau keine Risse oder sonstigen Schäden festzustellen sind.

7 Ausführung, Bauüberwachung und Monitoring

Für integrale Bauwerke gelten hinsichtlich Ausführung und Überwachung grundsätzlich dieselben Anforderungen wie für konventionelle Brücken.

Trotzdem wird die fugen- und lagerlose Bauweise nach wie vor – selbst innerhalb der Fachwelt – als eine Besonderheit betrachtet, was bei dem einen oder anderen Bauherrn sogar dazu führt, den Bau unter Vorbehalt zusätzlicher Reglementierungen – zum Beispiel in Form von „Zustimmungen im Einzelfall" – zu stellen.

Dies erscheint vor dem Hintergrund der mittlerweile in umfangreicher Form vorliegenden Erfahrungen zumindest für kleine und mittlere Bauwerkslängen als nicht mehr zeitgerecht.

7.1 Bauausführung

Die wesentlichen Faktoren der Bauausführung sind das Bauverfahren und die Herstellungstechnologie, die in ihrer baulichen und zeitlichen Abfolge sorgfältig zu planen, einzusetzen und zu überwachen sind.

7.1.1 Einfluss des Bauverfahrens

Das Herstellungsverfahren beeinflusst in erster Linie die Schnittgrößen aus Eigengewicht als sogenannte „Schnittgrößen aus Summe Bauzustände".

Wie die folgenden Ausführungen belegen, sind auch für integrale Brücken sämtliche gängigen Bauverfahren grundsätzlich möglich und sinnvoll umsetzbar.

Herstellung auf Lehrgerüst
Rüstet man eine Brücke auf ihrer gesamten Länge, zum Beispiel mittels bodengestütztem Traggerüst, ein und betoniert das Bauwerk in einem Zug, erhält man für das Eigengewicht die Schnittgrößen des Durchlaufträgers – man spricht von dem sogenannten „Eingusszustand".

Bei der Stahlfachwerk-Verbundkonstruktion (Bild 7.2) zum Beispiel hat man sich für diese Vorgehensweise entschieden, um die Beanspruchungen im Stahlfachwerk zu minimieren (Bild 7.3) und um die Endfelder in Stahlbeton möglichst schlank zu belassen. Der weitere Vorteil lag darin, dass die extrem schlanken Pfeilerscheiben (Bild 7.1) keine zusätzlichen Beanspruchungen aus der Herstellung erhalten.

Integrale Brücken: Entwurf, Berechnung, Ausführung, Monitoring, Erste Auflage.
Roman Geier, Volkhard Angelmaier, Carl-Alexander Graubner, Jaroslav Kohoutek.

Bild 7.1 Talbrücke Korntal-Münchingen, Pfeilerscheibe

Bild 7.2 Talbrücke Korntal-Münchingen, Untersicht

Bild 7.3 Talbrücke Korntal-Münchingen, Stahlfachwerk

Bild 7.4 Eisenbahnüberbau Grubental, Voreinstellung Pfeiler

Wenn die Brücken länger werden, ist dies nicht mehr wirtschaftlich – man baut dann abschnittsweise. Dadurch werden Schnittkräfte aus der Abfolge der Herstellung „eingefroren". Dies ist bei der Bemessung zu berücksichtigen. Bei der Eisenbahn-Sprengwerk-Brücke (Bild 3.32) hat man sich dies zunutze gemacht, indem der vom Ruhepunkt (Bogenscheitel) am weitesten entfernte Pfeiler so über eine aufgezwungene Kopfverformung von 45 mm voreingestellt wurde. Die Zwangsmomente konnten auf diesem Weg weitgehend kompensiert werden (Bild 7.4).

Herstellung im Freivorbau

Die Kochertalbrücke (Bild 3.1) wurde überwiegend im Freivorbau hergestellt. Ein für integrale Brücken (Bild 7.5) geradezu ideales Verfahren, wenn man von den Pfeilern ausgehend „monolithisch" vorbaut. Die Schnittkraftumlagerungen aus Schwinden und Kriechen nach dem Lückenschluss müssen rechnerisch genauso verfolgt werden wie bei Brücken auf Lagern.

Bild 7.5 Kochertalbrücke Geislingen

Herstellung im Taktschiebeverfahren

Auch hier gibt es keine prinzipiellen Unterschiede zur konventionellen Bauweise. Verschoben wird auf temporären Verschublagern, egal ob die Umsetzung für den Endzustand auf endgültige Lager erfolgt oder über den monolithischen Lückenschluss Unterbau – Überbau. Für Spannbetonkonstruktionen ergibt sich bei integralen Brücken der weitere Vorteil, dass sich die elastische Verkürzung aus Vorspannung nicht auf die Unterbauten auswirkt.

Selbst hochgradig integrale Strukturen wie das Parkhaus über die Autobahn (Chassis-Prinzip Bild 3.6) lassen sich auf diesem Wege wirtschaftlich herstellen (Bild 7.6). Technisch bleibt es natürlich eine Meisterleistung.

Bild 7.6 Parkhaus für die Neue Landesmesse Baden-Württemberg, Stuttgart

Herstellung mit Fertigteilen

Dass Fertigteilbrücken nur mit konventioneller Lagerung Sinn machen, ist ein weit verbreiteter Irrglaube, der einer kritischen Prüfung nicht standhält. Im Gegenteil passt der modulare Grundgedanke der Fertigteilbauweise geradezu ideal mit integralen Bauwerken zusammen.

Bild 7.7 Wirtschaftswegüberführung, BAB A 8 Leonberg–Heimsheim

Die einzelnen Tragglieder zum Beispiel einer weitestgehend aufgelösten Rahmenkonstruktion (Bild 3.24) können völlig problemlos vorgefertigt werden. Die Fügung zum Ganzen erfolgt dann an den Fugen auf denkbar einfachste Art durch Schließen der Lücke (Bild 7.7).

Man kann, wie bei den Hypar-Schalenkonstruktionen (Bild 3.22) noch einen Schritt weitergehen und die Fertigteile in Serie fertigen (zum Beispiel im Rahmen eines Gestaltungskonzeptes für mehrere Bauwerke). Das Fertigteil dient gleichzeitig als Rüstung und mittragende Schalung. Die Vervollständigung zum Rahmentragwerk erfolgt einfachst durch Verfüllen mit Beton (Bild 7.8).

Bild 7.8 Schalenkonstruktion: Herstellungsschritte

Mischformen

Integrale Brücken lassen sich wegen ihrer monolithischen Fügung der einzelnen Tragwerke optimal auch in der Kombination von verschiedenen Bauverfahren herstellen. Vorgefertigte Stützen, integriert in ein Lehrgerüst und monolithisch verbunden mit dem Überbau, vereinfachen und beschleunigen den Herstellungsprozess (Bild 7.9).

Bild 7.9 Glemsbachtalbrücke im Zuge der B 28 Ortsumgehung Metzingen

Auch aus verschiedenen Materialien zusammengesetzte Querschnitte eignen sich ideal, wie zum Beispiel bei der Herstellung der Stadtbahnbrücke (Bilder 3.2 und 3.3), bei der man zuerst den Untergurt aus Beton hergestellt und vorgespannt hat. Nach der Montage des Stahlhohlkastens konnte das sowieso sehr leichte Gerüst des Untergurts ausgebaut werden, da alle weiteren Lasten im Bauzustand von dem Stahlverbund-Fertigteil übernommen wurden (Bild 7.10).

Bild 7.10 Brücke Wolframstraße, Stuttgart

Selbst die Kombination aus Herstellung auf Lehrgerüst mit späterem Verschieben ist mit integralen Bauwerken möglich. Der Einfeldrahmen einer Eisenbahnüberführung wurde in Seitenlage hergestellt und in einer Sperrpause von 4 Stunden in seine Endlage querverschoben (Bild 7.11).

Bild 7.11 B 10 bei Dusslingen

Hybride Konstruktionen bedürfen einer aus verschiedenen Bauverfahren zusammengesetzten Lösung, wie das Beispiel im Bild 3.42 zeigt. Die Herstellung der Endrahmen erfolgt auf Lehrgerüst (Bild 7.12), die des Bogens im Freivorbau (Bild 7.13) – voneinander quasi völlig entkoppelt und somit zwängungsfrei.

Bild 7.12 Brücke über die Tamina, Kanton St. Gallen, Schweiz – Endrahmen auf Lehrgerüst

Bild 7.13 Brücke über die Tamina, Kanton St. Gallen, Schweiz – Freivorbau des Bogens

Der Überbau selbst wird auf einem Traggerüst hergestellt, das sich auf dem mittlerweile fertig hergestellten Bogen abstützt (Bild 7.14).

Bild 7.14 Brücke über die Tamina, Kanton St. Gallen, Schweiz – Traggerüst

Die Betonage erfolgt abschnittsweise vom Scheitel nach außen mit dem entsprechend systemgerechten Aufbringen der Vorspannung – ebenfalls so gut wie zwängungsfrei (Bild 7.15).

Bild 7.15 Brücke über die Tamina, Kanton St. Gallen, Schweiz – Betonage

7.1.2 Einfluss der Herstellungstechnologie

Unter Herstellungstechnologie wird die Gesamtheit der zur Bearbeitung von Baustoffen notwendigen produktions- oder herstellungstechnischen Vorgänge einschließlich der Arbeitsorganisation, Arbeitsmittel, Werkzeuge etc. verstanden, im weitesten Sinn also die Gesamtheit der technischen Kenntnisse, Fähigkeiten und Möglichkeiten.

Betontechnologie
Betontechnologische Fragen gewinnen bei integralen Bauwerken insofern eine zusätzliche Bedeutung, als die Eigenschaften des Werkstoffs Beton wie

- E-Moduln,
- Schwindbeiwerte,
- Kriechbeiwerte,
- Temperaturkoeffizienten etc.

nicht nur Einfluss auf die Gebrauchstauglichkeit haben, sondern direkt die Schnittgrößen (aus Zwang) bestimmen bzw. direkt Zwangsschnittgrößen generieren.

Für die beiden Eisenbahnbrücken (Bilder 3.11 und 3.32) wurden umfangreiche Untersuchungen zur Bestimmung dieser Werkstoffeigenschaften durchgeführt, mit dem

Effekt, dass bei der Grubentalbrücke zum Beispiel die Zwangsschnittgrößen aufgrund eines tatsächlichen E-Moduls von 28 000 MPa deutlich niedriger blieben im Vergleich zum Normwert.

Aufbringen der Vorspannung
Der Zeitpunkt für das Vorspannen sollte so gewählt werden, dass die Auswirkungen der – zumindest elastischen – Verkürzungen auf die Zwänge möglichst gering bleiben. Dies kann man zum Beispiel durch den Einsatz von im Werk vorgespannten Fertigteilen erreichen. In diesem Fall ist zum Zeitpunkt der Montage sogar bereits ein Teil der Kriech- und Schwindverformungen abgeklungen. Eine weitere Möglichkeit besteht in einer sorgfältig durchdachten Planung des Bauablaufs, wie im Abschnitt 7.1 für die Bauwerke (Bilder 7.3, 7.7, 7.8 und 7.10) beschrieben.

Kritisch bleiben die Einfeldrahmen, bei denen die tendenzielle Gefahr besteht, dass durch die steifen Rahmenstiele ein relativ großer Anteil der Vorspannung in die Gründung „abfließt". Hier wird man sich wohl nach wie vor einer Grenzbetrachtung (steif – weich) bedienen müssen.

Nachgiebigkeit der Gründung
Die horizontale Flexibilität einer Flachgründung kann nur aus einer Halbraumbetrachtung abgeleitet werden – die technologischen Einflussmöglichkeiten bleiben sehr begrenzt.

Anders stellt es sich bei einer Pfahlgründung oder einer Gründung auf Schlitzwänden dar, wo die Nachgiebigkeit im oberen Bereich des Pfahls bzw. der Schlitzwand in erster Linie vom aktivierbaren horizontalen Erddruck abhängt.

In Bild 7.16 ist ein Lösungsansatz für eine Eisenbahnbrücke dargestellt, bei dem der Pfahl im oberen Bereich vom umgebenden Boden vollkommen entkoppelt ist. Grundsätzlich ist auch eine Polsterung durch ein zusätzliches Leerrohr und eine elastische Zwischenschicht möglich. Bei dem Parkhaus über die Autobahn wurde der Weg eingeschlagen, die Stützen über einen Schacht „künstlich" in den Baugrund hinein zu verlängern (Bild 7.17).

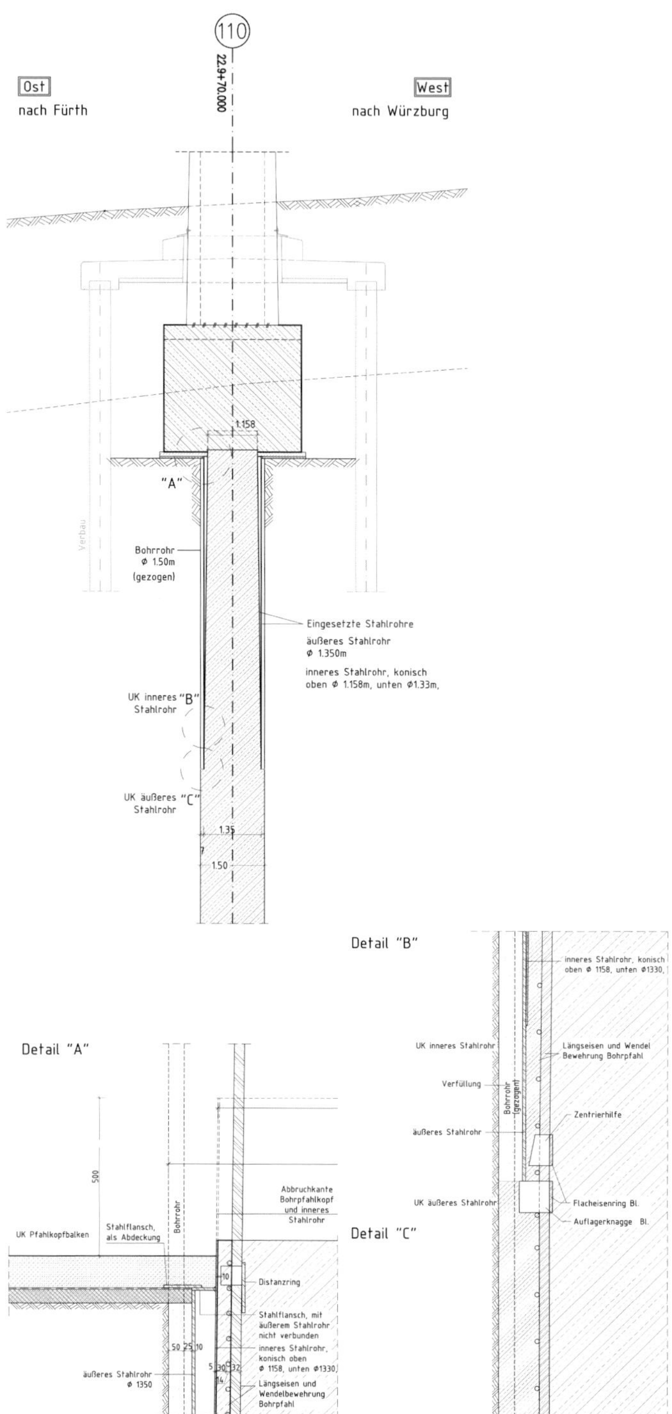

Bild 7.16 Aurachtalbrücke, Trichter Pfahl

Bild 7.17 Parkhaus für die Neue Landesmesse Baden-Württemberg, Stuttgart – Schacht

Müssen jedoch hohe Rahmeneckmomente verformungsarm in den Untergrund abgeleitet werden, ist eine geringe horizontale Nachgiebigkeit der Gründungselemente zielführend. Bei der Südbrücke Berching – einer Straßenbrücke aus Spannbeton – werden die hohen Rahmeneckmomente von scheibenförmigen Rahmenecken, die in 1,00 m dicke Schlitzwandscheiben übergehen, aufgenommen (Bild 7.18).

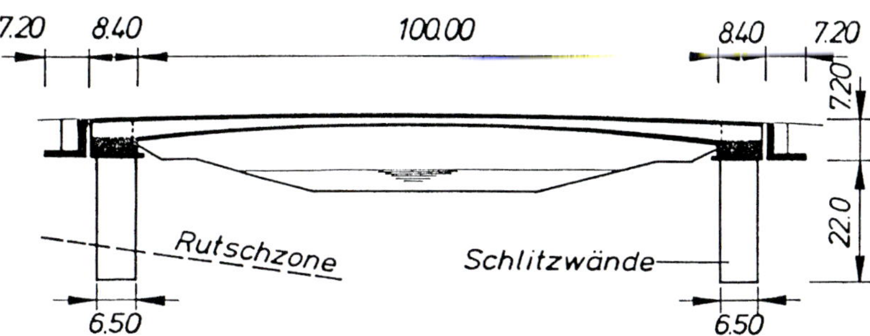

Bild 7.18 Südbrücke Berching, Längsschnitt

Die hierbei entstehenden Horizontalkräfte aus der Rahmenwirkung werden von beiden Stielen aus je vier nebeneinander liegenden Schlitzwänden über horizontale Bettung auf den anstehenden Baugrund übertragen. Da durch die hohen Rahmeneckmomente die Feldmomente vergleichsweise gering ausfallen, kann hierdurch eine besonders niedrige Bauhöhe von nur 1,80 m in Feldmitte realisiert werden.

In vertikaler Richtung empfiehlt es sich, Probebelastungen durchzuführen. Bei Pfählen kann man durch einen kleinen Umbau der Versuchsanordnung daraus auch die Ergebnisse für die horizontale Bettung gewinnen (Bild 7.19).

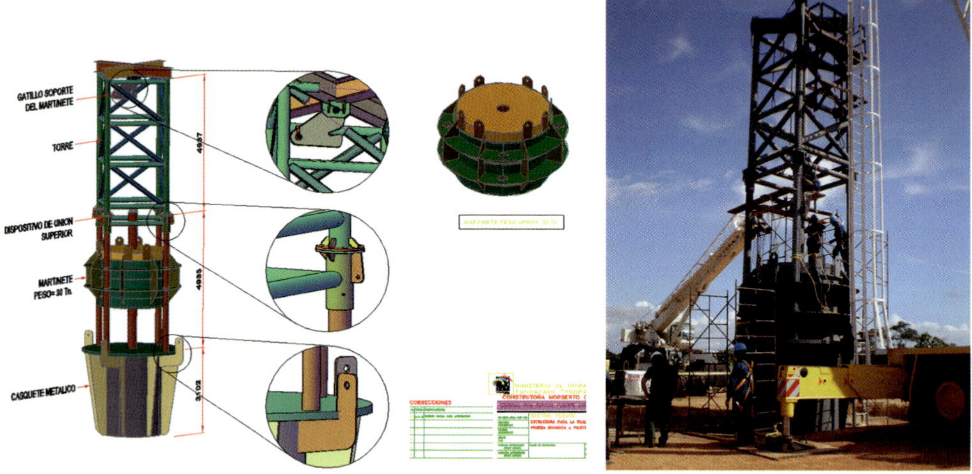

Bild 7.19 Pfahlprobebelastung an der 3. Brücke über den Orinoco, Venezuela

Betongelenk

Gemäß RE-ING werden Betongelenke als monolithische Verbindungen verstanden. Sie lassen sich sowohl „klassisch" – oftmals in Verbindung mit Außenrüttlern, Begrenzung Größtkorn und Fließmitteln – (Bild 7.21) realisieren – als auch – wie vermehrt in jüngster Zeit – mithilfe von selbstverdichtendem Beton.

Im Gegensatz zu Österreich und der Schweiz haben Betongelenke in Deutschland erst relativ spät – etwa gegen Ende des vergangenen Jahrhunderts – Anwendung im Brückenbau gefunden. Mit der Eisenbahnbrücke Gemünden über den Main wurden Mitte der 1980er-Jahre zwei Betongelenke realisiert, die so konzipiert sind, dass ein Auswechseln der gesamten Rahmenbrücke durch einfachen Querverschub möglich ist (Bild 7.20).

Bild 7.20 Mainbrücke Gemünden, Ansicht und Betongelenk

Bild 7.21 Neue Elbebrücke Mühlberg, Betongelenk

Es lohnt sich in jedem Fall, Probekörper vor Ort unter Baustellenbedingungen herzustellen, um sie dann zu zersägen und damit die Qualität 1:1 zu beurteilen (Bild 7.22).

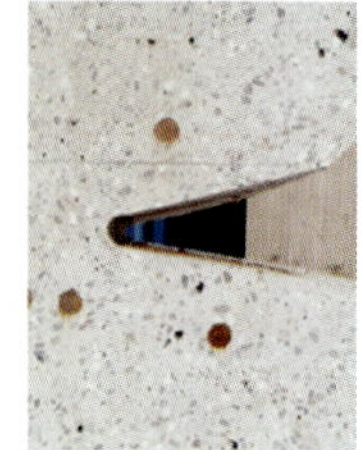

Bild 7.22 Ortsumgehung Korntal-Münchingen, Probekörper

Rahmenecken

An der Außenseite von Rahmenecken sind hohe Zugkräfte umzulenken. Bei schlaff bewehrten Konstruktionen empfiehlt es sich daher, den Stoß der außen liegenden Bewehrung in die Vertikale zu legen (Bild 7.23).

Zum einen liegt der günstigere Verbundbereich vor, zum anderen erfolgt die Übergreifung zwischen zwei geraden Bewehrungsstäben. Der etwas erhöhte Schalungsaufwand des Rahmenstiels kann dafür in Kauf genommen werden.

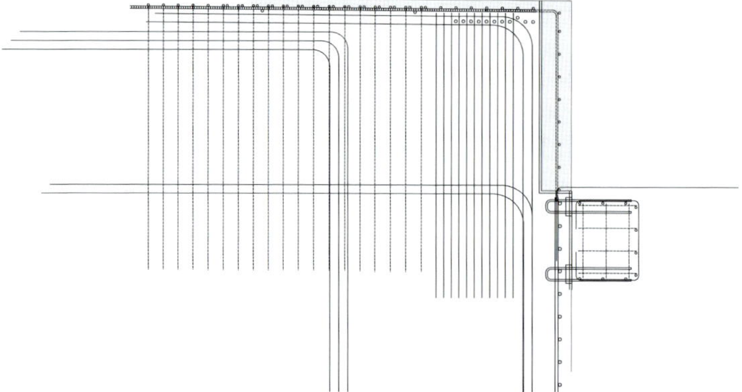

Bild 7.23 B 29 Neubau eines Überführungsbauwerks bei Essingen, Bewehrung Rahmenecke

7.2 Baubegleitung und -überwachung

7.2.1 Ausschreibungen und Vergabe

Voraussetzung für eine nachhaltige Qualitätskontrolle im Zuge der Ausführung sind aussagekräftige Verdingungsunterlagen (Ausschreibungs- und Vergabeunterlagen).

Die für die Bauausführung wesentlichen Faktoren, Bauverfahren und Herstellungstechnologie, müssen eindeutig beschrieben werden und dürfen keinen Spielraum für Interpretationen und einseitige Auslegungen durch die ausführenden Unternehmen lassen. Grundvoraussetzung dafür ist, dass sämtliche Leistungsphasen vom Entwurfsverfasser bearbeitet werden, insbesondere auch die Genehmigungs- und Ausführungsplanung. Nur so ist es möglich, das Bauverfahren (vgl. dazu Abschnitt 7.1.1) verbindlich auszuschreiben und auch die einzelnen Aspekte der Herstellungstechnologie (vgl. dazu Abschnitt 7.1.2) exakt zu erfassen und detailliert zu beschreiben.

Mit Abgabe der Angebote sind von den Bietern detaillierte Aussagen zu verlangen, wie die hohen Anforderungen an eine garantierte Ausführungsqualität erfüllt werden sollen. Dazu gehören aussagekräftige Unterlagen zu Themenbereichen wie:

- Sicherstellung der geforderten Materialeigenschaften,
- Umsetzung des zugrunde liegenden Bauverfahrens unter Darlegung der terminlichen Abhängigkeiten bis hin zu detaillierten Fragen des Baustellenmanagements und der Arbeitsvorbereitung,
- Beschreibung des vorgesehenen Messprogramms zumindest als belastbares Konzept für die baubegleitenden Messungen,
- Die geforderte Bearbeitungsstufe ist von der ausschreibenden Stelle ebenfalls exakt und verbindlich vorzugeben. So ist es möglich, die von den Bietern ausgearbeiteten Unterlagen zu vergleichen und zu bewerten,
- Verknüpft man die Kriterien wiederum eindeutig mit Qualitäten, lässt sich dadurch eine aussagekräftige Bewertungsmatrix erstellen. Diese Bewertungsmatrix ist Grundlage für die Beurteilung des technischen Wertes des jeweiligen Angebots. Dieser technische Wert sollte dann auch als Qualitätsmerkmal das entscheidende Kriterium für den Zuschlag sein und nicht nur der billigste Preis.

7.2.2 Arbeitsanweisungen

Unabhängig von der Bauweise sind Arbeitsanweisungen immer dann erforderlich, wenn die allgemeingültigen technologischen Spezifikationen für eine qualitätsgesicherte Umsetzung nicht mehr ausreichen.

Bei integralen Brücken sind folgende Themenbereiche zu beachten:

- Bauablauf: gezielte Steuerung, um Zwangsbeanspruchungen möglichst gering zu halten,
- Verformungs-Kontroll-Register: in detaillierter Form (Soll-Ist-Vergleich), da ein Nachstellen wie bei Lagern nicht ohne Weiteres möglich ist,
- Toleranzen: detaillierte Vorgaben im Rahmen des bautechnisch Möglichen: Beschreibung von Ausgleichs- bzw. Korrekturmaßnahmen z. B. in Form von Über- oder Unterhöhungen,

- Temperaturentwicklung Beton
  - Abfließen Hydratationswärme,
  - Beton-Arbeitslinien,
  - Wärmeentwicklung
    1. Betontechnologie
    2. Nachbehandlung
    3. Kühlen.

7.3 Bauwerkserhaltung

Ein systemimmanenter Nachteil konventioneller Brücken gemäß Abschnitt 2.2 und 2.3 sind die Lager- und Übergangskonstruktionen, also die Bereiche, in denen der „natürliche“ Kraftfluss gestört ist und deshalb Verschleißteile eingebaut werden müssen.

Bei integralen Brücken werden diese Bereiche kraftschlüssig und materialgerecht gefügt, am anschaulichsten durch die monolithische Verbindung von Überbau mit Unterbauten, speziell Rahmenriegel mit Rahmenstiel. Der vermeintliche Nachteil, dass sich aus diesem Konstruktionsprinzip zusätzlich Zwangsbeanspruchungen ergeben, verkehrt sich in sein Gegenteil, weil sich dadurch auch Systeme mit hoher Redundanz und Robustheit ergeben.

Einen ganz wesentlichen Schritt im Sinne der Bauwerkserhaltung macht man, wenn die Bauwerke konsequent in diesem Sinne durchkonstruiert werden:

- Knoten – Verzweigungspunkte. Erhöhung der Rotationsfähigkeit durch konstruktive Maßnahmen wie Verbügelung, Vorspannung.
- Antizipation von Umlagerungsmöglichkeiten. Aufgrund des Bauablaufs ergeben sich oftmals Kapazitätsspitzen an Stellen, an denen sie für den Endzustand nicht mehr erforderlich wären. Durch konstruktive Maßnahmen sollte eine spätere Umlagerung in diese Bereiche hinein als vorausschauende Ertüchtigungsmaßnahme gewährleistet werden.

Bei der ersten „extra-dosed“ Brücke in Deutschland (Bild 3.13), die als semi-integrales Bauwerk hergestellt wurde, sind diese nachhaltigen Konstruktionsprinzipien umgesetzt worden.

- Auflösung der gevouteten Rahmenecke in auf Zug (Überspannung) und auf Druck (Versteifungsträger) beanspruchte Elemente. Eventuell später erforderliche Kapazitätserhöhung ist sehr einfach über zusätzliche Litzen bzw. aufgeschweißte Laschen realisierbar (Bild 7.24).
- Biegesteife Verbindung: Versteifungsträger (Baustahl) mit Stahlbetonstützen (Bild 7.25). Die Knotenbleche für die Kopfbolzendübel werden zusätzlich perforiert. Nachträglich können die so „vorgefertigten“ Betondübel zur Erhöhung der Traglast herangezogen werden.

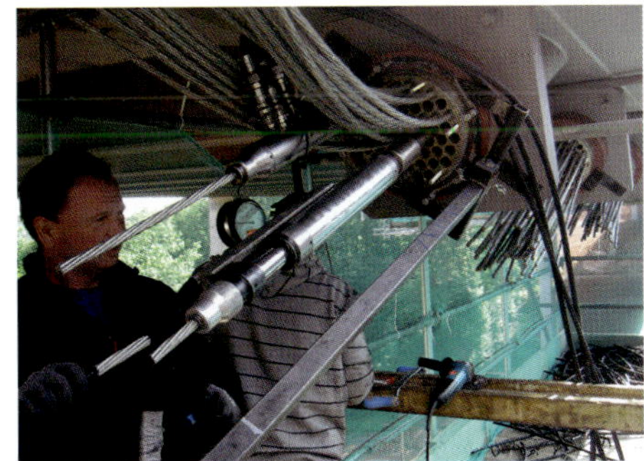

Bild 7.24 Waschmühltalbrücke im Zuge der BAB A 6

Bild 7.25 Waschmühltalbrücke im Zuge der BAB A 6

7.4 Monitoring bei integralen Brücken

Unter Monitoring (Bauwerksüberwachung) wird gemäß österreichischem Merkblatt der RVS 13.03.01 die zerstörungsfreie, messwertgebundene und automatisierte Untersuchung bzw. Überwachungen von Ingenieurbauwerken verstanden. Dazu werden unterschiedliche Sensoren temporär oder permanent am Bauwerk installiert, wobei diese Sensoren in Abhängigkeit von der Aufgabenstellung unterschiedliche physikalische Parameter – die sogenannten Messgrößen – aufzeichnen. Messungen können dabei auf statische Effekte wie beispielsweise die Veränderung des Bauwerks infolge jahreszeitlicher Temperaturschwankungen oder auch auf dynamische Effekte, wie beispielsweise das Verhalten eines Bauwerks infolge des Verkehrs, ausgelegt sein.

Grundsätzlich eignet sich die messtechnische Beobachtung eines Bauwerks für die nachfolgend angeführten Anwendungen [47], wobei insbesondere der zuletzt angeführte Punkt für integrale Bauwerke wesentlich ist:

- Monitoring soll und kann kein Ersatz für herkömmliche Bauwerksprüfungen nach DIN 1076 in Deutschland oder der RVS 13.03.11 in Österreich sein. Durch die Erfassung des realen Bauwerkverhaltens über Messungen kann jedoch den konventio-

nellen Inspektionsmethoden ein objektiviertes Verfahren als Sonderprüfung gegenübergestellt werden und so die Erstellung des Befundes im Rahmen der Beurteilung unterstützen.
- Messungen sind zur Beobachtung bekannter Probleme oder Schäden und deren Veränderung über die Zeit sehr gut geeignet. Durch die Fokussierung auf ein spezielles und dadurch abgegrenztes Problem kann ein maßgeschneidertes Messsystem für die Aufgabenstellung entwickelt und eine Überwachung des Bauwerks bis zu einer geplanten Instandsetzung oder Umsetzung einer baulichen Ersatzmaßnahme durchgeführt werden. Die Messgrößen werden dabei auf ihre zeitliche Entwicklung und in Bezug auf Grenzwerte bewertet. Dabei ist zu berücksichtigen, dass bei solchen Messungen von einem bestimmten Referenzniveau ausgegangen wird und die Belastungsgeschichte bzw. eingeprägte Zustände ingenieurmäßig in die Beurteilung einfließen müssen.
- Messsysteme können Daten über das reale Bauwerksverhalten bereitstellen, die als Vergleichswerte zu den Annahmen einer statischen Berechnung herangezogen werden können oder zur Anpassung von Rechenmodellen an das tatsächliche Bauwerksverhalten für weiterführende Analysen dienen. Dadurch können Erfahrungswerte für den Brückenentwurf abgesichert werden. Des Weiteren wird es auch möglich, eine messtechnische Dokumentation des Bauablaufs komplexer Tragwerke durchzuführen.

Integrale Brücken gelten bei fachgerechter Berechnung, sorgfältiger konstruktiver Durchbildung und dem Stand der Technik entsprechender Herstellung als robuste und dauerhafte Tragwerke. Jedoch kann gerade im Bereich großer integraler Brücken – bei denen im Entwurfs- und Planungsstadium viele Annahmen erforderlich sind – die Durchführung von Messungen sehr wesentlich sein, um für künftige Projekte abgesicherte Daten zum Bauwerksverhalten vorhalten zu können. Lange integrale Bauwerke oder die Anwendung von Sonderkonstruktionen im Widerlagerbereich rechtfertigen häufig eine messtechnische Überwachung ausgehend von der Herstellung. Dadurch kann zum einen eine höhere Planungssicherheit bei neuen Brücken erzielt und der technische Fortschritt, ausgedrückt durch den Normungsstand, positiv beeinflusst werden.

In den nächsten Abschnitten werden daher Anwendungen für die Überwachung integraler Brücken sowie die daraus abgeleiteten Schlussfolgerungen für künftige Entwürfe gezeigt. Wesentliche Messgrößen bei integralen Brücken sind dabei:

- Erddruck hinter dem Widerlager,
- Längenänderung des Tragwerks infolge von Langzeiteffekten und jahreszeitlichem Temperaturverlauf.
- Temperatur als Grundlage der Interpretation für die übrigen Messparameter.

7.4.1 Beispiel Seitenhafenbrücke

Die Seitenhafenbrücke B0245 befindet sich in Wien, Österreich, als Teilstück der Freudenauer Hafenstraße B14 und quert den Donaukanal im Bereich des sogenannten Winterhafens. Der Baubereich ist neben den geometrischen Randbedingungen durch eine Vielzahl großer unterirdischer Einbauten gekennzeichnet, welche nicht verlegt und während der gesamten Bauzeit unter Betrieb gehalten werden mussten. Im Zuge eines Brückenwettbewerbs hat sich das beschriebene Bauwerk durch das architektonische Konzept [48, 49] und die Wirtschaftlichkeit der integralen Bauweise – insbesondere durch die Vorteile in der Erhaltung – durchgesetzt.

Entworfen wurde ein dreifeldriges Stahlbeton-/Spannbetonbauwerk in integraler Bauweise für den Straßenverkehr mit baulich getrennter Führung des Fuß- und Radverkehrs. Die Mittelstützen werden durch jeweils acht geneigte Stahlrohre gebildet, die paarweise zu den Auflagerpunkten zusammengeführt werden. Der Kreuzungswinkel zwischen Überbau und Unterbau liegt bei 83°. Die Einzelstützweiten betragen 32,0 m + 64,69 m + 32,0 m. Die Gesamtlänge des Bauwerks beträgt 128,69 m und stellt somit die aktuell längste integrale Brücke Österreichs dar (Bild 7.26).

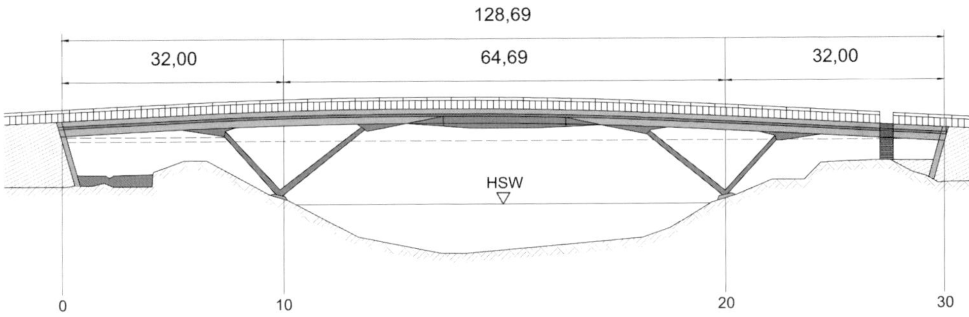

Bild 7.26 Anlageverhältnisse der Seitenhafenbrücke [50]

Der 15 m breite Überbau des Tragwerks weist im Bereich der Seitenfelder sowie bei den Stahlstützen einen plattenförmigen Querschnitt mit 1,0 m Bauhöhe auf. Das Mittelfeld wird durch acht vorgespannte Plattenbalken gebildet, welche nach Herstellung der Seitenfelder und Abklingen eines Großteils der Kriech- und Schwindverformungen als Fertigteile eingehoben wurden und in Feldmitte eine Höhe von 1,35 m aufweisen.

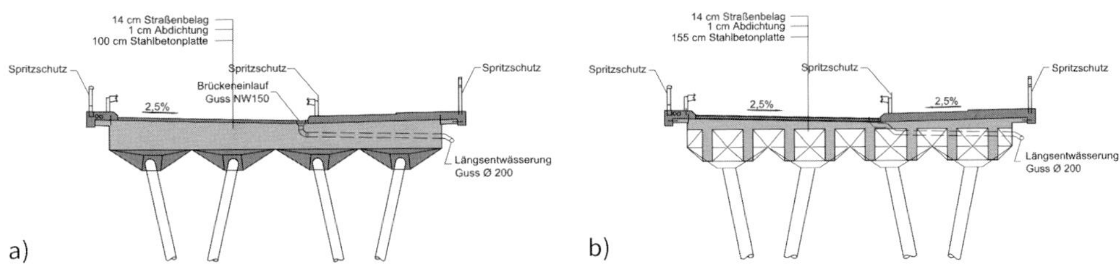

Bild 7.27 Querschnitte der Seitenhafenbrücke; a) Mittelfeld, b) Stützenachse [50]

Die Besonderheit des Tragwerks besteht darin, dass im Zuge der Planung konsequent das Konzept des flexiblen Widerlagers [21] angewendet wurde. Daher wurden zwischen dem eigenstandsicheren, mit Geotextilien bewehrten Steildamm und dem Widerlager Weicheinlagen mit einer Stärke von 15 cm eingebaut, welche eine zwängungsfreie Längsverschieblichkeit des Tragwerks gewährleisten sollen. Zusätzlich wurde – um den Effekt der elastischen Bettung zu verstärken – auch im Kopfbereich der einreihig ausgeführten Bohrpfähle eine entsprechende Ummantelung mittels Weicheinlagen durchgeführt. Dazu wurden die obersten 4 m der Pfähle unterhalb des Pfahlrostes der Widerlagerachsen mit einem 3 mm dicken Mantelrohr aus Stahl überbohrt, welches innen mit EPS ausgekleidet wurde.

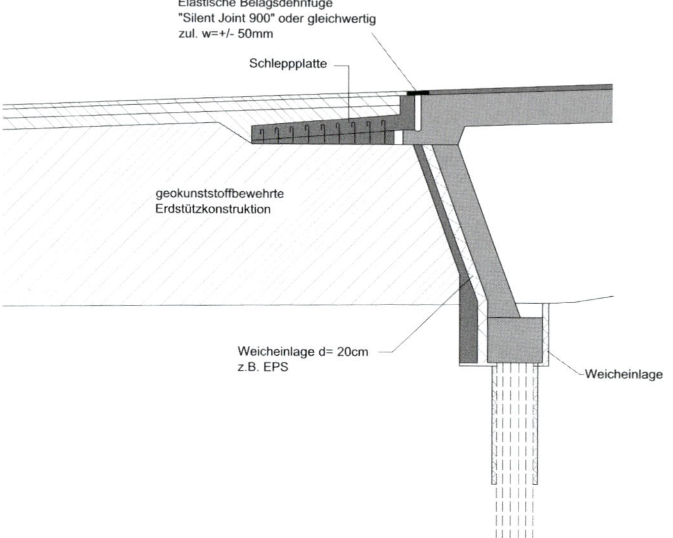

Bild 7.28 Ausführungsdetail des Widerlagers [50]

Bild 7.29 Ansicht der Seitenhafenbrücke

An das Widerlager anschließend befindet sich eine 5 m lange Schleppplatte. Diese wurde gleitend an das Tragwerk angeschlossen, um Längsbewegungen zwischen Widerlager und Schleppplatte zuzulassen. Zur Aufnahme der Längsbewegungen im Fahrbahnbelag wurde eine Belagsdehnfuge über die gesamte Breite des Brückenbauwerks vorgesehen. Im Sinne der österreichischen Definitionen handelt es sich somit streng genommen um eine lagerlose semi-integrale Brücke (siehe Abschnitt 2.1).

Die Errichtung des Bauwerks erfolgte in den Jahren 2010 bis 2011; die Eröffnung und Verkehrsfreigabe wurde im November 2011 durchgeführt. Bauherr der Brücke war das Magistrat der Stadt Wien, Abteilung Brückenbau und Grundbau.

Die Brücke repräsentiert derzeit das längste integrale Tragwerk in Europa, bei der das flexible Widerlager verwendet wurde. Bei der Bemessung der Seitenhafenbrücke wurde daher nur ein minimaler Erddruck als Einwirkung berücksichtigt. Die Widerlagerdetails und die zugehörigen Annahmen sowie das komplexe Tragverhalten führten daher bereits in der Planungsphase zu dem Entschluss, ein Monitoringsystem in der Bauausschreibung zu berücksichtigen und dieses bei Fertigstellung des Objekts in Betrieb zu nehmen.

Bei zunehmender Bauwerkslänge integraler Brücken können die aus Zwängen entstehenden Beanspruchungen eine Größenordnung erreichen, die durchaus bemessungsrelevant sind. Die Messungen sollten daher Aufschluss darüber geben, ob die Annahmen der Berechnung insbesondere bezüglich des Erddrucks zutreffend waren und ob das Bauwerk plangemäß funktioniert. Aufgabenstellung für die Auslegung des Überwachungssystems für die Seitenhafenbrücke waren daher im Wesentlichen folgende Punkte, um das Verhalten des Bauwerks über die Zeit besser beurteilen zu können [51]:

- Überprüfung der Ansätze für das Konzept des flexiblen Widerlagers mit elastischen Zwischenschichten hinter dem Widerlager und einem geotextilbewehrten und eigenstandsicheren Dammkörper. Dazu wurden hinter einem Widerlager mehrere Erddrucksensoren eingebaut.
- Durchführung von Messungen der Längenänderung des Tragwerks mittels Laser, um die Ergebnisse des Erddrucks sowie der vertikalen Tragwerksverformung korrelieren zu können.
- Ermittlung der statischen Verformungen (vertikal) des Bauwerks unter Benutzung einer Schlauchwaage über den jahreszeitlichen Verlauf an ausgewählten Punkten und Vergleich mit den Annahmen der statischen Berechnung.
- Verhalten der flexiblen Stahlstützen über den jahreszeitlichen Verlauf, insbesondere deren Lageveränderungen durch Messung der Neigung.
- Ermittlung der Bauwerkstemperatur über den jahreszeitlichen Verlauf als Grundlage für die Interpretation aller anderen Messparameter.
- Automatische Datensicherung durch eine Messstation am Brückenobjekt.
- Datenübertragung über eine Internetverbindung mit schneller Möglichkeit der Ergebnisdarstellung auch ohne aufwendige Spezialprogramme.
- Laufende Berichterstattung über die Messergebnisse und Vergleich mit den Annahmen der statischen Berechnung.

Auf Basis dieser Festlegungen wurde ein maßgeschneidertes Monitoringsystem konzipiert, welches auf bewährte Bauteile und Komponenten zurückgreift. Hierfür wurde – aufbauend auf der Ausschreibungsplanung zur Vergabe der Leistungen – eine eigene Detailplanung mit Montagepositionen der Sensoren, zugehörigen Nischen und Durchbrüchen, Kabelführungsplänen und Detailzeichnungen der Lage und Ausführung von Basisstation und Sensorknoten angefertigt und in den Planungs- und Prüflauf einbezogen. Die zur Messung der vertikalen Verformungen vorgesehene Schlauchwaage erforderte durch die Notwendigkeit einer möglichst genauen Höhenpositionierung der Sensoren im Vergleich zum Referenzgeber am Widerlager eine besonders intensive Abstimmung aller am Projekt Beteiligten. In Bild 7.30 wird die Anordnung der Sensoren am Bauwerk schematisch gezeigt, wobei (B) für die Basisstation, (E) für Erddrucksensoren, (N) für Neigungsaufnehmer, (T) für Temperatursensoren, (L) für Laser, (R) für die passiven Reflektoren und (S) für die Schlauchwaagen steht.

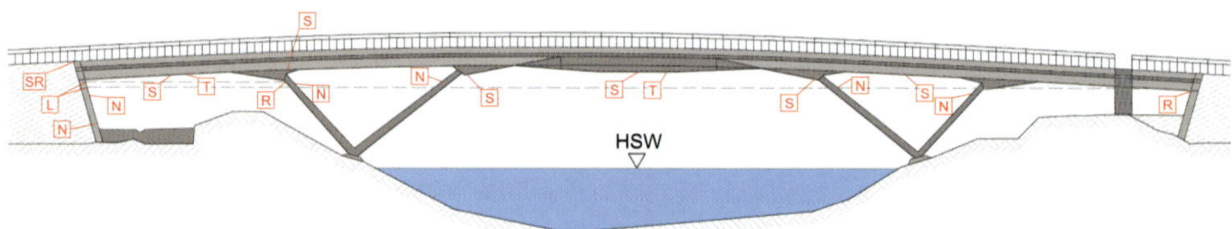

Bild 7.30 Sensorpositionen für die Seitenhafenbrücke

Durch die Berücksichtigung des Systems im Zuge der Planungsarbeiten konnte eine nachträgliche Aufputzmontage verhindert und das architektonische Erscheinungsbild der Brücke dadurch nicht beeinträchtigt werden. Im Zuge der Ausführung wurden Leerrohre, Zugdosen, Montageschächte und eine Nische für die Basisstation in der geneigten Widerlagerwand von der ausführenden Firma vorgesehen. Durch die gemeinsame Vergabe des Monitoringsystems mit der Bauleistung konnten die Investitionskosten im Vergleich zu den Gesamtherstellkosten des Bauwerks niedrig gehalten und Schnittstellen reduziert werden. Dazu wurde eine Ausschreibungsplanung erstellt und die zugehörigen Positionen wurden in das gesamte Leistungsverzeichnis als eigene Obergruppe integriert.

Das Monitoringsystem

Um die Anforderungen aus der Praxis in Hinblick auf die unterschiedlichsten Messaufgaben bei Bauwerken zielführend abdecken zu können, wurde ein digitales Monitoringsystem (DDMS – Distributed Digital Monitoring System) entwickelt, welches sich bereits in mehreren Anwendungen ausgezeichnet bewährt hat. Das Konzept ermöglicht grundsätzlich einen Einsatz mit den unterschiedlichsten Sensortypen und eröffnet so der Bauwerksüberwachung viele neue Anwendungsgebiete, da einerseits statische Messungen mit niedrigen Abtastraten als auch dynamische Messungen mit sehr hohen Abtastraten von mehreren kHz möglich sind. Gemäß der Aufgabenstellung wurde vom ausführenden Unternehmen ein System angewendet, das aus folgenden Kernkomponenten besteht:

- Messzentrale,
- Datenknoten und Verkabelung,
- Laser-Sensoren,
- Temperatursensoren,
- Schlauchwaage,
- Neigungssensoren,
- Erddruckgeber,
- zugehörige Messsoftware.

Für die Sammlung aller Messdaten an einem zentralen Ort, Speicherung und Fernübertragung der Files, wurde eine Messzentrale (Basisstation) mit Datenübertragung eingerichtet. Für diese wurde im Widerlager Achse 0 eine Nische erstellt, in welche die Komponenten des Monitoringsystems eingebaut wurden (Bild 7.31a)). Die Verkabelung des Messsystems erfolgte über Leerrohre, diese wurden in der Widerlagernische gebündelt. Zum Schutz des Monitoringsystems wurde dieser Bereich mit einer speziell dafür angefertigten Stahltür als Vandalismusschutz gesichert (Bild 7.31b)).

a)

b)

Bild 7.31 Monitoringzentrale in der Nische (a), verschlossene Nische (b)

Die Monitoringzentrale beinhaltet die komplette Steuerung (Intelligenz) des Systems, eine unterbrechungsfreie Stromversorgung USV für eine Betriebsstunde sowie alle Komponenten zur Datenfernübertragung. Die Anlage wird von einem eigenen Computer überwacht und gesteuert. Das Kernstück der Anlage ist ein Server, welcher die Messdaten der (digitalen) Sensoren aufzeichnet und synchronisiert. Die Datenerfassung bis zu 1 kHz Abtastrate und die Zeitsynchronisierung wird durch spezielle Echtzeitlogger durchgeführt.

Die Messwerte der Brückenverformung, Längenänderung, Neigung, Temperatur und des Erddrucks werden mit 1 Hz (d. h. 1 Messwert je Sekunde) gemessen und alle 30 Minuten gemittelt abgespeichert, da es sich dabei um statische Parameter handelt. Die Datenfernübertragung erfolgt über 2 UMTS-Modems.

An die Basisstation werden die einzelnen Sensoren angeschlossen. Eine digitale Sensoreinheit besteht aus dem eigentlichen Messwertaufnehmer sowie einem 19 Bit analog/digital (A/D) Konverter in einem sehr robusten und je nach Anforderung spritzwasserdichten Stahlgehäuse. An einen solchen Datenknoten können grundsätzlich mehrere Sensoren angeschlossen werden. Die Länge des analogen Datenkabels zwischen Messwertaufnehmer und Datenknoten soll möglichst kurz sein, da ansonsten eine Störungsanfälligkeit gegenüber elektrischen und magnetischen Feldern möglich ist. Die Datenübertragung über große Entfernungen zwischen Knoten und Basisstation erfolgt über ein störunempfindliches digitales Bus-Kabel. Aufgrund dieser Umstände kommt einer detaillierten Systemplanung daher besondere Bedeutung zu.

Alle Kabel werden in Kunststoffleerrohren geführt, welche vorab in die Schalung eingelegt wurden. Das Einziehen der Kabel erfolgte im Anschluss über Kabelziehschächte.

Um die Längenänderungen des Bauwerks infolge des zeitabhängigen Betonverhaltens und der Temperatur zu überwachen, wurde ein berührungsloses Messsystem basierend auf Laser-Distanz-Sensoren vorgesehen. Der Sensor L1 (siehe Bild 7.32) misst die Längenänderung zwischen beiden Widerlagern (Achse 0 – Achse 30). In Achse 0 sind die Sensoren montiert und in Achse 30 ist die Reflektorplatte angeordnet. Sensor L2 misst nur die Längenänderung zwischen Widerlager Achse 0 und der Stahlstütze vor Achse 10, da die Reflektorplatte unter dem Brückentragwerk am Kopf der Stahlstütze befestigt ist.

Bild 7.32 Lasersensoren noch ohne Vandalismusschutz

Der Laser ist nicht für Dauerbetrieb konfiguriert, sondern wird in regelmäßigen Intervallen (Messung jede Sekunde) aktiviert und ein Messwert aufgezeichnet. Dies führt über die Erstellung von gemittelten Halbstundenwerten einerseits zu einer ausreichend großen Anzahl von Messwerten über einen Tag und andererseits zu einer Schonung des Lasers, um eine möglichst lange Lebensdauer zu gewährleisten.

Grundsätzlich kann mit dem Laser auf allen opaken Materialien gemessen werden, wenn diese keine spiegelnden Oberflächen besitzen. Da im Falle der Seitenhafenbrücke am Objekt selbst kein eindeutiger Messpunkt festgelegt werden konnte, wurde auf Basis der bisherigen Erfahrungen entschieden, Reflektorplatten einzusetzen (Bild 7.33).

Bild 7.33 Reflektorplatte am Widerlager Achse 30

Die Größe der Reflektorplatten ergibt sich aus der zu messenden Länge, da einerseits bei größeren Platten die Treffsicherheit erhöht und andererseits der Laserpunkt mit zunehmender Länge auch einen größeren Durchmesser aufweist.

Um einen ausreichenden Witterungs- sowie Vandalismusschutz der Laser zu gewährleisten, wurden diese mit einer Abdeckung versehen und mit dem Tragwerk verschraubt. Zur genauen Zieleinrichtung wurden Montageplatten unter den Lasern vorgesehen, welche eine feine Justierung über Stellschrauben ermöglichen.

Die eingesetzten Geräte sind der Laserklasse 2 zuzuordnen. Dies ist wesentlich, da sich im Laserstrahl durch den Uferbegleitweg sowie den Schifffahrtverkehr unter Umständen Personen aufhalten können. Geräte der Klasse 2 besitzen einen sichtbaren Laser mit kleiner Leistung (< 1 mW). Eine Schädigung des Auges ist dabei nur möglich, wenn man für eine lange Zeitperiode (> 15 Minuten) direkt in den Laserstrahl schaut. Dabei ist zu beachten, dass im Normalfall – wenn helles Laserlicht in die Augen trifft, die Augen reflexartig geschlossen werden. Dieser Reflex schützt vor einer Beschädigung der Augen durch Laser der Klasse 2. Weitere Vorkehrungen wurden daher diesbezüglich nicht getroffen.

Ein maßgebender Parameter, welcher zur Interpretation aller Messdaten erforderlich ist, ist die Bauwerkstemperatur. Dadurch kann einerseits der tatsächlich auftretende Temperaturgradient des Tragwerks im Vergleich zu den normativen Festlegungen geprüft und andererseits die Ergebnisse des Erddrucks sowie der Längenänderungen korreliert werden.

Der Sensor T1 wurde im Feld zwischen Achse 0 und Achse 10 angeordnet. Sensor T2 wurde in Tragwerksmitte montiert, bei welchem stärkere Schwankungen zu erwarten sind, da er gegenüber den Umwelteinflüssen exponierter ist. Anzumerken ist, dass für Monitoringsysteme eine größere Anzahl von Temperatursensoren vorgesehen werden sollte, als dies bei der Seitenhafenbrücke der Fall war, da durch unterschiedliche Temperaturverläufe im Tragwerk und an unterschiedlichen Stellen ebenfalls wesentliche Schlussfolgerungen zum Bauwerksverhalten abgeleitet werden können.

Zur Kontrolle der vertikalen Verformungen des Tragwerks an ausgewählten Punkten wurde eine elektronische Schlauchwaage vorgesehen. Grundsätzlich handelt es sich bei diesem Messgerät um ein hydrostatisches Setzungsmesssystem (Bild 7.34). Der Schweredruck des Füllmediums in einem Referenzbehälter belastet über eine Schlauch-

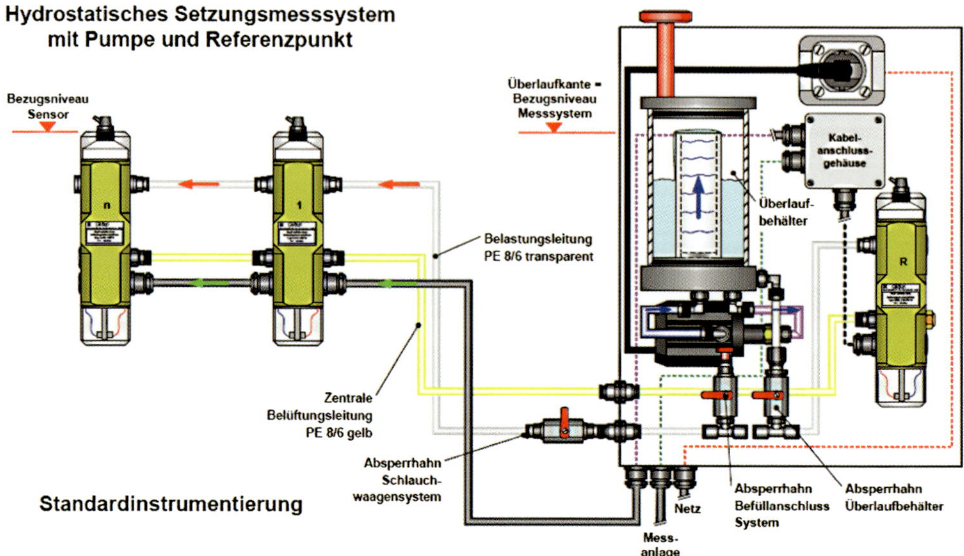

Bild 7.34 Schema eines Schlauchwaagen-Messsystems [52]

verbindung die einzelnen Drucksensoren, die an den unterschiedlichsten Stellen am Objekt angebracht werden. Der angezeigte Messwert entspricht der Höhendifferenz einer einzelnen Systemmessstelle im Bezug zur offenen Flüssigkeitsoberfläche der Referenzmessstelle oder im Ausgleichsbehälter.

Die Messstellen können in beliebiger Anordnung innerhalb des Messbereichs im Bauwerk selbst angebracht werden. Der genauen Planung der einzelnen Sensorposition kommt daher entscheidende Bedeutung zu, da sich die Pegelhöhen nur in einem relativ schmalen Band von ± 200 mm einstellen lassen. Die Ausführung der Seitenhafenbrücke in einer Kuppe erforderte diesbezüglich bei der Detailplanung ausreichend große Schächte, in denen die Sensoren in der Höhenlage feinjustiert werden konnten. Der Referenzaufnehmer bei Achse 0 muss außerhalb des Bauwerks angebracht sein und darf durch Bewegungen des Objekts nicht beeinflusst werden, da darauf alle anderen Sensoren bezogen werden. Da das Tragwerk jedoch relativ stark bewehrt ist, war die

a)

b)

Bild 7.35 a) Schachtabdeckung und b) Reflektorplatte

Umsetzung der Nischen eine große Herausforderung für alle Projektbeteiligten. Beim fertigen Projekt sind die einzelnen Messstellen nur noch durch die zugehörige Schachtabdeckung an der Unterseite des Tragwerks erkennbar (Bild 7.35).

Neben den Vorteilen der genauen Erfassung der Höhendifferenzen und der Eignung des Systems für Langzeitmessungen ist die hohe Komplexität der Schlauchwaage ein großer Nachteil bei deren Anwendung. Neben einer präzisen Montage innerhalb eines bestimmten Höhenbandes sind die aufwendige Verbindung der einzelnen Sensoren untereinander und mit dem Referenzaufnehmer, eine komplexe Temperaturkompensation und das Erfordernis einer regelmäßigen Wartung anzuführen. Alternative Messmethoden wie beispielsweise zusätzliche Laser oder die Anordnung einer Totalstation haben jedoch andere Nachteile, welche den Aufwand für den Einsatz der Schlauchwaage rechtfertigen [51].

Zusätzlich zur Erfassung der Längenänderung und der Durchbiegung erfolgte die Beobachtung der Neigungsänderungen ausgewählter Punkte (Bild 7.36). Die Sensoren N1 und N2 sind an der Widerlagerwand Achse 0 montiert, wobei Sensor N1 am Fußpunkt und der Sensor N2 im Rahmeneck zum Tragwerk angeordnet wurde.

Bild 7.36 Installierter Neigungssensor mit Temperatursensor

Die Sensoren N3 bis N6 sind im Kopfbereich der Stahlstützen montiert, wobei alle 4 Stahlstützen in Längsrichtung in derselben Achse instrumentiert wurden. Die Neigungssensoren waren auch als redundantes Messsystem zu den Schlauchwaagen gedacht.

Ein besonders maßgebender Parameter bei integralen Brücken ist der Erddruck, welcher sich hinter dem Widerlager aufbaut und sich über den Lebenszyklus durch die wechselnden Längenänderungen des Bauwerks (Ausdehnung und Verkürzung durch Temperatureinflüsse) und dadurch entstehende Verdichtungseffekte eventuell auch verändern kann.

Da die Variation des Erddrucks infolge Längsausdehnung auf das Bauwerk gemessen werden sollte, erfolgte die Montage der Aufnehmer direkt auf der Weicheinlage nach

Herstellung des geotextilbewehrten Dammkörpers (Bild 7.37). Diese Ebene wurde auch gleichzeitig als Schalung für die Herstellung des nach hinten geneigten Widerlagers verwendet und so die Aufnehmer zwischen Weicheinlage und Rückwand des Widerlagers angeordnet. Diese Sensoren stellen im Wesentlichen Spannungsaufnehmer dar, welche in einer elektrischen Ausführung mit hydraulischem Druckkissen und Drucksensor ausgerüstet sind und sich für Messungen bis 600 bar eignen. Je nach Anwendungsbereich ist dieser Erddruckgeber mit unterschiedlichen Druckkissengrößen in rechteckiger oder kreisrunder Form erhältlich. Bei der Seitenhafenbrücke wurden Erddruckgeber mit einer Kissengröße von 100/200 mm eingesetzt.

Bild 7.37 Auf der Weicheinlage befestigte Erddruckaufnehmer (Foto: S. Dallinger)

Alle Messdaten werden vom Server auf der Brücke gespeichert und über eine UMTS-Verbindung regelmäßig auf ein Webportal hochgeladen. Die Visualisierung der Daten über einen benutzerdefinierten Zeitraum ist direkt auf dem Internetportal möglich. Zusätzlich erfolgt die Ergebnisdarstellung über Halbjahresberichte an den Brückenerhalter, in denen insbesondere der Vergleich zu den Annahmen in der Planungsphase sowie normativen Festlegungen im Detail analysiert wird.

Ergebnisse

Nach Installation des gesamten Systems und erfolgter Inbetriebnahme im Dezember 2011 wird seither unterbrechungsfrei das Tragwerksverhalten aufgezeichnet und in Bezug auf die statische Berechnung interpretiert. Die Temperaturmessungen zeigten bisher eine Maximaltemperatur von ca. 34 °C bei T1 im Juli 2013. Die bisher tiefste Temperatur wurde Anfang Februar 2012 in einer starken Kälteperiode mit −11 °C bei T2 erreicht. Im Messverlauf ist erkennbar, dass der exponierte Sensor T2 in Tragwerksmitte erwartungsgemäß stärker auf Temperaturschwankungen reagiert (Bild 7.38). Die gemessene Bauwerkstemperatur ist wesentliche Grundlage für die Interpretation aller übrigen Messdaten – insbesondere, um eine Unterscheidung von gewöhnlichen (temperaturbedingten) und außergewöhnlichen Veränderungen des Tragwerksverhaltens zu ermöglichen.

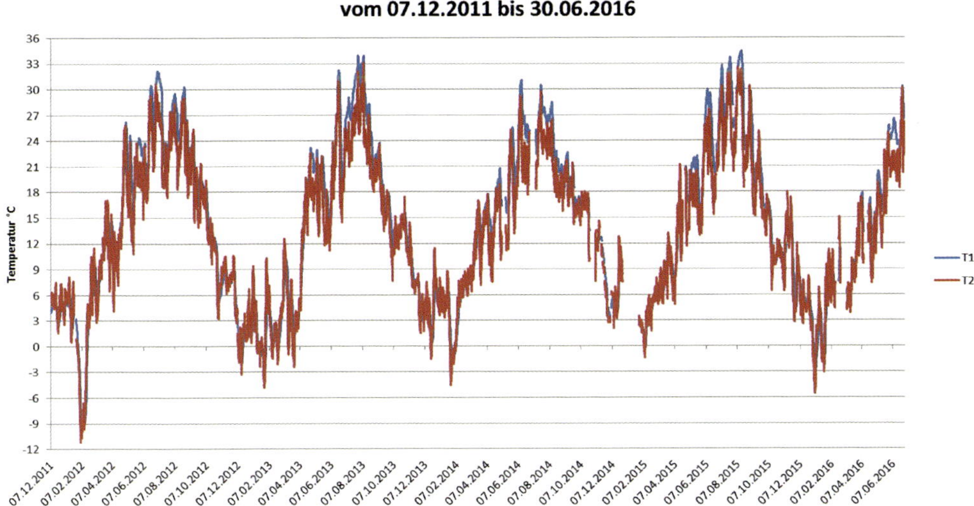

Bild 7.38 Gemessener Temperaturverlauf über den gesamten Beobachtungszeitraum

Bisher sind somit folgende Temperaturgradienten aufgetreten, wobei die Angabe bezogen auf eine fiktive Mitteltemperatur erfolgt:

$T_{1,max} = \pm 21{,}5$ °C (Mitteltemp. +13,6 °C mit max. +34 °C und min. –9 °C)

$T_{2,max} = \pm 22$ °C (Mitteltemp. +12,2 °C mit max. +33 °C und min. –11 °C)

In Bezug auf die EN 1991-1-5 wurde für die statische Berechnung folgender Temperaturbereich für das Betontragwerk und die Stahlstützen angesetzt:

$T_{Betontragwerk,max} = +39$ °C (gemessen +34 °C im Juli 2013)

$T_{Betontragwerk,min} = -18$ °C (gemessen –11 °C im Februar 2012)

$T_{Stahlstützen,max} = +55$ °C

$T_{Stahlstützen,min} = -28$ °C

Es zeigt sich, dass die aktuellen Temperaturschwankungen weiterhin innerhalb der normativen Bemessungswerte für die Schnittgrößen (± 28,5 °C für Betontragwerk und ±41,5 °C für die Stahlstützen) sowie innerhalb der angeführten Maximalwerte liegen.

Die in der Statik zugrunde liegenden Fahrbahnübergänge (Belagsdehnfugen) bei den Widerlagern Achse 0 und 30 weisen einen maximalen Dehnweg von ± 50 mm auf. Die maximale Längenänderung ist daher mit 100 mm begrenzt. Daher sind die gemessenen Längenänderungen (Bild 7.39) auch im Hinblick auf die Funktion der Belagsdehnfuge wesentlich.

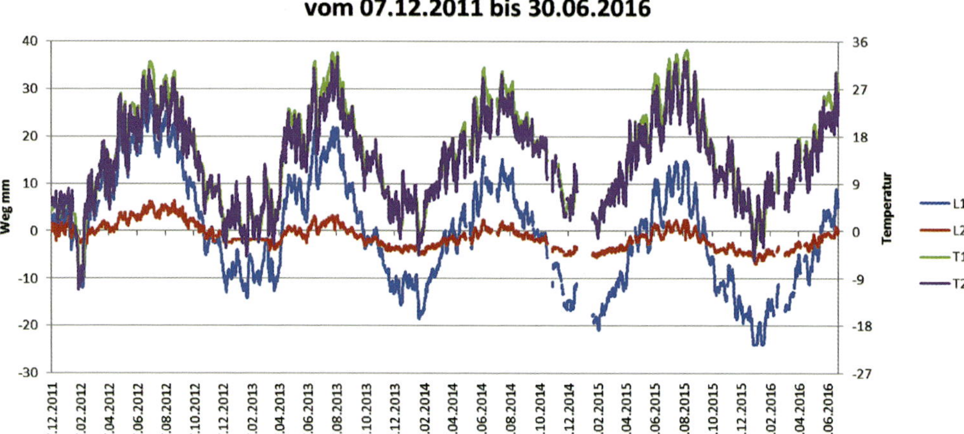

Bild 7.39 Längenänderungen des Tragwerks

Die bisher gemessene maximale Längenänderung (gesamter Dehnweg) für Sensor L1 über den jahreszeitlichen Verlauf beträgt ca. 40 mm. Die größten Bewegungen wurden im ersten Messjahr 2012 aufgezeichnet, in welchem Kriechen und Schwinden einen zusätzlichen Effekt auf die Längenänderung hatten. Diese Längsbewegungen wurden in den Folgejahren annähernd erreicht (2013 = 36 mm / 2014 = 35 mm / 2015 = 35 mm / 2016 = 33 mm). Im Jahr 2012 wurden im bisherigen Beobachtungszeitraum die Temperaturmaxima erreicht. Der gesamte Dehnweg liegt weiterhin weit unter der maximal zulässigen Längenänderung von 100 mm. Im Vergleich von Temperatur mit Längenänderung zeigt sich, dass der Dehnweg des Brückentragwerks mit den Temperaturschwankungen eine gute Korrelation zeigt. Bei Sensor L2 beträgt die bisher gemessene maximale Längenänderung ca. 10 mm. Diese Bewegungen wurden in den Folgejahren annähernd erreicht (Bild 7.39).

Durch das Konzept des flexiblen Widerlagers war es eigentlich nicht erforderlich, einen Erddruck für die Bemessung aufgrund der normativen Temperaturen anzusetzen. Es wurde jedoch aus Sicherheitsgründen und Mangel an Erfahrung mit diesem Widerlagertyp entschieden, einen maximalen Erddruck von 50 kN/m² als Einwirkung für das Tragwerk anzusetzen. Die Aufzeichnungen über den bisherigen Beobachtungszeitraum zeigen Schwankungen des Erddrucks von etwa 1 kN/m² (Bild 7.40). Die Messdaten zeigen generell eine gute Korrelation zur aufgezeichneten Temperatur und Längenänderung und liegen deutlich unterhalb der rechnerischen Annahmen. Daraus kann geschlossen werden, dass die Längenänderungen von den elastischen Eigenschaften der eingebauten Weicheinlage sehr gut aufgenommen werden können und das Konzept des flexiblen Widerlagers nachweislich funktioniert.

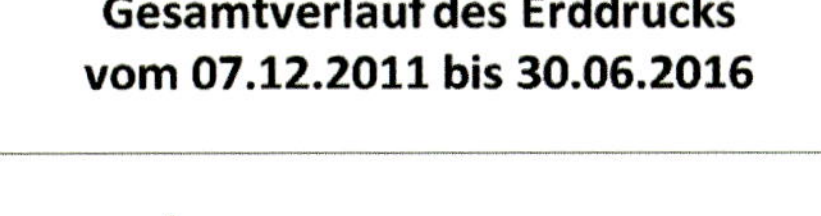

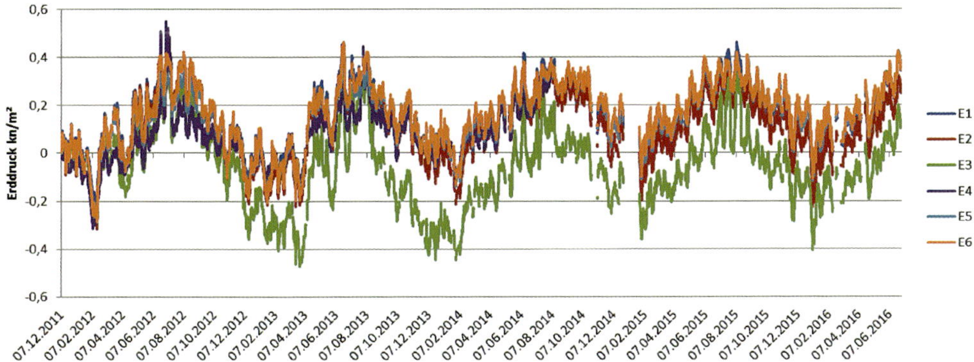

Bild 7.40 Gemessener Erddruckverlauf über den Beobachtungszeitraum

Bei der Beobachtung der vertikalen Verformungen wurde erwartungsgemäß ein Maximum bei Sensor 4 in Feldmitte erfasst. Die gesamte Bewegung im Beobachtungszeitraum liegt für diesen Sensor bei 54 mm (+36 mm und −18 mm). Ein positives Vorzeichen entspricht in diesem Zusammenhang einer Bewegung nach oben, ein negatives Vorzeichen einer Durchbiegung des Messpunktes nach unten.

Durch Kriechen und Schwinden nach Herstellung und die hohen Lufttemperaturen zu Aufzeichnungsbeginn wurden die maximalen Bewegungen bereits im Jahr 2012 erreicht und seither nicht mehr überschritten. Die Reaktion des Tragwerks auf Temperaturänderung ist in den Folgejahren deutlich zu erkennen (Bild 7.41).

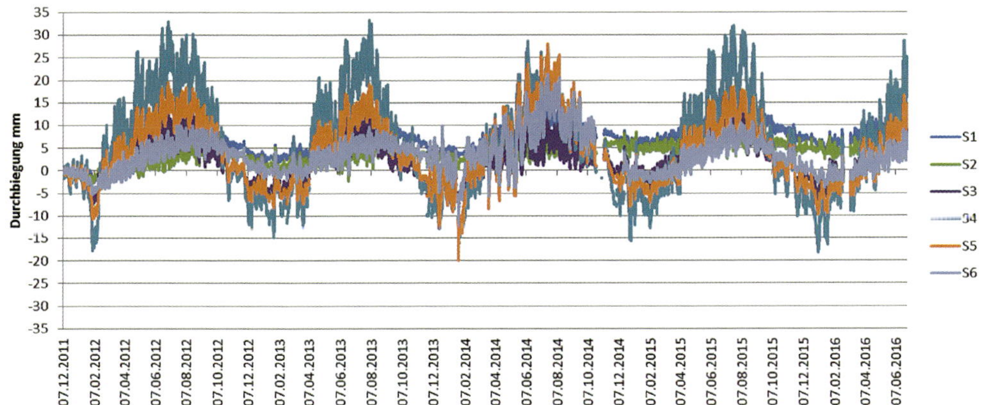

Bild 7.41 Gemessene Tragwerksbewegungen in vertikaler Richtung

Gemäß Berechnung ist eine vertikale Verformung von 44 mm bei den angenommenen maximalen Temperaturänderungen von 57 °C (+39 °C bis −18 °C) zu erwarten. Bei den bisher gemessenen Temperaturdifferenzen von 45 °C (+34 °C bis −11 °C) ist rechnerisch eine vertikale Verformung von ca. 35 mm zu erwarten. Berücksichtigt man zusätzlich noch die möglichen vertikalen Verformungen durch Schwinden und Kriechen (max. 19 mm), dann liegen die gemessenen Verformungen im Rahmen der Erwartungen.

Das Tragwerk reagiert damit auf Temperaturveränderungen plangemäß. Bei Abkühlung kommt es durch die Verkürzung zu einer Bewegung des Mittelfeldes nach unten, bei Erwärmung kommt es hingegen durch die Ausdehnung des Tragwerks zu einer Hebung des Mittelfelds gemäß Bild 7.42. Dieses Verhalten konnte in den Messdaten eindeutig verifiziert werden.

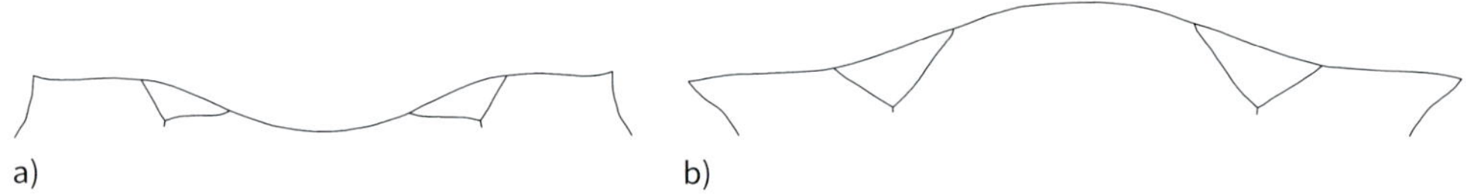

Bild 7.42 Tragwerksverhalten bei a) Abkühlung und b) Erwärmung

Die Neigungssensoren N1 und N2 sind an der Widerlagerwand Achse 0 befestigt, wobei Sensor N1 am Fußpunkt und der Sensor N2 im Rahmeneck montiert ist. Die Änderung der Neigung bei Sensor N1 ist stärker ausgeprägt als bei Sensor N2 (Bild 7.43). Dieser Umstand ist einerseits auf den Einfluss der flexiblen Gründung bzw. andererseits auf das relativ steife Rahmeneck zurückzuführen.

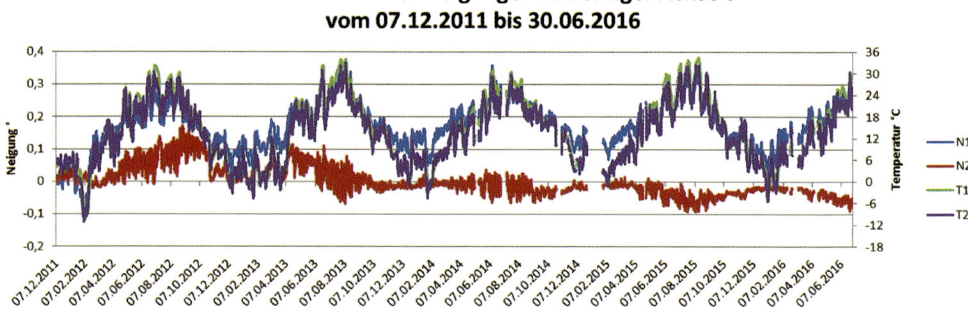

Bild 7.43 Gemessene Neigungsänderungen bei Achse 0

Bild 7.44 zeigt die Neigungsänderungen der Stahlstützen. Die Sensoren N3 bis N6 sind im Kopfbereich der Stahlstützen montiert, wobei alle 4 Stützen in Längsrichtung in derselben Achse instrumentiert wurden. Bei einer Erwärmung und Tragwerksausdehnung bewegen sich beide Stützenköpfe in Richtung der Widerlager. Daher erhöhen sich die Neigungen, wobei die Sensoren N3 und N4 positive Verdrehungen und die Sensoren N5 und N6 erwartungsgemäß negative Vorzeichen aufweisen.

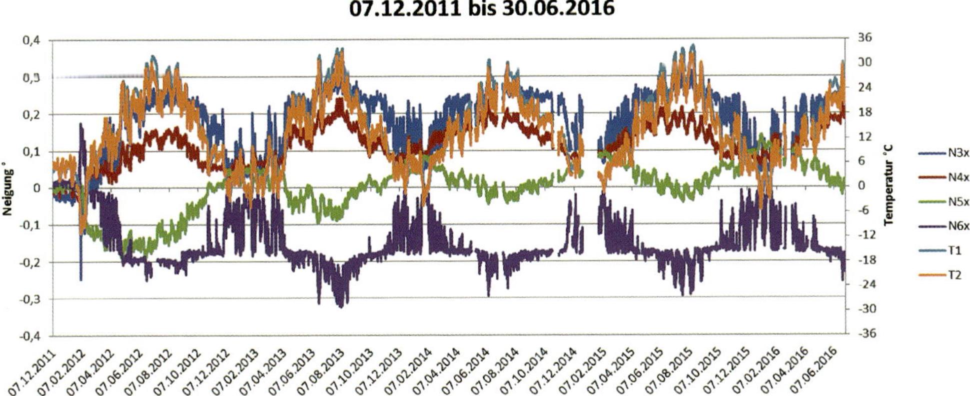

Bild 7.44 Gemessene Neigungsänderungen der Stahlstützen

Während der bisherigen Beobachtungsdauer wurden bei keinem der überwachten Parameter die statisch ermittelten Grenzwerte überschritten. Die Verformungen, Neigungen und Erddrücke korrelieren sehr gut mit den gemessenen Temperaturänderungen. Die Messwerte werden auch über die nächsten Jahre hinweg überprüft, um Erkenntnisse für den Entwurf neuer integraler Bauwerke nutzen zu können. Die Berücksichtigung von Monitoringsystemen bereits in der Planungsphase ist für besondere Objekte oder die Beobachtung des Tragwerkverhaltens über die Zeit eine gute Investition in unseren Bauwerksbestand und ermöglicht so Annahmen abzusichern und diese der weiteren Entwicklung des Stands der Technik zugrunde zu legen.

7.4.2 Beispiel Oberwarter Brücke

Die Bezirkshauptstadt Oberwart im Burgenland, Österreich, wird durch die Landesstraße B 63a umfahren. Im Zuge der Straße war es notwendig, die Landesstraße B 63, eine Strecke der Österreichischen Bundesbahn sowie lokale Erschließungswege niveaufrei zu queren. Aus diesen Randbedingungen und den daraus erforderlichen Lichträumen hat sich die Ausführung eines Überbaus mit vier Feldern als zweckmäßigste Lösung herausgestellt (Bild 7.45). Die Stützweiten des Stahlbetontragwerks betragen 16,8 m + 28,0 m + 28,0 m + 16,8 m, wodurch sich eine Länge von 89,6 m ergibt. In einem gemeinsamen Entwurfsprozess zwischen Bauherr und Planer wurde ein im Grundriss leicht gekrümmtes Tragwerk mit plattenförmigem Überbau in integraler Bauweise und geneigten Mittelstützen entworfen. Die schrägen Stahlstützen wurden neben ästhetischen Gründen auch zur Verringerung der Einzelstützweiten und zur Vermeidung von hohen Lastkonzentrationen in den Stützenachsen gewählt.

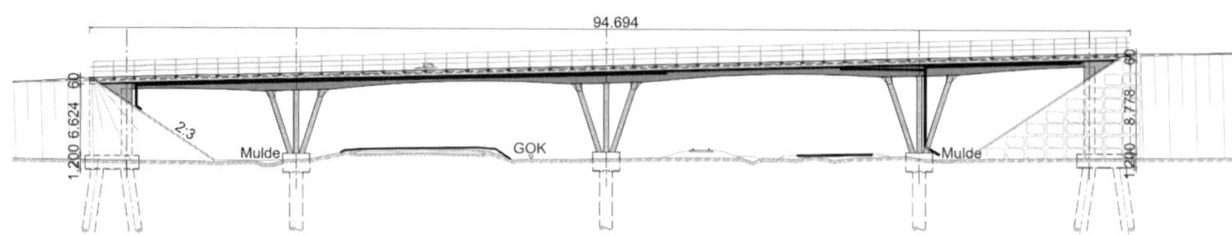

Bild 7.45 Ansicht der Oberwarter Brücke B14005

Der 12 m breite Überbau des Tragwerks wird durch eine rechteckige Stahlbetonplatte mit beidseitig angeordneten 1,50 m langen Kragplatten gebildet (Bild 7.46). Die Tragwerksdicke beträgt in Feldmitte 0,90 m und weist durch Vouten im Bereich der Widerlager und Stützen eine Dicke von 1,40 m auf. Um im Bereich der Stützen in Längsrichtung eine möglichst weiche Auflagerung zu realisieren, wurden runde Stahlstützen vorgesehen, die oben und unten eingespannt sind und auf einer Pfahlreihe gegründet wurden.

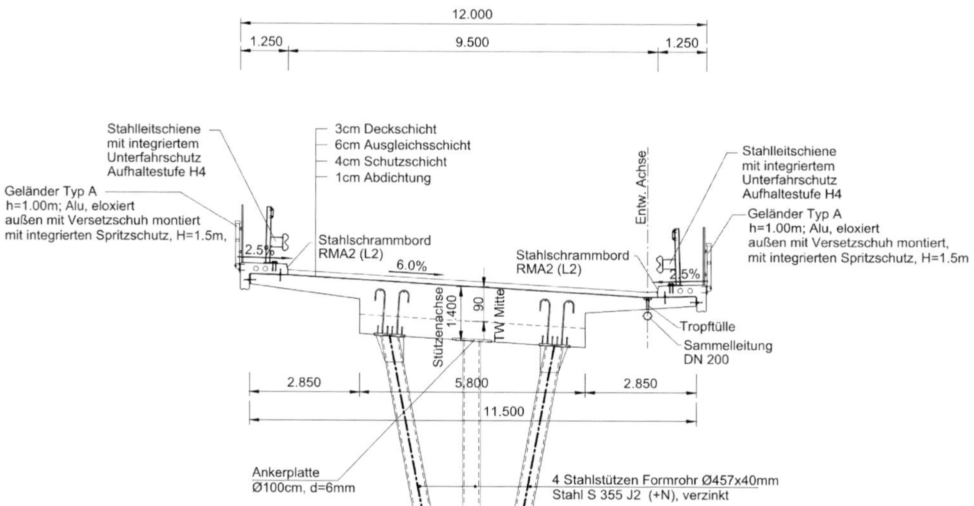

Bild 7.46 Regelquerschnitt durch den Überbau der B14005

Eine wesentliche Voraussetzung für den Entwurf des integralen Tragwerks war es, ohne Fugen im Belag auszukommen. Ferner wurde auf das Konzept des flexiblen Widerlagers mit elastischen Schichten zwischen eigenstandsicherer Hinterfüllung und Widerlager bewusst verzichtet. Diese Festlegungen wurden aufgrund von Erfahrungswerten des Bauherrn getroffen. Dabei wurde auch bei Brücken, die infolge unplanmäßiger Verschiebungen im Untergrund oder durch Ausführungsmängel ungewollt zu integralen Bauwerken wurden, eine mängelfreie Funktion festgestellt. Für den vorliegenden Entwurf wurde daher ganz gezielt eine vollständig fugenlose Bauweise angestrebt [45].

Durch die Ausführung eines konventionellen und möglichst steifen, kastenförmigen Widerlagers, das auf zwei geneigten Pfahlreihen mit insgesamt 8 Pfählen gegründet ist, wurde versucht, die Längsverschieblichkeit des Tragwerks weitgehend zu behindern. Dadurch sollten nur geringe Anteile des passiven Erddrucks mobilisiert werden. Zusätzlich wurde eine stark abtauchende Schleppplatte mit dem Tragwerk monolithisch verbunden und in die Flügel konstruktiv eingespannt. Damit sollte gewährleistet werden, dass die auftretenden Längenänderungen möglichst weit vom hochbeanspruchten Rahmeneck in tiefere Bodenschichten eingeleitet und über eine große Länge verteilt werden. Somit konnte die Abdichtung über die Rahmenecke hinaus bis zum Ende der Schleppplatte geführt werden, ohne bei Bewegungsfugen Sonderlösungen anstreben zu müssen. Die Bewegungen werden durch diese Ausbildung von den statisch hoch beanspruchten Tragwerksteilen zum Ende des ersten Teils der Schleppplatte geführt.

Die Besonderheit der Widerlagerkonstruktion ist jedoch die anschließende längsdehnweiche Schleppplatte in Gummibeton-Bauweise, die auftretende Verschiebungen über eine größere Strecke im Untergrund verteilt (siehe dazu Abschnitt 6.5.2). Im Belag wurden vorsichtshalber Belagstrennschnitte angeordnet mit bituminösem Verguss.

Um Zugspannungen im Bauwerk möglichst zu reduzieren, wurde vertraglich vorgesehen, bei kalter Witterung zu betonieren und einen Beton der Wärmeentwicklungsklasse W40 zu verwenden. Dadurch sollte der entstehende Zwang reduziert werden.

Die Errichtung des Bauwerks erfolgte im Herbst 2010 (Bild 7.47). Bauherr der Brücke war das Amt der Burgenländischen Landesregierung, Abteilung Brückenbau.

Bild 7.47 Ansicht der Oberwarter Brücke

Das Monitoringsystem

Da der gewählte Entwurf eine Besonderheit darstellt, wurde bereits in der Planungsphase beschlossen, Messungen durchzuführen, um das reale Bauwerksverhalten den theoretischen Ansätzen gegenüberstellen zu können. Der Einbau der gesamten Messtechnik konnte daher bereits in der Planungs- und Ausführungsphase berücksichtigt werden. Folgende Zielsetzungen bestanden für diese Messungen:

- Messung der Bauwerkstemperatur an unterschiedlichen Stellen, auch über den Stahlbetonquerschnitt verteilt, als Grundlage für die Beurteilung der übrigen Messdaten.
- Messungen der auftretenden Verschiebungen des Widerlagers sowie der Gummibeton-Schleppplatte an unterschiedlichen Punkten, um die Funktion der Schleppplatte

sowie den Einfluss der steiferen Gründung auf die Längsverschiebungen des Widerlagers beurteilen zu können.
- Messung der Längenänderungen des Bauwerks durch Laser an den beiden Widerlagern als Konvergenzmessungen zu den Extensometermessungen.

Nachdem die Grundlagen und eingesetzten Komponenten eines Messsystems bereits ausführlich bei der Seitenhafenbrücke in Abschnitt 7.4.1 beschrieben wurden, wird auf eine weitere Darstellung der Messtechnik verzichtet. Im Bild 7.48 wird die Anordnung der einzelnen Sensoren schematisch dargestellt, wobei (X) für Extensometer, (T) für Temperaturaufnehmer, (L) für Laser, (R) für Reflektor und (I) für den Bohrlochinklinometer steht.

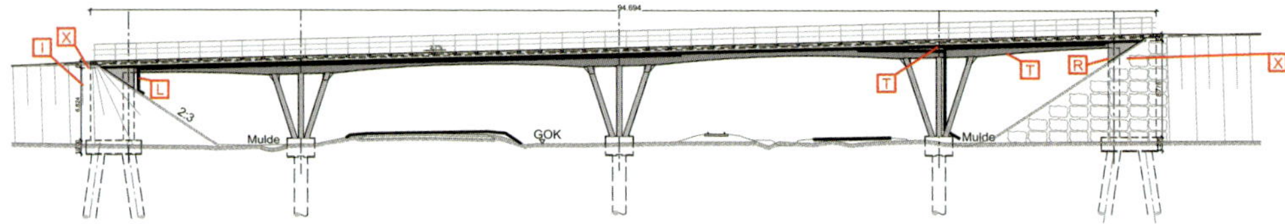

Bild 7.48 Sensorpositionen an der Oberwarter Brücke

Bei der Umsetzung des Messsystems wurde besonderes Augenmerk auf die Extensometermessungen in beiden Widerlagerachsen gelegt. In Bild 7.49 ist die Anordnung der jeweils 6 vorgesehenen Extensometer in der Schleppplatte dargestellt. Durch diese abgestuften Längen sollte das Dehnungsverhalten der Schleppplatte möglichst genau erfasst werden.

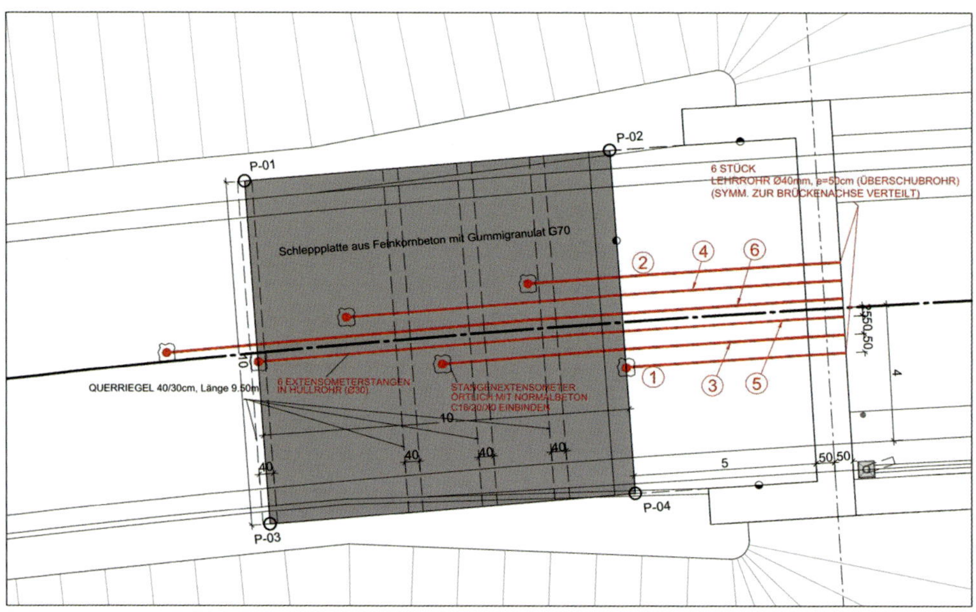

Bild 7.49 Anordnung der einzelnen Extensometer im Widerlager Achse 0

Die Extensometer wurden im Zuge der Errichtung des Bauwerks in beiden Schlepp-platten eingebaut; auf entsprechende Durchführungen für Verkabelungen etc. war daher bei der Erstellung der Detailplanung und bei der Bauausführung Rücksicht zu nehmen (Bild 7.50).

Bild 7.50 Bauausführung der Schleppplatte mit Extensometer (Foto: H. Hartl) [53]

Zusätzlich zur bestehenden Messtechnik wurden Ende 2015 zwei Inklinometerrohre in unterschiedlichen Abständen hinter dem Widerlager in der Achse 0 installiert. In diesen Inklinometerrohren werden Messungen mit einer, an der ETH Zürich entwickelten, Messsonde – der Inklinodeformeter-Sonde [54] – durchgeführt. Diese neuartige Sonde ermöglicht eine Bestimmung der Erddruckveränderung im umgebenden Boden. Dazu werden mit der Inklinodeformeter-Sonde die Veränderungen in den Durchmessern des Inklinometerrohrs gemessen. Basierend auf diesen werden anschließend mithilfe der relevanten Materialsteifigkeiten die Erddruckveränderungen rückgerechnet. Obwohl sich diese Sonde derzeit noch im Entwicklungsstadium befindet, konnten bereits bei anderen Anwendungen gute Ergebnisse erzielt werden [55]. Bei diesem Projekt soll der Einsatz der Inklinodeformeter-Sonde Aufschlüsse über die Erddruckentwicklung hinter dem Widerlager infolge der temperaturbedingten Ausdehnungen des Tragwerks geben.

Ergebnisse

Die Brücke weist einen plattenförmigen Querschnitt mit beidseitig angeordneten Kragarmen auf und ist durch die Anlageverhältnisse keiner besonderen Beschattung oder anderen ausgleichenden Effekten wie beispielsweise einem Gewässer ausgesetzt. Gemäß

Bild 7.48 wurden Messungen der Bauwerkstemperatur in einem Feldquerschnitt mit 0,90 m Höhe und einem Stützenquerschnitt mit 1,40 m Höhe durchgeführt. Um ein Temperaturprofil über den Messquerschnitt zu erfassen, wurden mehrere Temperatursensoren angeordnet. Dazu wurden diese bereits im Zuge der Herstellung an die Bewehrung angebunden bzw. Leerverrohrungen bis an die Messposition vorgesehen, in welche die Sensoren anschließend eingeschoben und die Verrohrung ausgepresst wurde.

Bei einem Vergleich der gemessenen Bauwerkstemperaturen mit den unter dem Tragwerk erfassten Lufttemperaturen und den aufgezeichneten Daten einer Wetterstation ist erkennbar, dass die Betonkerntemperaturen etwa den gemessenen Lufttemperaturen entsprechen (Bild 7.51), wenn eine Mittelung über 20 Stunden vorgenommen wird [46, 53].

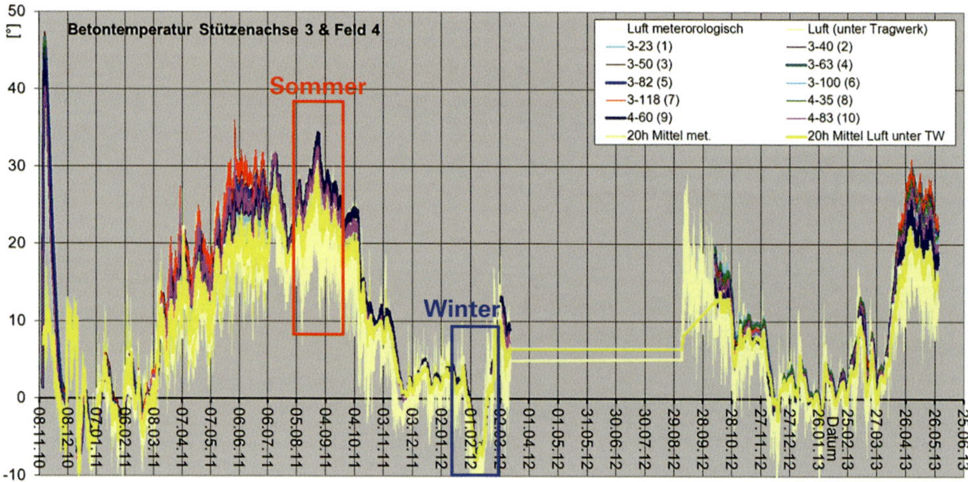

Bild 7.51 Gemessene Bauwerkstemperatur für die einzelnen Sensoren [53]

Das Tragwerk reagiert erwartungsgemäß zeitverzögert auf Veränderungen der Lufttemperaturen, folgt dem Verlauf aber grundsätzlich sehr gut. Wie auch bereits bei anderen Projekten beobachtet werden konnte, führt der dunkle Asphaltbelag insbesondere im Sommer bei direkter Sonneneinstrahlung zu einer deutlichen Erhöhung der gemessenen Betontemperaturen. Durch die zuvor angesprochene Speichermasse des Betons und der in Sommermonaten vorkommenden langen Sonneneinstrahlung auf das Tragwerk wurden fallweise sogar über den Lufttemperaturen liegende Betontemperaturen erfasst.

Während der kühleren Wintermonate ist der Einfluss der Strahlungsenergie deutlich geringer ausgeprägt, wodurch die Betontemperatur weitgehend der Lufttemperatur entspricht. Die bei den Messungen festgestellten Temperaturschwankungen bestätigen in diesem Fall grundsätzlich die Bemessungswerte nach EN 1991-1-5.

Nach Herstellung der Schleppplatten mit den Extensometern wurde ein Nullabgleich der Messgeräte im August 2011 durchgeführt, um die künftig auftretenden Längenänderungen ausgehend von diesem Zeitpunkt erfassen zu können. In den Messdaten konnte gezeigt werden, dass die Verformungsunterschiede bei größerer Entfernung des

Extensometers von der Widerlagerwand zunehmen und somit eine Verteilung der auftretenden Längenänderungen über die Gummibeton-Schleppplatte erfolgt (Bild 7.52). Dieser Effekt ist beim Vergleich zwischen den Extremwerten Sommer- und Winterstellung sowie im täglichen Temperaturgang des Bauwerks erkennbar [53].

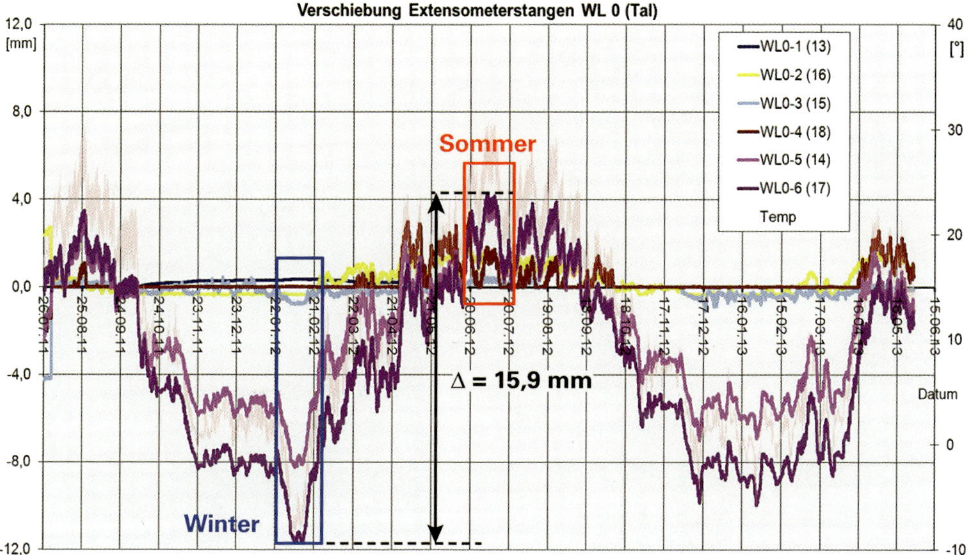

Bild 7.52 Gemessene Längenänderungen der Extensometer im Widerlager Achse 0 [53]

Um redundante Messdaten zu den Extensometern vorhalten zu können, wurden zusätzliche Messungen der absoluten Längenänderungen des Tragwerks mittels Laser zwischen den beiden Widerlagern durchgeführt. Dabei zeigte sich eine qualitativ gute Übereinstimmung zum Temperaturgang und den Extensometermessungen. Unter Berücksichtigung der gemessenen Betontemperatur und einem theoretischen Wärmeausdehnungskoeffizienten für Beton mit $\alpha = 11{,}90 \cdot 10^{-6}$ konnte eine sehr gute Korrelation mit den Messdaten erreicht werden, wenn die Längenänderung mit einem Faktor von 0,7 multipliziert wird [53].

Neben dem Aufbau von Zwangsschnittgrößen im Tragwerk durch das konventionelle Widerlager werden aber auch ein geringfügiges seitliches Ausweichen des Tragwerks durch die gekrümmte Linienführung (siehe Abschnitt 4.4.1) sowie eine Hebung und Senkung der Tragwerksfelder für die etwas geringeren Längenänderungen verantwortlich sein. Die Messungen haben daher auch gezeigt, dass die Bewegungen – trotz einer möglichst steifen Widerlagerkonstruktion – beinahe jenen eines konventionell gelagerten Tragwerks entsprechen. Ein steifes Widerlager ist daher mit vertretbarem Aufwand und auf konventionellem Untergrund in der Praxis nicht erzielbar und wurde daher auch bei den Begriffsdefinitionen in Österreich nur als Sonderfall definiert.

Die Messungen am ausgeführten Bauwerk zeigen, dass die Brücke insbesondere im Übergang zur freien Strecke ohne Maßnahmen im Belag mängelfrei funktioniert. Die auftretenden Dehnungen werden durch die große Längsverteilung über die Gummibeton-Schleppplatte sehr gut vom Belag bzw. durch einzelne Belagstrennschnitte aufgenommen (Bild 7.53). Die grundlegende Entwurfsidee, ein wartungsarmes und dauerhaftes Tragwerk zu entwickeln, wurde durch die Messungen bestätigt.

Bild 7.53 Fahrbahnbelag der Oberwarter Brücke im Bereich der Schleppplatte (Foto: H. Hartl) [53]

7.4.3 Rampenbauwerk B2309

Das Objekt B2309 ist ein mehrfeldriges Stahlbetonbauwerk in integraler Bauweise, das im Zuge der Generalinstandsetzung der Autobahn A 23 in Wien durch die ASFiNAG (Autobahnen- und Schnellstraßen-Finanzierungs-Aktiengesellschaft) errichtet wird. Das Tragwerk weist im Grundriss eine starke Krümmung auf, wodurch die auftretenden Längenänderungen aufgrund von Temperaturschwankungen durch ein seitliches Ausweichen gemäß Abschnitt 4.4.1 aufgenommen werden sollen und so nur geringe Zwangsschnittgrößen im Überbau wirksam werden.

Der Entwurf sieht vor, dass die Längsverformungen des Bauwerks minimiert werden und dadurch im Übergangsbereich zwischen Widerlager und Fahrbahn keine besonderen baulichen Maßnahmen oder Fahrbahnübergänge gesetzt werden. Dazu wurden konventionelle Widerlager vorgesehen, welche mit 2-reihiger Anordnung der Bohrpfähle, einer durchgehenden Pfahlrostplatte und einer konstruktiven Einspannung der Flügel kastenförmig und somit möglichst steif ausgebildet wurden (Bild 7.54).

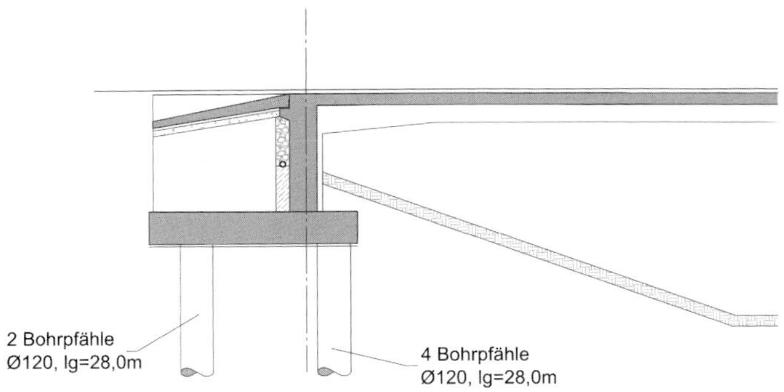

Bild 7.54 Ausbildung des Widerlagers der B2309

Die Stützweiten des Tragwerks betragen 22,50 m + 3 × 23,50 m + 22,50 m, die Gesamtlänge somit 115,50 m. Im Grundriss folgt die Achse einem Kreisbogen mit R = 71,0 m, wobei der Öffnungswinkel der Widerlager ca. 90° beträgt (Bild 7.55). Der Tragwerksquerschnitt wird als Stahlbetonplatte mit einer Breite von 4,0 m und einer Querschnittshöhe von 1,0 m konzipiert. Im Bereich der Widerlager sowie der Stützen ist durch Vouten eine Bauhöhe von 1,40 m vorgesehen. Beidseitig der Stahlbetonplatte sind 3,1 m lange Kragplatten angeordnet.

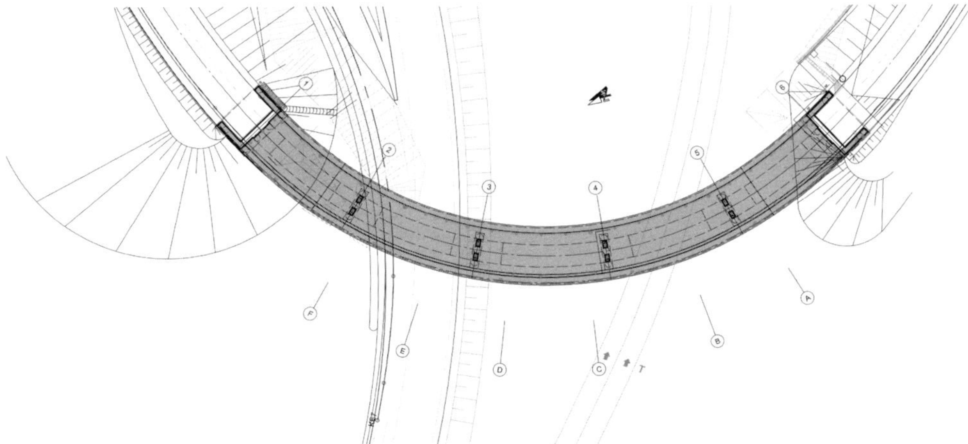

Bild 7.55 Grundriss des integralen Stahlbetontragwerks B2309

Um den Abbau von Zwangsschnittgrößen im Tragwerk zu begünstigen, wurde neben der Querschnittsform sowie der gekrümmten Anlageverhältnisse insbesondere auch der Herstellungsprozess optimiert. In einem ersten Bauabschnitt wurde der Mittelteil des Tragwerks bestehend aus den drei inneren Feldern errichtet; die Randfelder wurden 8 Wochen nach der Betonage des ersten Bauabschnitts hergestellt. Dadurch sollten Zwänge durch das zeitabhängige Betonverhalten zu einem größeren Teil abgebaut werden, bevor der Lückenschluss zu einem gesamten Tragwerk erfolgt. In Hinblick auf das Betonieren wurde zudem festgelegt, dass nur an solchen Tagen Beton eingebaut werden darf, an denen die mittlere Tagestemperatur unter 20 °C beträgt und die Temperatur des Frischbetons an der Einbaustelle kleiner als 22 °C ist.

Das Monitoringsystem

Da der Abbau von Zwangsschnittgrößen im Tragwerk durch die gekrümmte Grundrissführung gemäß statischer Berechnung primär durch radiales Ausweichen des Überbaus erfolgen soll, wurde bereits in der Planungsphase seitens des Bauherrn der Entschluss gefasst, Messungen durchzuführen, um das reale Bauwerksverhalten mit den theoretischen Ansätzen und den Erfahrungswerten aus der Literatur vergleichen zu können. Folgende Zielsetzungen bestanden für die Messungen:

- Ermittlung der Bauwerkstemperatur über den jahreszeitlichen Verlauf als Grundlage für die Interpretation aller anderen Messparameter,
- Messung der Bewegungen des talseitigen Widerlagers (das Tragwerk weist in Längsrichtung ein Gefälle von maximal 5 % auf) und Erfassung des Erddrucks auf Bogeninnen- und Bogenaußenseite über Erddruckaufnehmer und Extensometerstangen,
- Beurteilung der horizontalen Bewegungen des Überbaus infolge der Grundrisskrümmung über Messungen mit Lasersensoren,
- Messung der Lageänderung ausgewählter Stützen infolge der Temperatur über die Erfassung der Neigung als redundante Messgröße zu den Lasersensoren,
- Bestimmung der auftretenden Dehnungen auf der Bogenaußenseite und Stauchungen auf der Bogeninnenseite in den Kragplatten mittels Dehnungssensoren infolge der Krümmungsänderung beim radialen Ausweichen,
- Datensicherung, Datenübertragung auf einen FTP-Server und laufende Berichterstattung an den Bauherrn über das gemessene Verhalten im Vergleich zu den rechnerischen Annahmen.

Durch die frühe Entscheidung, ein Monitoringsystem vorzusehen, konnte dieses gemeinsam mit der Bauleistung ausgeschrieben werden. Dazu wurde eine Ausschreibungsplanung erstellt und die zugehörigen Positionen in das gesamte Leistungsverzeichnis integriert. Aufgrund der Beschreibungen in dem vorangegangenen Abschnitt zur Messtechnik wird hier nur noch auf die Anordnung der Sensoren eingegangen.

Die Abkürzungen in Bild 7.56 stehen für folgende Messgeräte: (E) für Erddrucksensoren, (X) für Extensometer, (B) für die Basisstation, (T) für Temperatursensoren, (D) für Dehnungssensoren, (N) für Neigungsaufnehmer und (R) für die passiven Reflektoren der eingesetzten Laser (L).

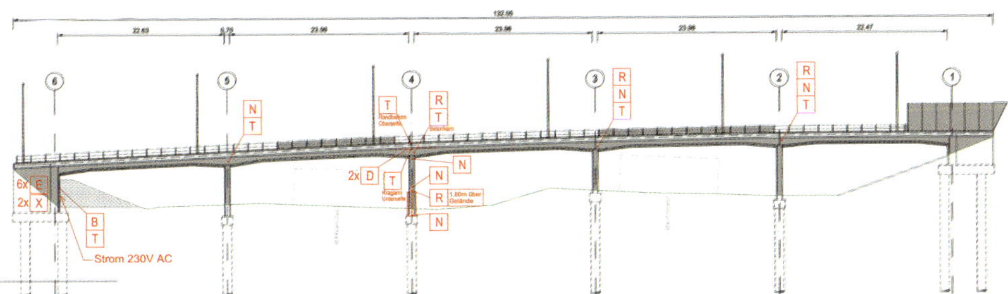

Bild 7.56 Schema des Monitoringsystems

Um eine direkte Messung der Lageänderung des Überbaus durch seitliches Ausweichen zu ermöglichen, wurde eine optische Entfernungsmessung mittels Laser vorgesehen. Diese Daten sollen zur redundanten Beurteilung der gemessenen Dehnungsänderungen in den Kragplatten und den gemessenen Neigungen der Stützen herangezogen werden. Die Lasereinheiten werden auf einem gesonderten Fundament in einer Entfernung von etwa 125 m aufgestellt und übertragen die aufgezeichneten Daten durch Funkverbindung zur zentralen Basisstation bei Widerlager Achse 6. Um den Einfluss der Gründung in Abhängigkeit der Überbaubewegungen beurteilen zu können, erfolgte in Achse 4 die Montage eines Reflektors direkt auf der Pfahlkopfplatte. Dazu musste ein kleiner Schacht mit einer Stahlkonstruktion für den Reflektor vorgesehen werden.

Zum Zeitpunkt der Erstellung dieses Buches befand sich das Tragwerk gerade in der Ausführungsphase, sodass noch keine konkreten Ergebnisse gezeigt werden können. Jedoch liegen aus der Schweiz Ergebnisse eines ähnlichen Tragwerks vor [56], auf die im folgenden Abschnitt kurz eingegangen wird.

Vergleichbare Ergebnisse

Ein sehr ähnliches, ebenfalls im Grundriss stark gekrümmtes integrales Tragwerk mit einem Öffnungswinkel von ca. 90° und einer Tragwerkslänge von 120 m stellt das vierfeldrige Rampenbauwerk BW714 der Nordwestumfahrung Zürich dar. Dieses Bauwerk ist vorgespannt und weist ebenfalls einen plattenförmigen Überbauquerschnitt auf [56]. Nach der Herstellung wurden in regelmäßigen Intervallen konventionelle geodätische Messungen einzelner Tragwerkspunkte vorgesehen, um das in der Berechnung zugrunde gelegte horizontale Ausweichen des Überbaus infolge von Temperaturänderungen verifizieren zu können.

Die Messungen umfassten neben einer Präzisionsvermessung von Lage und Höhe mit einer Genauigkeit von 1 mm auch die Erfassung der Längenänderungen des Bauwerks mittels Setzdeformeter [56].

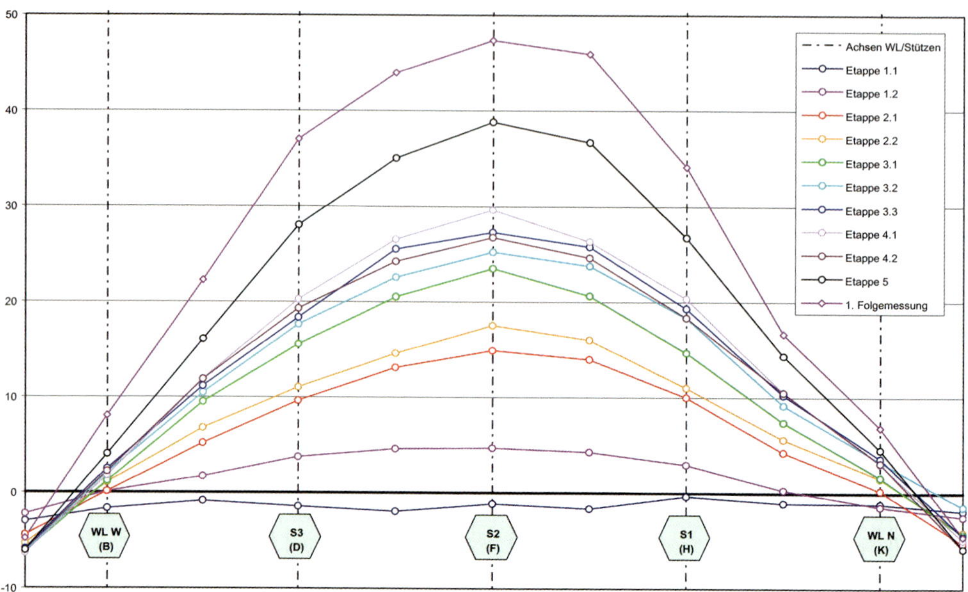

Bild 7.57 Gemessene Verschiebungen senkrecht zur Brückenachse über die Zeit [56]

In Bild 7.57 sind die gemessenen Verschiebungen des Tragwerks ausgehend von der Brückenachse im Grundriss dargestellt. Die erste Messung (Nullmessung) erfolgte unmittelbar nach der Betonage des Überbaus. Anschließend wurden in regelmäßigen Intervallen mehrere Messungen durchgeführt [56]. Da das Tragwerk im Frühjahr hergestellt wurde, sind bis zur Etappe 1.1 ansteigende Temperaturen mit einer Längenzunahme und seitlichem Ausweichen von den gleichzeitig auftretenden Kriech- und Schwindverformungen nahezu kompensiert worden. Im Anschluss an diesen Zeitraum führen monotone Verkürzungen durch fallende Temperaturen auch zu einem radialen Ausweichen des Tragwerks nach innen. Die 1. Folgemessung nach 8 Monaten Betrieb des Tragwerks im Januar zeigt einen Maximalwert von 48 mm für die horizontalen Verschiebungen.

Die gemessenen Verformungen stimmen gemäß [56] sehr gut mit den rechnerischen Annahmen unter Berücksichtigung der im Labor bestimmten Kriech- und Schwindverformungen des eingesetzten Betons überein. Angemerkt wurde jedoch in [4], dass Einflüsse aus der Randbalkenkonstruktion oder Ähnlichem (im vorliegenden Fall Betonleitwände) durchaus Einfluss auf die Ergebnisse und damit auf die Steifigkeit des Tragwerks haben können. Diese Vermutung konnte auf Grundlage von Erfahrungswerten der Verfasser bei Bauwerksmessungen schon mehrfach nachgewiesen werden.

8 Umrüstung bestehender Brücken – Ausblick und Chancen

Fahrbahnübergangskonstruktionen sind auch bei sorgfältiger konstruktiver Durchbildung über den Lebenszyklus des Bauwerks betrachtet Schwachstellen. Dies trifft in reduziertem Maße auch für die Brückenlager zu, wobei diese grundsätzlich als dauerhafter gelten, sofern nicht Folgeschäden aufgrund von Wasserzutritt über undichte Fugen einen vorzeitigen Austausch erfordern. Daher wird neuerdings vermehrt versucht, diese Bauteile bei Instandsetzungsprojekten nach Möglichkeit gänzlich zu vermeiden.

Gerade in Ländern, die bereits über ein gut ausgebautes Infrastrukturnetz verfügen, wird der Fokus von Neubau zunehmend in Richtung Instandsetzung verschoben. Die Möglichkeit Erhaltungskosten zu sparen, indem bestehende Tragwerke – im Rahmen von ohnehin erforderlichen Instandsetzungen – auf integrale Bauwerke umgerüstet werden, ist ein besonders interessanter Zugang.

Bei den vielen kleineren im Bauwerksbestand befindlichen Brückentragwerken mit Längen bis zu 40 m, die etwa 80 % des gesamten Brückenbestands ausmachen, können so nennenswerte Kosteneinsparungen für die Erhalter erzielt werden. Für die Umrüstung bestehender Brücken können zwei unterschiedliche Ansätze verfolgt werden:

- Im Zuge der Integralisierung des Bauwerks erfolgt keine Änderung des statischen Systems. Der Anschluss des Überbaus an den Unterbau wird wie im Bestand als weitgehend gelenkig betrachtet. Die erforderlichen Umbaumaßnahmen beschränken sich im Wesentlichen auf den Bereich des Widerlagers.
- Im Zuge der Integralisierung soll auch eine statische Ertüchtigung durch Aktivierung der Rahmenwirkung erfolgen. Dies ist im Lichte steigender Verkehrslasten bzw. erhöhter Anforderungen an unsere Bauwerke ein interessanter Ansatz, wobei größere Eingriffe in das Widerlager als auch in das Tragwerk durch Ausbildung einer Rahmenecke und fallweise Ergänzung mittels Aufbeton notwendig werden.

Bei der Entscheidung für die beiden angeführten Möglichkeiten ist jedoch zu beachten, dass die Änderung des statischen Systems zu umfangreichen Maßnahmen am Bestand führt. In vielen Fällen ist es daher nicht wirtschaftlich oder zweckmäßig, die vorhandene Bewehrung so weit zu ergänzen und in das Bestandstragwerk einzubinden, dass ein starres Rahmeneck erzielt wird. In solchen Fällen kann die Ausbildung eines bewehrten Betongelenks zweckmäßiger sein, welches ebenfalls eine monolithische Verbindung darstellt.

Ein Vorteil beim Umbau bestehender Brücken in integrale Bauwerke ist, dass Langzeiteffekte des Betonverhaltens wie Kriechen und Schwinden bereits vollständig abgeklungen sind und nur noch Längenänderungen infolge der Temperatur bei der Bemessung berücksichtigt werden müssen. Die nachfolgend angeführten Beispiele sollen die Möglichkeiten der nachträglichen Integralisierung aus praktischer Sicht erläutern.

Integrale Brücken: Entwurf, Berechnung, Ausführung, Monitoring, Erste Auflage.
Roman Geier, Volkhard Angelmaier, Carl-Alexander Graubner, Jaroslav Kohoutek.

8.1 Kleine Tragwerkslängen

8.1.1 Keine Änderung des statischen Systems – Fugenverguss

Gerade bei kleinen Tragwerken kommt es durch Schäden an den Übergangskonstruktionen oder Lagern oft dazu, dass die ursprünglich vorgesehene Bewegungsfreiheit des Objekts nicht mehr gegeben ist und die Tragwerke auch nach jahrzehntelangem Betrieb trotz dieses Umstands keine Schäden aufweisen und nachweislich funktionieren. Zusätzlich verursacht der Tausch der Fahrbahnübergänge und Lager bei diesen kleinen Objekten unverhältnismäßig hohe Instandsetzungskosten.

Es ist daher naheliegend, in solchen Fällen im Zuge einer Instandsetzung die Bauwerksfuge und den Lagerspalt planmäßig zu verfüllen, um so den Zutritt von Wasser und damit eine weitere Schädigung der Bauwerksteile zu verhindern. Das grundlegende statische System des Tragwerks wird dabei nicht verändert. Beispielhaft kann die Anwendung dieses Konzeptes auf ein 3-feldriges Stahlbetontragwerk mit Stützweiten von 3,55 m + 14,10 m + 3,55 m gezeigt werden (Bild 8.1), für das eine Instandsetzungsvariante in integraler Ausführung bearbeitet wurde.

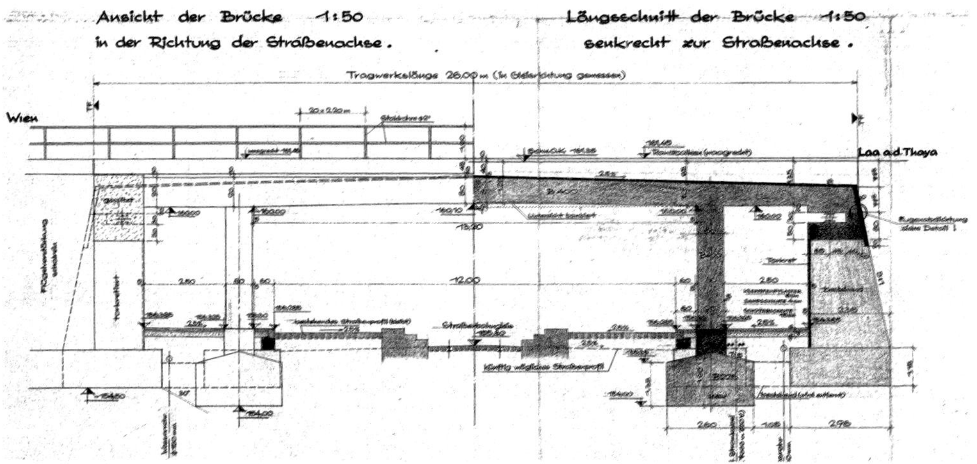

Bild 8.1 Ansicht und Längsschnitt des betrachteten 3-Feld-Tragwerks

Durch die sehr ungünstigen Stützweitenverhältnisse des gezeigten Rahmenbauwerks kommt es unter Verkehrslast zu planmäßig abhebenden Lagern. Die horizontale Fuge zwischen Widerlager und Tragwerk öffnet sich dabei um etwa 3 mm. Obwohl im Zuge der ursprünglichen Planung besonderes Augenmerk auf die Abdichtung der Fuge gelegt und ein ausgeklügeltes Fugendetail bestehend aus Kupferblech, Glaswolle und Fugenkitt ausgearbeitet wurde, konnte durch die andauernde mechanische Beanspruchung und folglich unausweichliche Schädigung Wasser eindringen und zu Mängeln an den Lagern führen (Bild 8.2).

Bild 8.2 Eingeschränkte Bewegungsmöglichkeit der Rollenlager durch Korrosion

Da die Rollenlager aufgrund dieses Umstands keine Längsverschieblichkeit mehr zugelassen haben und das Tragwerk mit nur 26 m Länge sowie den monolithisch angeschlossenen Rahmenstielen für eine Integralisierung als sehr geeignet erschien, wurde in Abstimmung mit dem Bauwerkserhalter eine solche Instandsetzungsvariante untersucht.

Das Konzept sah vor, auf die Verschieblichkeit bei den Widerlagern gänzlich zu verzichten und den Lagerspalt mittels schwindfreiem Mörtel aufzufüllen. Um das Öffnen der horizontalen Fuge zu verhindern, wurde eine Rückverhängung des Tragwerks in das Widerlager mittels Istorstangen vorgeschlagen (Bild 8.4). Für die Durchführung dieser Arbeiten muss die Tragwerksoberseite zugänglich sein, wodurch auch gleichzeitig die Abdichtung über die Stirnseite der Brücke geführt wird und auch eine neue Dränage in diesem Bereich vorgesehen werden kann (Bild 8.3).

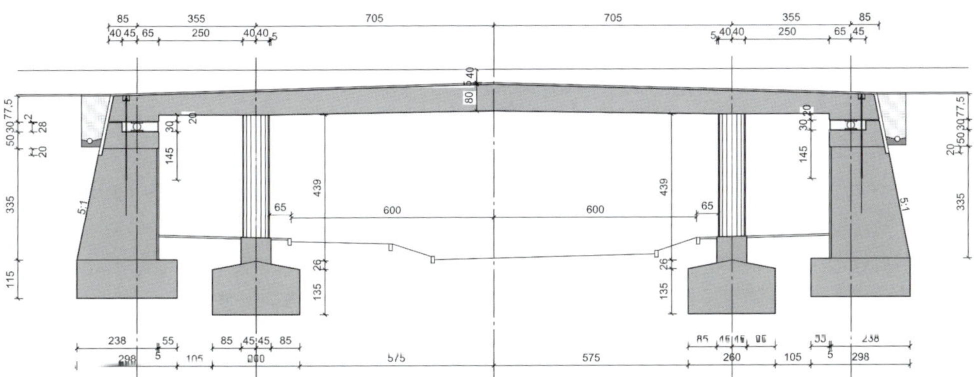

Bild 8.3 Übersicht der vorgesehenen Maßnahmen am Tragwerk

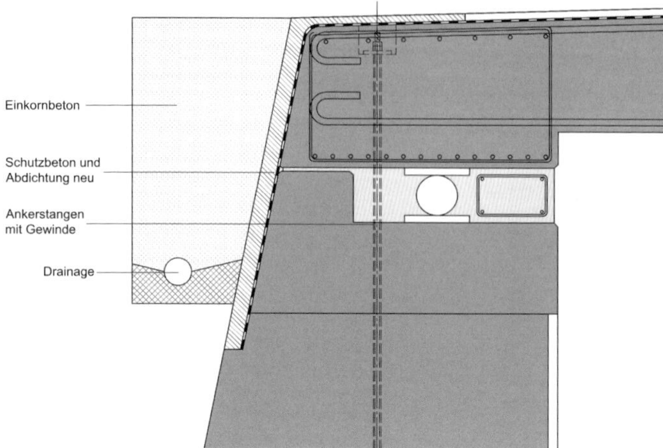

Bild 8.4 Widerlagerdetail für die vorgeschlagene Integralisierung

Für die Integralisierung von Tragwerken durch dieses Konzept sind folgende Punkte zu berücksichtigen:

- Ein Lagerausbau ist nicht erforderlich, die Lager können im Bauwerk verbleiben.
- Der Lagerspalt ist durch selbstverdichtenden Beton oder entsprechenden Vergussmörtel aufzufüllen.
- Um keine zusätzlichen Zwänge durch Temperaturbeanspruchungen zu verursachen, soll das Auffüllen des Lagerspalts – also die Herstellung des Kraftschlusses zwischen Widerlager und Tragwerk – nach Möglichkeit bei kühlen Temperaturen stattfinden.
- Die Lagerung wird weiterhin als gelenkig betrachtet, wodurch keine gesonderten statischen Nachweise für die Tragwirkung des Hauptsystems erforderlich werden.

Eine Integralisierung von Bestandstragwerken mit dieser Methode ermöglicht eine rasche Umsetzbarkeit und niedrige Herstellkosten mit großen Einsparungseffekten im Zuge der künftigen Bauwerkserhaltung.

8.1.2 Keine Änderung des statischen Systems – Umbau Widerlager

In einigen Fällen kann es beispielsweise durch den schlechten Erhaltungszustand des Widerlagers oder durch eine – der größeren Bauwerkslänge geschuldeten – notwendigen Längsbeweglichkeit der Endfelder des Tragwerks erforderlich sein, größere bauliche Eingriffe im Bereich des Widerlagers vorzunehmen. Dabei wird das statische System des Tragwerks weitgehend beibehalten und die Nachweise für die Umbaumaßnahmen können sich auf die neu geschaffenen Anschlussbereiche zwischen Widerlager und Tragwerk beschränken. Dabei wird beispielsweise ein Stahlbetongelenk zwischen Überbau und Unterbau ausgebildet, wodurch keine gesonderten Nachweise für das Tragwerk erforderlich werden.

Alternativ dazu ist es auch möglich, ein plastisches Gelenk im Bereich des Rahmenecks der Bemessung zugrunde zu legen, welches ebenfalls dazu führt, dass keine Momentenübertragung zwischen Überbau und Unterbau stattfindet. Größere Eingriffe in den Überbau, um das negative Moment eines Rahmenecks abzudecken, sind daher nicht erforderlich.

Für die Integralisierung von Tragwerken auf Grundlage dieses Konzeptes sind folgende Punkte zu berücksichtigen:

- Die Maßnahme erfordert größere Eingriffe im Bereich des Widerlagers und des Tragwerksanschlusses.
- Die Bauzeit, die erforderlichen baulichen Eingriffe und die Herstellkosten sind entsprechend höher.
- Eine möglichst flexible Ausbildung des Widerlagers sollte angestrebt werden, um keine unnötigen Zwangsschnittgrößen zu erzeugen.
- Um keine zusätzlichen Zwänge durch Temperaturbeanspruchungen zu verursachen, sollen die Baumaßnahmen nach Möglichkeit bei kühlen Temperaturen stattfinden.
- Die Lagerung wird weiterhin als gelenkig betrachtet, wodurch keine gesonderten statischen Nachweise für die Tragwirkung des Hauptsystems erforderlich werden. Die lokalen Nachweise für das Widerlager und den Anschluss an den Überbau sind jedoch zu erbringen.

8.1.3 Aktivierung einer Rahmenwirkung

Wird neben der erforderlichen Instandsetzung des Widerlagerbereichs auch eine Erhöhung der Tragfähigkeit eines Brückenbauwerks angestrebt, so bietet sich im Zuge der Umbauarbeiten an, das statische System zu ändern und in den Widerlagerachsen eine Rahmenwirkung zu aktivieren. Der Einspanngrad des Überbaus und damit die Steifigkeit des Rahmenecks bzw. des Widerlagers kann über die konstruktive Gestaltung gesteuert werden, wodurch die Schnittgrößen im Bauwerk sehr gut beeinflusst werden können. Im Rechenmodell kann der Einspanngrad über eine Rotationsfeder abgebildet werden. Um eine solche Rahmenwirkung zu aktivieren, sind aber größere Eingriffe in den Überbau und den Unterbau des Tragwerks erforderlich.

Die Anwendung der Methode ist insbesondere dann sinnvoll, wenn eine Instandsetzung und Verstärkung des Tragwerks mittels Aufbeton angestrebt wird, da so die erforderliche Bewehrung für die Ausbildung des Rahmenecks im Tragwerk sowie im neuen Teil des Widerlagers untergebracht werden kann.

Beispielhaft kann dieses Konzept für ein 3-feldriges Stahlbetontragwerk mit Stützweiten von 10,0 m + 19,5 m + 10,0 m gezeigt werden (Bild 8.5), das sich im hochrangigen Straßennetz der ASFiNAG in Österreich befindet. Dabei handelt es sich um zwei parallele im Jahr 1972 errichtete, schlaff bewehrte und schiefe (Kreuzungswinkel ca. 76°) Plattentragwerke mit einer Länge von ca. 60 m. Die Tragwerksbreite für die beiden Richtungsfahrbahnen der Autobahn beträgt 13,59 m bzw. 12,36 m. Die Lagerung erfolgt in den Widerlagerachsen auf Rollenlagern und bei den Stützenachsen über jeweils 4 Rundstützen, die an den Überbau monolithisch angeschlossen sind. Die Tiefgründung des Tragwerks erfolgt bei jeder Lagerachse über jeweils 4 Schlitzwände.

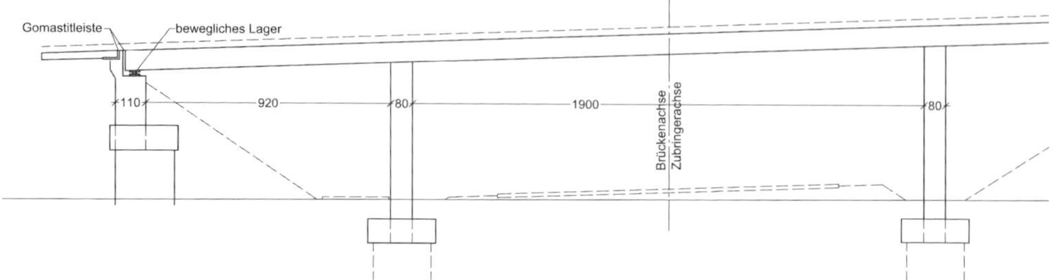

Bild 8.5 Konventionelles 3-Feld-Tragwerk der ASFiNAG

Im Zuge der Ausarbeitung eines Instandsetzungsprojekts aufgrund des schlechten baulichen Erhaltungszustands wurde das Tragwerk gemäß der in Österreich gültigen ÖNORM-Regel ONR 24008 nachgerechnet. Gemäß dieser Regel kann neben einem Nachweis nach aktueller Normenlage (ÖNORM EN, Eurocode) unter besonderen Umständen auch der zum Errichtungszeitpunkt gültige Normenstand herangezogen werden. Hinsichtlich der Lastansätze ist jedoch immer die aktuelle Normung zu berücksichtigen. Als Ergebnis dieser Untersuchung wurden unterschiedliche Varianten für die Instandsetzung ausgearbeitet.

Auf Basis der alten Nachweise zeigten die Ergebnisse für den Überbau keine wesentlichen Überbeanspruchungen auf. Lediglich im Randbereich des Mittelfelds resultiert für die untere Plattenbewehrung eine Überbeanspruchung von etwa 30 %. Durch eine Momentenumlagerung vom Feld zur Stütze durch eine Aufbetonsanierung mit neuer oberer Plattenbewehrung kann dieses Defizit behoben werden. Die Nachweise für die Stützen konnten knapp eingehalten werden. Jedoch wurde aufgrund der Unsicherheit beim damals gebräuchlichen Bemessungsverfahren vorgeschlagen, eine Verstärkung der Stützen (Ummantelung oder Zusammenfassung zu einer Wandscheibe) durchzuführen. In Hinblick auf die Lager wurden sehr ungünstige Ergebnisse erzielt. Diese sind selbst nach alter Normenlage mit +55 % Belastung deutlich überbeansprucht. Ferner waren erhebliche Betonschäden im Auflagerbereich vorhanden und die Zugänglichkeit bzw. Prüfbarkeit des eingebauten Fahrbahnübergangs war nicht gegeben. Daher waren eine Rücksetzung der Schottermauer, eine Erneuerung der Auflagerbank und die Anordnung neuer Lager und Fahrbahnübergänge vorgesehen.

Zusätzlich untersucht wurden eine Neubauvariante sowie eine Instandsetzung und Ertüchtigung auf Eurocode-Niveau. Da selbst für die Minimalversion der Instandsetzung wie zuvor beschrieben größere Maßnahmen am Widerlager, die Ergänzung von Aufbeton sowie ein Umbau der Stützenachsen erforderlich waren, wurde aus Sicht der Lebenszykluskosten auch die Integralisierung der Tragwerksenden mit Ausbildung eines statisch wirksamen Rahmenecks untersucht. Durch den Aufbeton bestand die Möglichkeit, die statisch und konstruktiv erforderliche Bewehrung im Überbau unterzubringen und verankern zu können. Aus statischer Sicht sprachen folgende Punkte für die Ausführung als integrales Tragwerk:

- Die unter bestimmten Laststellungen durch die kurzen Randfelder auftretenden abhebenden Kräfte im Bereich der Widerlager können durch den monolithisch angeschlossenen Unterbau kompensiert werden.
- Die in jedem Fall erforderlichen Verstärkungen der Stützen können so ausgeführt werden, dass die neuen Schnittgrößen durch das Rahmentragwerk abgedeckt werden können. Dabei war insbesondere der Durchstanznachweis als kritisch zu betrachten.
- Die erforderliche Verstärkung der Tragfähigkeit des Überbaus durch eine Lösung mittels Aufbeton kann dazu verwendet werden im Bereich des neuen Widerlagers ein statisch wirksames Rahmeneck auszubilden.

Für das Tragwerk wurde ein SOFiSTiK-Finite-Elemente-Modell erstellt, bei dem der monolithische Anschluss des Überbaus an den Unterbau möglichst elastisch ausgebildet wurde, um nur geringe Momente in das Rahmeneck zu verlagern. Dazu wurde die Widerlagerwand realitätsnah modelliert und am Schlitzwandkopf eine Einspannung über eine Drehfeder gemäß Bild 8.6 vorgesehen.

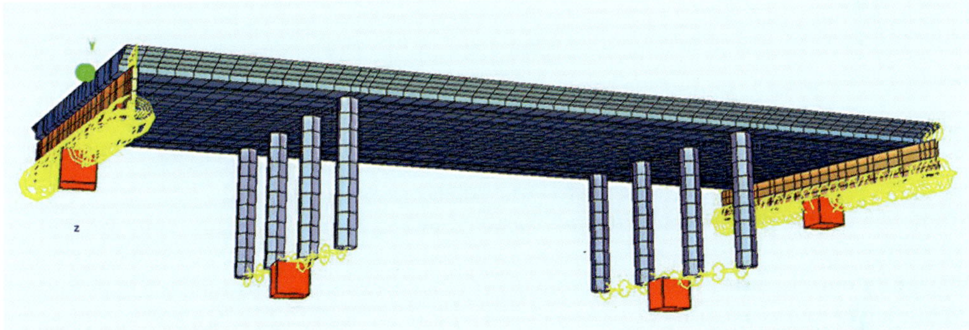

Bild 8.6 FE-Modell mit Widerlagerwand und Einspannung über Rotationsfedern

Durch die Variation der Widerlagerstärke, der Höhe des Widerlagers sowie des konstruktiven Anschlusses an die Gründung kann die Steifigkeit des Widerlagers, der Einspanngrad des Überbaus und somit auch die resultierenden Schnittgrößen im Überbau und Unterbau gesteuert werden.

Bei der statischen Berechnung zeigte sich, dass durch die deutlich höheren Verkehrslasten nach Eurocode neben der Aufbetonlösung auch die untere Feldbewehrung aller Tragwerksfelder verstärkt werden musste. Die Nachweise führten zum Erfordernis einer Schubverstärkung der Tragwerksplatte. Dazu wurde eine Lösung mittels durchgebohrten Ankern ausgearbeitet. Diese sollten mit Kopfplatten und Muttern an der Oberseite in den Aufbeton eingebunden und an der Unterseite an die neue Feldbewehrung angeschlossen und mit Spritzbeton ergänzt werden (Bild 8.7).

Die größeren Temperaturgradienten des Eurocodes gegenüber der Normung zum Errichtungszeitpunkt des Tragwerks führten dazu, dass aufgrund der zu erwartenden größeren Verformungen das Widerlager tiefer abgebrochen und auch der bestehende Schlitzwandkopf umgebaut werden müsste. Anschließend kann in größerer Tiefe der neue Schlitzwandkopf und die möglichst elastische Widerlagerwand samt integraler Anbindung an den Überbau neu hergestellt werden.

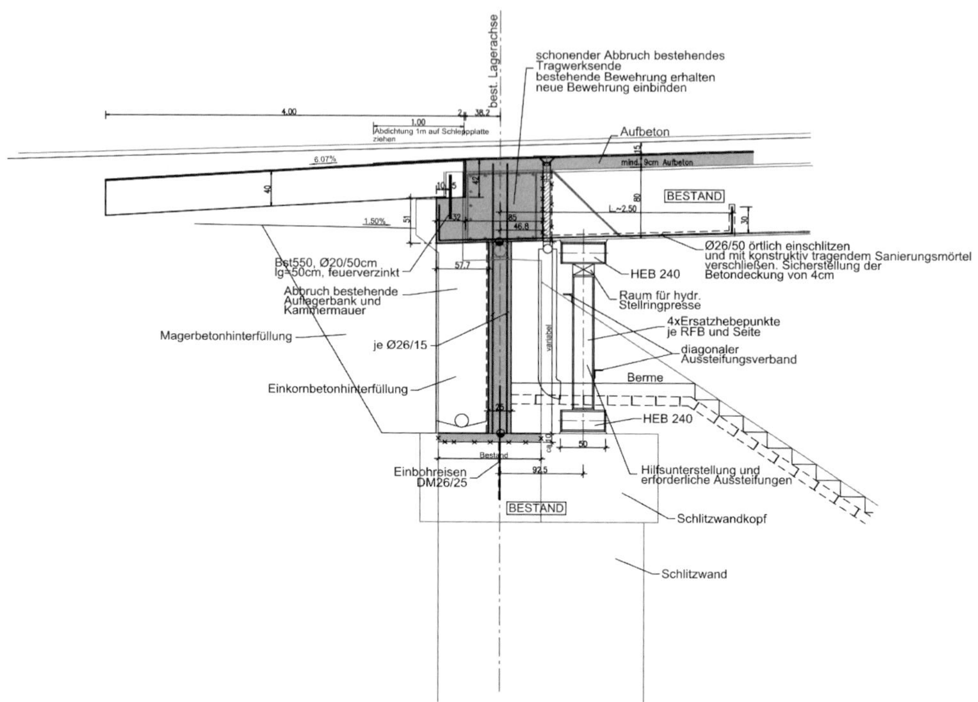

Bild 8.7 Konzept für die Integralisierung des Tragwerksendes

Für die Integralisierung von Tragwerken auf Grundlage dieses Konzeptes sind folgende Punkte zu berücksichtigen:

- Ein Umbau des Widerlagerbereichs sowie des Tragwerks ist in größeren Bereichen erforderlich.
- Zur Ertüchtigung des Feldbereichs sowie Aktivierung einer Rahmenecke kann eine Lösung mittels Aufbeton und entsprechender Bewehrung im Rahmeneck vorgesehen werden.
- Durch die Änderung des statischen Systems sind jedoch gerade mit dem Ziel einer höheren Tragfähigkeit unter größeren Verkehrslasten die Nachweise für den Feldbereich zu führen.
- Die Herstellkosten einer solchen Integralisierung werden höher liegen, als dies bei einer konventionellen Instandsetzung der Fall wäre. Bei Betrachtung der Lebenszykluskosten ist daher die noch zu erwartende Restlebensdauer entscheidend.

Dieses Konzept der Integralisierung wird daher wirtschaftlich nur dann sinnvoll sein, wenn der größere bauliche Aufwand auch die Erhöhung der Tragfähigkeit sowie eine deutlich längere Restlebensdauer rechtfertigen.

8.2 Große Tragwerkslängen – Isola-della-Scala-Brücke

8.2.1 Ausgangssituation

In der Nähe von Verona, Italien, wurde im Jahr 2001 mit der Errichtung eines Brückentragwerks mit ca. 400 m Länge begonnen. Das ursprüngliche statische System war eine konventionell auf Elastomerlagern gelagerte Einfeldträgerkette mit 13 Feldern und Stützweiten von rund 31 m (Bild 8.8). Neben den Lagern wurden im Bereich der beiden Widerlager sowie zwischen den Einzelstützweiten auch Fugen mit Fahrbahnübergangskonstruktionen angeordnet. Aufgrund von wirtschaftlichen Problemen des Bauunternehmens wurde der Bau im Jahr 2003 eingestellt. Zu diesem Zeitpunkt war der Unterbau vollständig fertiggestellt und alle Fertigteile für den Überbau waren bereits auf der Baustelle vorhanden und teilweise bereits eingebaut.

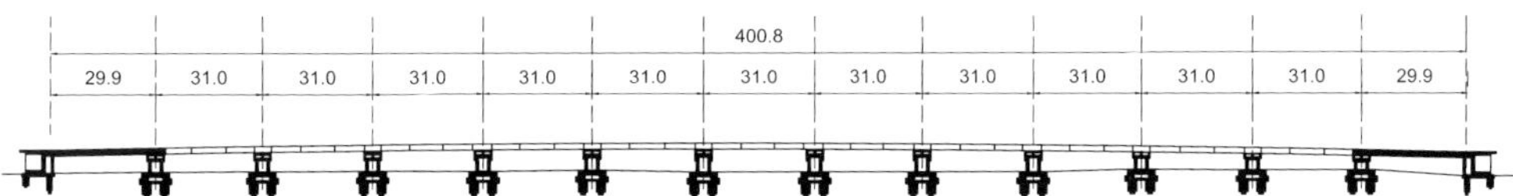

Bild 8.8 Schematische Ansicht der Isola-della-Scala-Brücke [57]

Jedes Einzelfeld besteht im Querschnitt aus 6 vorgespannten Fertigteilen, die auf den beiden Widerlagern und den Pfeilern aufgelagert werden sollten. Durch eine Ortbetonergänzung der Fahrbahnplatte mit 30 cm sollten gemäß Planung die einzelnen Fertigteile in Querrichtung monolithisch miteinander verbunden werden. Die Gesamtbreite des Überbaus beträgt 13,50 m und die Höhe der Fertigteile ca. 1,50 m (Bild 8.9).

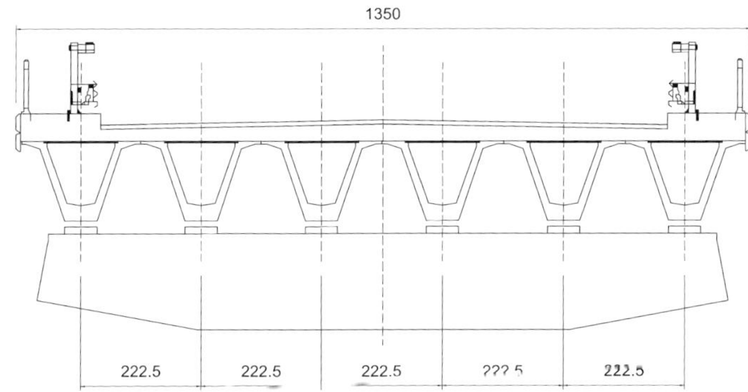

Bild 8.9 Regelquerschnitt des Tragwerks vor den Umbaumaßnahmen [57]

Die Gründung der einzelnen Rundpfeiler mit einem Durchmesser von 3 m erfolgte über 6 zweireihig angeordnete Bohrpfähle mit 1,20 m Durchmesser und einer Länge von 20 m. Die beiden Widerlager wurden ebenfalls über 6 Bohrpfähle mit einem Durchmesser von 1,20 m und einer Länge von 15 m gegründet.

Die Gesamthöhe der Pfeiler, gemessen von Pfahlkopf bis zum Pfeilerkopf, beträgt zwischen 8 m bei Achse P1 und 9,7 m bei Achse P6. Die horizontale Steifigkeit der Stützenachsen ist daher durch die geringen Pfeilerlängen, die Pfeilergeometrie sowie die zweireihig angeordneten Pfähle relativ hoch.

Nachdem die Bauarbeiten für mehrere Jahre unterbrochen wurden, traf der Bauherr die innovative Entscheidung, das Tragwerk in Form eines integralen Bauwerks herstellen zu lassen. Wesentliches Kriterium bei der Planung war es auch, bei den Widerlagern ohne Lager und Fugen auszukommen und die bereits fertiggestellten Tragwerksteile wie Widerlager und Pfeiler unverändert weiter nutzen zu können. Ferner sollten die Herstellkosten im ursprünglich vorgesehenen Rahmen bleiben [57].

Um diese hoch gesteckten Ziele zu erreichen, wurden die Planungsarbeiten durch ein spezialisiertes Team aufgenommen und umfassende Studien und Finite-Elemente-Berechnungen gemeinsam mit universitärer Begleitung erstellt. Im folgenden Abschnitt werden die wesentlichen Festlegungen des Entwurfsprozesses sowie die Bauherstellung des Tragwerks beschrieben.

8.2.2 Finite-Elemente-Berechnungen

Zur umfassenden Analyse der Aufgabenstellung unter Berücksichtigung der Besonderheiten einer integralen Brücke wurden mehrere nichtlineare Finite-Elemente-Modelle der Brücke erstellt. Neben einem aufwendigen 3-D-Modell, das insbesondere zur Lösung spezieller Probleme und zur nachfolgenden Kalibrierung über gemessene Ergebnisse herangezogen wurde, erfolgte der Großteil der Berechnung durch ein 2-D-Ansys-Modell. Da die Brücke vollständig symmetrisch ist, im Grundriss keine Krümmung aufweist und auch kein schiefer Winkel vorhanden ist, war das gewählte zweidimensionale Modell vollkommen ausreichend. Aufgrund der großen Längenerstreckung und völligen Symmetrie des Tragwerks wurde für die nachfolgenden Betrachtungen nur eine Hälfte der Brücke ausgehend vom Bewegungsruhepunkt zwischen P6 und P7 dargestellt (Bild 8.10).

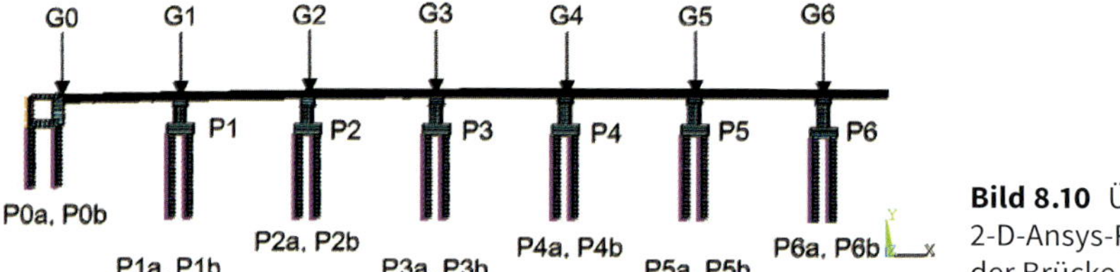

Bild 8.10 Übersicht 2-D-Ansys-Rechenmodell der Brücke [58]

Für die Modellierung des Überbaus, der Pfeiler sowie der Widerlager wurden Stabelemente vom Typ BEAM188 verwendet. Dieses Element eignet sich für die Analyse von schlanken bis gedrungenen Bauteilen und baut auf der Balkentheorie von *Timoshenko* auf. Schubverformungen werden bei diesem Elementtyp in der Modellierung berücksichtigt.

Für die Bohrpfähle wurden BEAM4-Elemente ausgewählt, mit denen einachsige Bauteile unter Zug-, Druck-, Torsions- und Biegebeanspruchung simuliert werden können.

Für die Modellierung der Bauwerk-Boden-Interaktion sowie der sich einstellenden plastischen Gelenke wurde das Federelement COMBIN39 herangezogen [58]. Die plastischen Gelenke wurden als Rotationsfedern definiert und an den in Bild 8.11 gezeigten Stellen für die Widerlager, Pfeiler und Gründungselemente angesetzt.

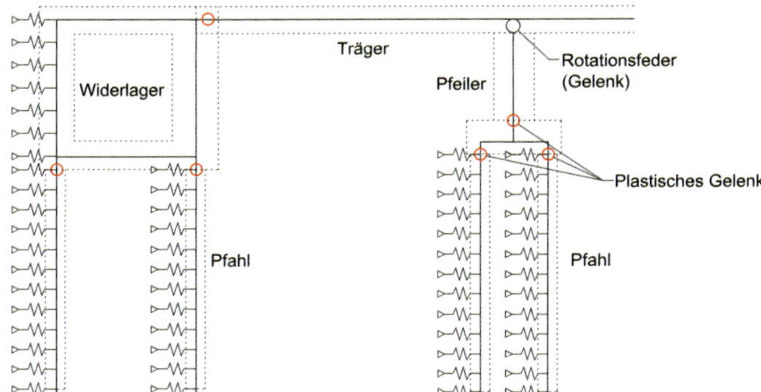

Bild 8.11 Modell von Widerlager und Pfeiler mit Unterbau und Gründung [58]

Die nichtlinearen Eigenschaften des Bodens sowie des Hinterfüllmaterials und die dadurch resultierenden Beanspruchungen wurden in Abhängigkeit der Tiefenlage und der örtlichen Verschiebungen durch nichtlineare Federn abgebildet. Die Steifigkeit der Gründung und der Pfeiler sowie das Steifigkeitsverhältnis zwischen Überbau und Unterbau hat dadurch einen großen Einfluss auf die auftretenden Beanspruchungen und kann durch eine geschickte Systemwahl positiv beeinflusst werden.

Im beschriebenen Fall wurde für die anstehenden Böden und das Hinterfüllmaterial für lockere, mitteldicht und dicht gelagerte kohäsionslose Böden der Ansatz von *Clough* und *Duncan* herangezogen, der zum Beispiel im NCHRP (National Cooperative Highway Research Program) Bericht Nr. 343 [59] oder auch im Foundation Engineering Handbook [60] beschrieben wird.

Im Allgemeinen kann der Boden dabei über ein nichtlineares elastisch-plastisches Verhalten beschrieben werden, wobei die Erddruckbeiwerte K_p für den passiven, K_a für den aktiven und K_0 für den Erdruhedruck stehen. $\Delta L/H$ gibt das Verhältnis zwischen horizontaler Verschiebung und Höhe des Widerlagers an. Als oberer Grenzwert für eine Bewegung des Widerlagers zur Hinterfüllung wurde der passive Erddruck angesetzt. Als unterer Grenzwert bei Bauwerksverschiebung wurde der aktive Erddruck angesetzt.

Die beschriebenen allgemeinen Verhältnisse wurden für die Isola-della-Scala-Brücke mit den in Tabelle 8.1 aufgeführten Festlegungen für das Modell (mittlere Lagerungsdichte) gewählt.

Tabelle 8.1 Bodeneigenschaften für die Hinterfüllung [58]

Lagerung	Wichte kN/m³	φ Grad	K_0	K_a	K_p	Δ_a/H	Δ_p/H
Locker	16	30	0,50	0,33	3,0	0,004	0,04
Mittel	18,5	37	0,40	0,25	4,0	0,002	0,02
Dicht	20	45	0,29	0,17	5,8	0,001	0,01

Das Interaktionsverhalten der Bohrpfähle mit dem Boden wurde über nichtlineare horizontale Bodenfedern abgebildet. Für die Definition der Federkennwerte wurde auf die Grundlagen der erdölfördernden Industrie API (American Petroleum Institute) [61] zurückgegriffen, welche für horizontal beanspruchte Pfähle sehr umfangreiche Untersuchungen durchgeführt und entsprechende Festlegungen getroffen haben. Diese bauen auf Messungen des Erdwiderstands infolge der Verschiebung in unterschiedlichen Tiefenlagen unter Berücksichtigung einer statischen sowie zyklischen Belastung auf und wurden bereits in den 1970er- und 1980er-Jahren für weichen und steifen Ton sowie Sand durchgeführt.

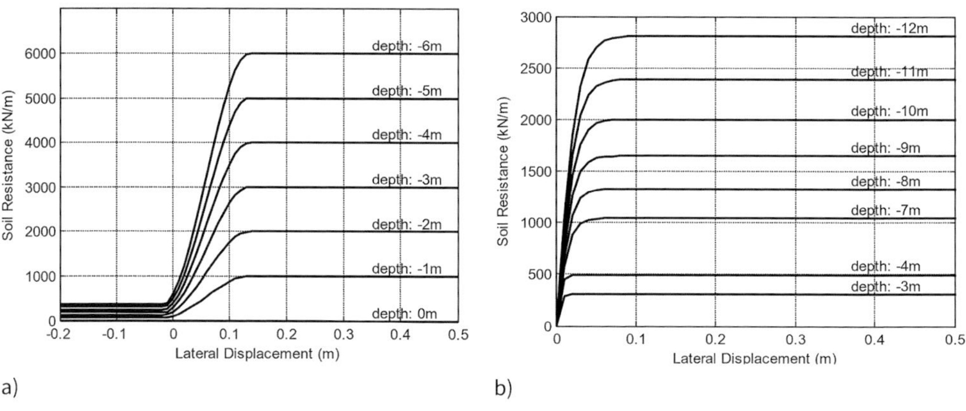

Bild 8.12 Erdwiderstand und Verschiebung für a) Widerlager und b) Pfähle [58]

Für die Bemessung wurden die Bodenkennwerte sowie die daraus resultierenden Federsteifigkeiten von lockerer bis dichter Lagerung variiert, um untere und obere Grenzwerte für die Schnittgrößen zu erhalten.

Im Zuge der Modellbildung wurde in den Widerlagerachsen SP1 und SP2 eine beschränkte Einspannwirkung des Überbaus in das Widerlager angesetzt. Der durchlaufende Überbau wurde an allen übrigen Achsen P1 bis P12 vorerst gelenkig an den Unterbau angeschlossen. Im Zuge der weiteren Modellbildung und Kalibrierung wurde diese Verbindung jedoch durch eine Rotationsfeder ersetzt.

Die Lastansätze für das Tragwerk erfolgten gemäß Eurocode, wobei für die Verkehrslast das Lastmodell LM 1 angesetzt wurde. In Hinblick auf die Temperaturansätze wurden ein gleichmäßiger Temperaturanteil und eine Temperaturdifferenz über den Tragwerksquerschnitt angesetzt (Tabelle 8.2).

Tabelle 8.2 Temperaturansätze und Kombinationen für die Brücke [58]

	Gleichmäßiger Temperaturgradient ΔT_N [°C]	Vertikaler Temperaturgradient ΔT_M [°C]	ω_M	Kombination
Oberseite wärmer als Unterseite	–20 bis +20	10	0,75	$\omega_M \Delta T_M + \Delta T_N$
Unterseite wärmer als Oberseite	–20 bis +20	5	0,75	$\omega_M \Delta T_M + \Delta T_N$

Da die Temperatur bei der Herstellung die Zwangsschnittgrößen im Bauwerk beeinflusst, wurden im Zuge der Planung alle Bauphasen und insbesondere die Fugenschlüsse im Tragwerk auf die zu erwartete Lufttemperatur ausgerichtet.

Aufgrund des Bauwerksalters – die Fertigteilträger waren zum Zeitpunkt der Wideraufnahme der Bauarbeiten bereits 5 Jahre alt – wurden Effekte aus Kriechen und Schwinden nicht berücksichtigt. Bei der Planung der Fugenschlüsse wurde so vorgegangen, dass Schwindeffekte weitgehend minimiert wurden.

Für das Tragwerk wurden auf wissenschaftlicher Basis umfangreiche Parameterstudien durchgeführt, um unterschiedliche Einflüsse auf die Bemessung und das Bauwerk besser beurteilen zu können [58]. Dabei konnte insbesondere gezeigt werden, dass die Rahmenecken bei den Widerlagerachsen SP1 und SP2 sehr stark auf eine Veränderung der Bodeneigenschaften und der Temperaturansätze reagieren. Das ist auf die relativ steife Ausbildung der Widerlager zurückzuführen. Bei den übrigen Bauwerksachsen haben diese Einflüsse weniger deutliche Auswirkungen auf die Schnittgrößen des Überbaus und der Pfeiler. Die bei diesen Studien abgeleiteten Erkenntnisse weisen eine gute Übereinstimmung mit den in Abschnitt 4.5.3 zusammengefassten Grundprinzipien für den Entwurf auf.

Die zugehörigen Gründungen zeigen für die beiden Widerlagerachsen eine starke Sensitivität auf Verschiebungen und horizontale Beanspruchungen bei Variation der angesetzten Bodenparameter, während die zugehörigen Biegemomente in den Pfählen weniger stark reagierten. Da der Temperaturlastfall für integrale Brücken maßgebend sein kann, wurde eine Kapazitätsbemessung (Pushover-Analyse) bezogen auf die Biegemomente und Normalkräfte für kritische Querschnitte durchgeführt und die Ausbildung plastischer Gelenke untersucht. Dabei konnten folgende Ergebnisse abgeleitet werden:

- Die Verteilung der Biegemomente im Überbau liegen bis auf die beiden Widerlagerachsen SP1 und SP2 in einem für den Stahlbetonbau üblichen Bereich. Die Normalkräfte im Überbau zeigen ein starkes Ansprechen auf die angesetzte Temperatur.
- Die Rotationsfähigkeit sowie die Ermüdung mussten bei den plastischen Gelenken durch entsprechende Nachweise erbracht werden.
- Für die Stützen zeigte sich eine geringere Temperatursensibilität in Hinblick auf die auftretenden Normalkräfte. Bezogen auf die Biegemomente kann ein Übergang in den plastischen Bereich am Stützenfuß beginnend von Achse P1 in Richtung P6 mit steigenden bzw. umgekehrt bei fallenden Temperaturen beobachtet werden.

- Die Pfähle bei den Stützenachsen zeigen generell nur eine geringe Sensibilität der Normalkräfte und Biegemomente auf Temperaturveränderungen. Für die Widerlagerachsen bildet sich bei hohen Temperaturen jedoch ein plastisches Gelenk am Pfahlkopf aus (Bild 8.13).

ΔT [°C]	Dehnweg [m]	Ausbildung Gelenke	Schema für Verformung
0	0,0025	–	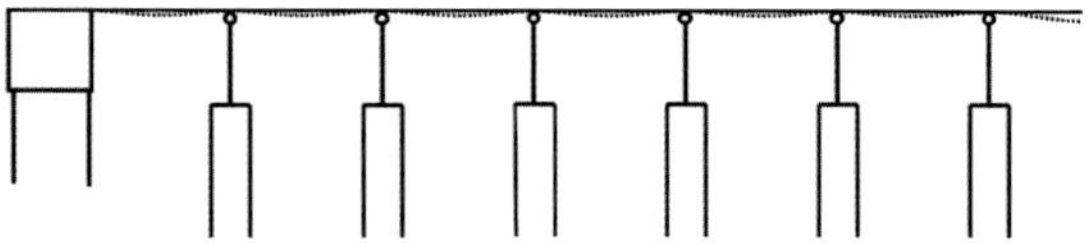
+20	0,0328	P1, P0b	
+30	0,0499	P2	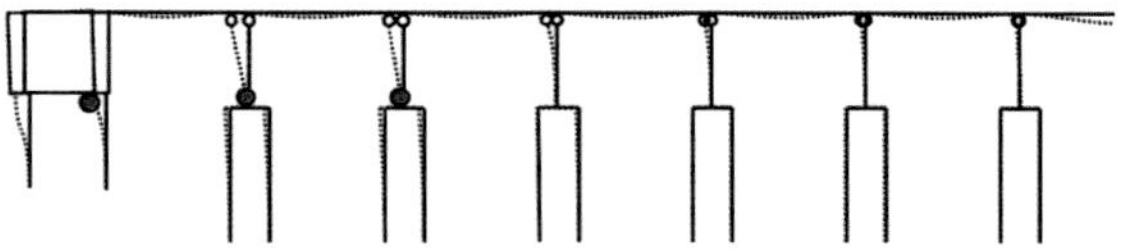
+40	0,0675	P3, P0a	

Bild 8.13 Ausbildung plastischer Gelenke bei der Erwärmung des Tragwerks [58]

ΔT [°C]	Dehnweg [m]	Ausbildung Gelenke	Schema für Verformung
0	0,0025	–	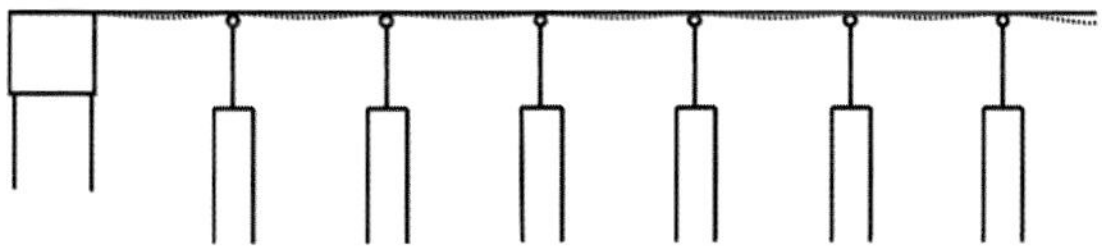
-20	0,0280	P1, P0a	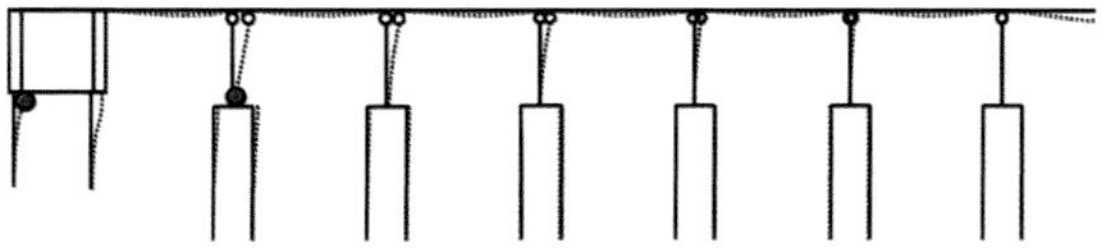
-30	0,0462	P2	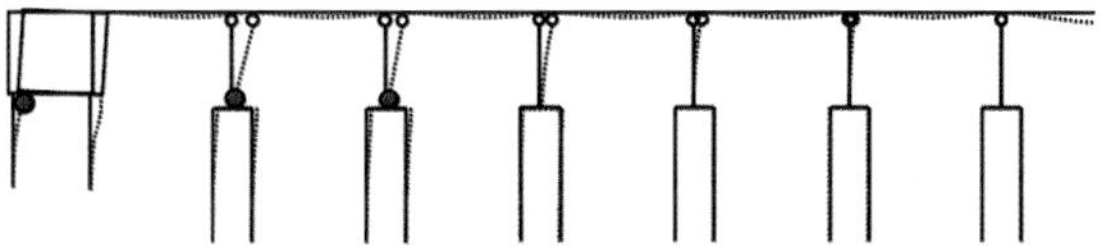
-40	0,0645	P3, P0b	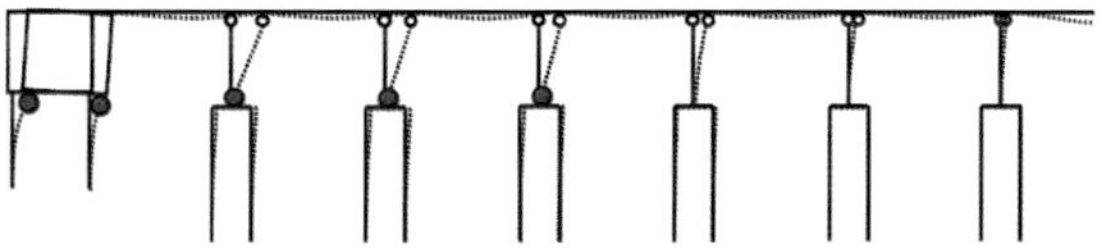

Bild 8.14 Ausbildung plastischer Gelenke bei der Abkühlung des Tragwerks [58]

Eine ausführliche Dokumentation dieser Untersuchungen enthält [58]. Zusammenfassend konnten in der Sensitivitätsstudie sowie der Kapazitätsbemessung folgende wesentliche Erkenntnisse abgeleitet werden:

- Die Normalkräfte im Überbau und in den Pfählen werden durch die Temperaturansätze stark beeinflusst. Dies trifft im besonderen Maße auf die Rahmenecken der Widerlager sowie die am weitesten vom Bewegungsruhepunkt entfernten Stützen zu.
- Unterschiedliche Bodenkennwerte bzw. deren Variation haben einen großen Einfluss auf die Biegemomente in den Rahmenecken der Widerlager Achse SP1 und SP2 sowie auf die Verteilung der Normalkräfte im Überbau. Dieser Effekt ist für eine Bauwerksabkühlung deutlich stärker ausgeprägt als für eine Bauwerkserwärmung und wird durch die unterschiedlichen Reaktionen des Tragwerks auf die Veränderung des aktiven und passiven Erddrucks hinter dem Widerlager und den unterschiedlichen Lastfallkombinationen verursacht.
- Bei der Untersuchung konnte gezeigt werden, dass schlanke und biegeweiche Stützen und Gründungen einen sehr positiven Einfluss auf das Bauwerksverhalten ausüben. Biegeweiche (flexible) Widerlager oder die Ausbildung von Betongelenken im Bereich des Widerlagers bei langen integralen Brücken sind somit ein möglicher Lösungsansatz, um die Schnittgrößen im Bauwerk wirtschaftlich abdecken zu können.

8.2.3 Bauherstellung

Im Jahr 2006 wurden schließlich mit dem vorliegenden Konzept die Bauarbeiten für das Tragwerk erneut aufgenommen. In einem ersten Arbeitsschritt wurden die bestehende und teilweise fertiggestellte Stahlbeton-Fahrbahnplatte abgebrochen und die vorgespannten Fertigteilträger freigelegt.

Um ein fugenloses Bauwerk zu erzielen und die negativen Stützmomente im Bereich der Pfeiler und der beiden Widerlager abzudecken, wurde vorgesehen, alle Fugen zu bewehren und auszubetonieren. Dazu wurden nicht nur der Lagerspalt und die Fuge entlang der Träger in Querrichtung gefüllt, sondern insbesondere der Raum innerhalb der V-förmigen Träger auf eine Länge von 2 m ausbetoniert. Neben der Bewehrung der Fuge in Querrichtung des Tragwerks wurden ursprünglich spezielle Kopfbolzendübel vorgesehen (siehe dazu Bild 8.15) [57].

Die Dübel weisen eine spezielle Z-förmige Grundplatte auf, welche teilweise in den bestehenden Beton eingebettet wird. Umfangreiche Versuche wurden an der Universität von Venedig durchgeführt, um das vorgesehene Tragverhalten der Dübel und das Verbundverhalten verifizieren zu können.

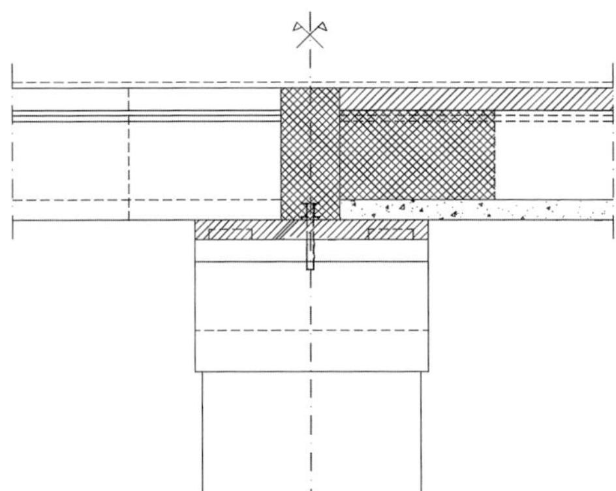

Bild 8.15 Konzept der Fugenausbildung [58]

Die in der Fuge auftretenden Zugkräfte werden in die Bewehrung der Fahrbahnplatte übertragen. Um die bei der Bemessung vorgesehene Beschränkung der Rissbreiten auf 0,1 mm zu gewährleisten, war ein Bewehrungsgrad von rund 2,5 % in der Platte erforderlich.

Vorgesehen wurde auch, die bestehenden Lager nicht zu entfernen, sondern den Lagerspalt mittels selbstverdichtendem Hochleistungsbeton auszufüllen. Um eine tragfähige monolithische Verbindung zwischen Pfeiler und Tragwerk zu gewährleisten, wurde der Pfeilerkopf lokal abgetragen und ein Stahlprofil eingebaut. Zusätzlich wurden auch in diesem Bereich Kopfbolzendübel angeordnet. Bevor die Umbauarbeiten tatsächlich in Angriff genommen wurden, erfolgte auf Wunsch des Bauherrn noch eine Änderung bei der Wahl der Verbundmittel innerhalb der Fertigteilträger, da durch ein Versetzen der Dübel ein Risiko für die Verankerungsbereiche der Vorspannung befürchtet wurde. Aus diesem Grund wurde entschieden, nach Aufrauen der Betonoberfläche durch Sandstrahlen einen Verbund über das Aufbringen einer Epoxi-Verklebung zu realisieren.

Bild 8.16 Isola-della-Scala-Brücke während der Umbaumaßnahmen (Foto: T. Zordan) [62]

Im Detail wurden folgende Arbeitsschritte durchgeführt.

- Die bestehende und teilweise fertiggestellte Fahrbahnplatte wurde abgebrochen und entfernt. Ferner wurde im Bereich der Fugen zwischen den Fertigteilträgern der Pfeilerkopf lokal abgebrochen.
- Die betonberührten Flächen der Fertigteilträger wurden sandgestrahlt, um die erforderliche Rauheit in der Verbundfuge zu gewährleisten.
- Die Schubübertragung zwischen Pfeiler und Überbau erfolgte durch den Einbau eines massiven Stahlträgers in den zuvor freigelegten Bereich des Pfeilerkopfes.
- Die Fuge zwischen den Fertigteilträgern in Querrichtung sowie der Bereich innerhalb der V-förmigen Fertigteile wurden bewehrt und die Kopfbolzendübel angeordnet (Bild 8.17).
- Auf die zuvor durch Sandstrahlen behandelten Oberflächen wurde nach sorgfältiger Reinigung ein Epoxi-Adhäsiv aufgebracht und anschließend bei noch nicht ausgehärtetem Epoxi die Betonage durchgeführt.

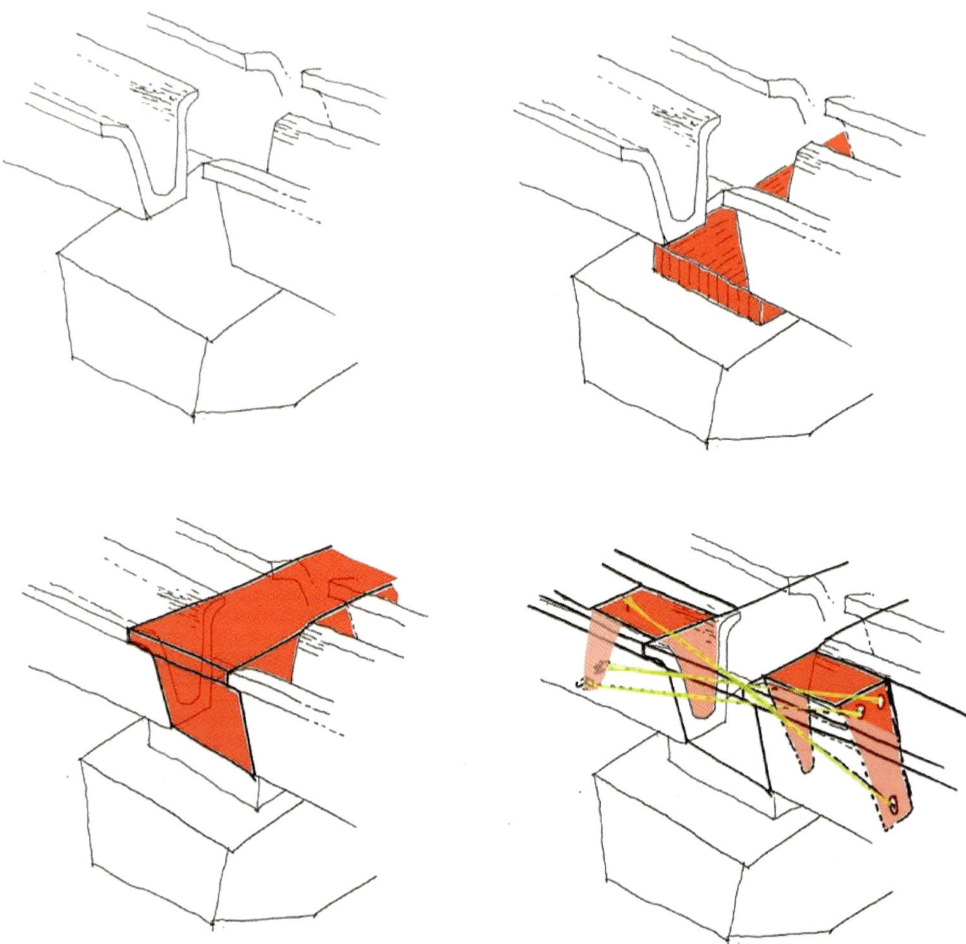

Bild 8.17 Ausführung der Fuge – Ausführungsskizzen [62]

Nach Fertigstellung des Bauwerks waren umfangreiche messtechnische Untersuchungen erforderlich, um das tatsächliche Bauwerksverhalten mit den rechnerischen Annahmen abgleichen zu können. Dazu wurden Schwingungsuntersuchungen auf Basis der ambienten (umweltbedingten) Anregung durchgeführt und die modalen Parameter Eigenfrequenzen und Eigenschwingungsformen des Tragwerks bestimmt.

Parallel dazu wurden mithilfe des zur statischen Berechnung herangezogene Finite-Elemente-Modells die theoretischen modalen Parameter bestimmt und den messtechnisch ermittelten Werten gegenübergestellt. Auf Basis der erzielten Ergebnisse wurden Anpassungen des FE-Modells durchgeführt und die in Tabelle 8.3 aufgeführte Übereinstimmung erzielt.

Tabelle 8.3 Vergleich der gemessenen und gerechneten Eigenfrequenzen [58]

Frequenz Nr.	Mode	Eigenfrequenz [Hz]		Abweichung [%]
		Messung	Rechnung	
1	horizontal	2,83	2,89	2,1
2	horizontal	3,12	3,03	–3,0
3	horizontal	3,44	3,21	–7,4
4	vertikal	6,17	6,09	–1,4
5	vertikal	6,26	6,22	–0,6
6	vertikal	6,50	6,63	2,0

Bei der Anpassung des Rechenmodells konnte festgestellt werden, dass die Modellierung des Knotens zwischen Stützen und Überbau einen entscheidenden Faktor für die Übereinstimmung der Ergebnisse darstellt. Während ein gelenkiger Anschluss deutlich zu niedrige Eigenfrequenzen ergab, führte ein vollständig biegesteifes Rahmeneck zu Eigenfrequenzen, welche deutlich oberhalb der gemessenen Werte lagen. Im Zuge der Modellanpassungen wurde daher eine Rotationsfeder mit einer horizontalen Steifigkeit von $k_r = 4{,}8 \times 10^3$ MNm/rad [58] angesetzt, um eine optimale Übereinstimmung von Rechnung und Messung zu erzielen. Der ausgebildete Anschlussbereich zwischen Stütze und Überbau kann daher offensichtlich durch die auftretenden vertikalen Kräfte und daraus resultierenden Reibungskräfte eine gewisse Rotationssteifigkeit aufweisen und somit auch Biegemomente übertragen.

Bild 8.18 Ausführung der Fuge mit Epoxi nach dem Bewehren (Foto: T. Zordan) [60]

Die Brücke wurde im Jahr 2007 für den Verkehr freigegeben und ist seither ohne Schäden durchgehend in Betrieb. Das Bauwerk stellt daher aktuell neben der Sunnibergbrücke in der Schweiz eine der längsten integralen Brücken in Europa dar und beweist die Machbarkeit von Integralisierungsmaßnahmen auch für sehr große Tragwerkslängen. Dazu ist jedoch hoher Innovationswille und der Mut zum Betreten von Neuland abseits von Erfahrungswerten bei allen an einem solchen Projekt Beteiligten Personenkreisen erforderlich.

Der engen und iterativen Zusammenarbeit von Bauherr, Planungsbüro, Prüfingenieur, Bodengutachter und den ausführenden Firmen ist es zu verdanken, dass bereits wichtige Meilensteine für die integrale Bauweise im Neubau und der Instandsetzung erreicht werden konnten. Monolithische Bauwerke haben aber auch noch für künftige Weiterentwicklungen sehr viel Potenzial, um unseren Bauwerksbestand attraktiver, dauerhafter und über den Lebenszyklus betrachtet wirtschaftlicher zu machen. Schrittweise wagt man sich in den letzten Jahren an anspruchsvollere Tragwerke in integraler Bauweise heran. Dabei kann – unterstützt durch mehrere Forschungsprojekte sowie begleitende Messungen – vertiefte Kenntnis und ein besseres Verständnis des realen Tragverhaltens abgeleitet werden. Daraus lässt sich mit Sicherheit weiteres Potenzial für Entwicklungen bei diesem Konstruktionstyp erschließen.

Literaturverzeichnis

Referenzen

[1] Heimatverein Bad Klosterlausnitz e. V.: Die Autobahnbrücke über die Saale in Göschwitz – Steckbrief. URL: http://hermsdorf-regional.de/autobahn-rasthof/bruecken/goeschwitz/Saalebruecke.htm.

[2] Leonhardt, F.: Spannbeton für die Praxis. Verlag von Wilhelm Ernst & Sohn, Berlin, München, Düsseldorf, 1973.

[3] Engelsmann, S.; Schlaich, J.; Schäfer, K.: Entwerfen und Bemessen von Betonbrücken ohne Fugen und Lager. Beuth Verlag, Deutscher Ausschuss für Stahlbeton, Heft 496, Berlin, 1999.

[4] Kaufmann, W.: Integrale Brücken – Sachstandsbericht. Eidgenössisches Departement für Umwelt, Verkehr, Energie und Kommunikation; Bundesamt für Strassen, 2008.

[5] Bundesministerium für Verkehr – BMV–, Abteilung Straßenbau, Bonn; Ruhrberg, R: Schäden an Brücken und anderen Ingenieurbauwerken. Ursachen und Erkenntnisse. Dokumentation 1994. Verkehrsblatt-Verlag, Dortmund, 1994.

[6] Geier, R.; Klampfer, S.; Grbic, S.: Planung und Ausführung einer direkt befahrbaren integralen Brücke in Österreich. Beton- und Stahlbetonbau 105 (2010), Heft 3, S. 186–195.

[7] Hauff, V. (Hrsg.): Unsere gemeinsame Zukunft. Der Brundtland-Bericht der Weltkommission für Umwelt und Entwicklung. Eggenkamp Verlag, Greven 1. Auflage 1987, 2. Auflage 1999.

[8] Deutsche Gesellschaft für Nachhaltiges Bauen e. V. (DGNB): DGNB-Handbuch für Nachhaltiges Bauen. Version 2015.

[9] Bundesministerium für Umwelt, Naturschutz, Bau und Reaktorsicherheit (BMUB): Bewertungssystem Nachhaltiges Bauen (BNB), www.bnb-nachhaltigesbauen.de.

[10] BRE Global Ltd.: BREEAM International New Construction 2016, Technical Manual SD233 1.0, Watford 2016.

[11] U.S. Green Building Council: LEED Reference Guide for Building Design and Construction. v4 Washington 2013.

[12] Bundesministerium für Umwelt, Naturschutz, Bau und Reaktorsicherheit (BMUB): online Datenbank ÖKOBAUDAT, www.oekobaudat.de.

[13] Mielecke, T.; Kistner, V.; Graubner, C.-A.; Knauf, A.; Fischer, O.; Schmidt-Thrö, G.: Entwicklung einheitlicher Bewertungskriterien für Infrastrukturbauwerke im Hinblick auf Nachhaltigkeit. Bundesanstalt für Straßenwesen (Hrsg.), Berichte der Bundesanstalt für Straßenwesen, Brücken- und Ingenieurbau, Heft B 125, Bergisch Gladbach 2016.

[14] Schmidt-Thrö, G.; Mielecke, T.; Jungwirth, J.; Graubner, C.-A.; Fischer, O.; Kuhlmann, U.; Hauf, G.: Pilotstudie zum Bewertungsverfahren Nachhaltigkeit von Straßenbrücken im Lebenszyklus. Bundesanstalt für Straßenwesen (Hrsg.), Berichte der Bundesanstalt für Straßenwesen, Brücken- und Ingenieurbau, Heft B 131, Bergisch Gladbach 2016.

Integrale Brücken: Entwurf, Berechnung, Ausführung, Monitoring, Erste Auflage.
Roman Geier, Volkhard Angelmaier, Carl-Alexander Graubner, Jaroslav Kohoutek.

[15] Graubner, C.-A.; Ramge, P.; Hess, R., Ditter, M.; Lohmeier, M.: Pre-Check der Nachhaltigkeitsbewertung für Brückenbauwerke. Bundesanstalt für Straßenwesen (Hrsg.), Berichte der Bundesanstalt für Straßenwesen, Brücken- und Ingenieurbau, Heft B 132, Bergisch Gladbach 2016.

[16] Kuhlmann, U. et al.: Nachhaltigkeitsanalysen von Stahlverbundbrücken. Stahlbau 83 (2014) Heft 7, S. 476–486.

[17] Mielecke, T.; Graubner, C.-A.; Ramge, P.; Hess, R. Pola, V.; Caspari, W.: Anforderungen an Baustoffe, Bauwerke und Realisierungsprozesse der Straßeninfrastrukturen im Hinblick auf Nachhaltigkeit. Bundesanstalt für Straßenwesen (Hrsg.), Berichte der Bundesanstalt für Straßenwesen, Brücken- und Ingenieurbau, Heft B 133, Bergisch Gladbach 2016.

[18] Schlaich, J.; Schmitt, V.; Marx, S. et al.: Leitfaden Gestalten von Eisenbahnbrücken. DB Netze, Stuttgart, München, Leipzig, 2008.

[19] Leonhardt, F.: Brücken – Ästhetik und Gestaltung. Deutsche Verlags-Anstalt DVA, 1994.

[20] Pötzl, M.; Schlaich, J.; Schäfer, K.: Grundlagen für den Entwurf, die Berechnung und konstruktive Durchbildung lager- und fugenloser Brücken. Beuth Verlag, Deutscher Ausschuss für Stahlbeton, Heft 461, Berlin, 1996.

[21] Pötzl, M.; Naumann, F.: Fugenlose Betonbrücken mit flexiblen Widerlagern. Beton- und Stahlbetonbau 100 (2005), Heft 8, S. 675–685.

[22] Geier, R.: Development of Integral Bridge Design in Austria. Proceedings of 34th IABSE Symposium, ISSN 2221-3783, Venice 2010.

[23] DB Netz AG: Verkehrsprojekt Deutsche Einheit Nr. 8. Bahnmagistrale Nürnberg – Erfurt – Leipzig/Halle – Berlin. Online im Internet: URL: http://www.vde8.de/.

[24] Handbuch INTAB. Wirtschaftliche und dauerhafte Bemessung von Verbundbrücken mit Integralen Widerlagern. RWTH Aachen University, Lehrstuhl für Stahlbau und Leichtmetallbau und Institut für Stahlbau, Aachen, 2010.

[25] Fendrich, L.: Handbuch Eisenbahninfrastruktur. Springer Verlag, Berlin, 2007.

[26] Freystein, H.: Interaktion Gleis/Brücke – Stand der Technik und Beispiele. Stahlbau 79 (2010), Heft 3, S. 220–231.

[27] Ruge, P.; Birk, C.; Muncke, M.; Schmälzlin, G.: Schienenlängskräfte auf Brücken bei nichtlinearer Überlagerung der Lastfälle Temperatur, Tragwerksbiegung, Bremsen. Bautechnik 82 (2005), Heft 11, S. 818–825.

[28] Menge, M.; Petraschek, T.: Interaktion Gleis-Tragwerk – Entwurfskriterium der Steyrtalbrücke. Bauingenieur 88 (2013), Heft 4, S. 177–184.

[29] Geier, R.; Menge, M.; Mack, T.; Petraschek, P.: ÖBB Steyrtalbrücke – Belastungsprobe und Langzeitmessungen. Beton- und Stahlbetonbau 111 (2016), Heft 8, S. 505–515.

[30] Mangerig, I. et al.: Bewertung der Sicherheitsanforderungen von Temperatureinwirkungen auf Brücken. Stahlbau 79 (2010), Heft 3, S. 167–180.

[31] Vogt, N.: Erdwiderstandsermittlung bei monotonen und wiederholten Wandbewegungen in Sand. Dissertation. Universität Stuttgart, Baugrundinstitut, Stuttgart, 1984.

[32] Frenzel, B. et al.: Bestimmung von Kombinationsbeiwerten und -regeln für Einwirkungen auf Brücken. Bundesministerium für Verkehr, Bonn – Bad Godesberg, 1996.

[33] Graubner, C.-A., Kohoutek, J. et al.: Integrale Brücken im Wandel der Zeit. Tagungsband 25. Dresdener Brückenbausymposium, Dresden 2015.

[34] EAB: Empfehlungen des Arbeitskreises „Baugruben" EAB 5. Auflage. Deutsche Gesellschaft für Geotechnik e. V. Ernst & Sohn GmbH & Co. KG, Berlin, 2012.

[35] Kany, M.: Berechnung von Flächengründungen, 1. und 2. Band, 2. Auflage. Verlag Ernst & Sohn, Berlin / München / Düsseldorf, 1974.

[36] EA Pfähle: Empfehlungen des Arbeitskreises „Pfähle" EA-Pfähle, 2. Auflage, Deutsche Gesellschaft für Geotechnik e. V. Ernst & Sohn GmbH & Co. KG, Berlin, 2012.

[37] Reiterer, M.; Strauss, A.; Geier, R.: Monitoringbasierte Analyse einer integralen Brücke – Planung integraler Brücken. Straßenforschung Heft 596. Bundesministerium für Verkehr, Innovation und Technologie. Wien, 14.04.2011.

[38] Dreier, D.; Muttoni, A.: Tragwerk-Baugrund Interaktion: Brücken mit Integralen Widerlagern. Eidgenössisches Departement für Umwelt, Verkehr, Energie und Kommunikation; Bundesamt für Strassen. Dezember 2010.

[39] Muttoni, A. et al.: Experimentelle Überprüfung von Widerlagern integraler Brücken. Eidgenössisches Departement für Umwelt, Verkehr, Energie und Kommunikation; Bundesamt für Strassen. Dezember 2013.

[40] Marx, S.; Schacht, G.: Betongelenke im Brückenbau. Bericht zum DBV-Forschungsvorhaben 279. Deutscher Beton- und Bautechnik-Verein E. V. Berlin 2010.

[41] Technisches Planungshandbuch PlaBP der ASFiNAG, Pläne zur technischen Richtlinie, Regelplan Nummer 800.300 1543 integrale Brücken – Hinterfüllung, Juli 2011. http://www.asfinag.net/Home/PlaPB.

[42] Kollegger, J.; Eichwalder, B.: Patent Österreich Nr. AT 514036: Fahrbahnübergangsvorrichtung.

[43] Eichwalder, B.; Kleiser, M.: Dauerhafte Fahrbahnübergangskonstruktion aus Beton für lange integrale Brücken – Erprobung eines neuen Systems an einem Prototyp und Einsatz bei einem Pilotprojekt. Baukongress Wien, 2016.

[44] Objekt A5.24 – Talübergang Satzengraben, Technischer Bericht inklusive Monitoring, Ausschreibungsprojekt 2014 für die A5 Nord Autobahn Abschnitt Schrick-Poysbrunn. Verfasser Objektplanung Öhlinger+Partner, Werner Consult, FCP. 2015.

[45] Hartl, H.: Neubau mit konventionellem Widerlager ohne Fahrbahnübergänge – Integrale Brücke im Zuge der Umfahrung Oberwart. Verlagsgruppe Wiederspahn, Heft Brückenbau, Ausgabe 1/2, 2014, S. 40–45.

[46] Hartl, H.: Erfahrung mit einer längsdehnweichen Schleppplatte bei einer 90 m Brücke ohne FÜK. Brückentagung, 13. Juni 2013, Wien, http://www.brueckentagung.at/.

[47] Geier, R.; Österreicher, M.; Pircher, M.: Langzeitmessungen an einer Eisenbahnbrücke. Beton- und Stahlbetonbau 103 (2008), Heft 6, S. 378–387.

[48] Kral, H.; Kuhnle, T.; Spindlböck, S.; Kolik, G.: Die Seitenhafenbrücke in Wien. Beton- und Stahlbetonbau 107 (2012), Heft 3, S. 183–191.

[49] Kleiser, M.: Ganzheitliches Entwerfen im Brückenbau. Konstruktive Formbildung als ingeniöse Aufgabe. Verlagsgruppe Wiederspahn, Heft Brückenbau, Ausgabe 1/2, 2016, S. 122–127.

[50] PCD ZT GmbH: Objekt B0245 – Seitenhafenbrücke Wien, Ausschreibungsprojekt 2009 für die B14 Seitenhafenstraße. 2009.

[51] Geier, R.; Mack, T.; Krebes, E.: Monitoring der Seitenhafenbrücke in Wien. Beton- und Stahlbetonbau 109 (2014), Heft 7, S. 486–495

[52] Glötzl Gesellschaft für Baumesstechnik mbH: GHD 3: Elektronische Präzisions-Schlauchwaage, Hydrostatisches Setzungsmesssystem. Produktdatenblatt, http://www.gloetzl.de/fileadmin/produkte/1%20Messwertaufnehmer/3%20Setzung%20und%20Hebung/P_70.10_GHD3_de.pdf.

[53] Hartl, H.: Neuerrichtung und Bewegungen einer 90 m langen Brücke mit steifen Widerlagern ohne Lager und ohne Fahrbahnübergänge bei Oberwart. Brückentagung, Juni 2011, Wien, http://www.brueckentagung.at/.

[54] Schwager, M.: Development, analysis and applications of an ‚inclinodeformeter' device for earth pressure measurements. Dissertation ETH Zürich, 2013.

[55] Marte, R.; Ausweger, G.: Monitoring of landslides with a novel device for measuring earth pressures – Inclinodeformeter. Geotechnics of Roads and Railways. Eds: Brandl, H.; Adam, D. Proceedings of the 15th Danube-European Conference on Geotechnical Engineering, 09.–11.10.2014.

[56] dsp Ingenieure & Planer AG, Greifensee: Messungen an der Zufahrtsrampe BW 714 der Nordwestumfahrung Zürich, Dreieck Zürich West.

[57] Zordan, T.; Briseghella, B.: Attainment of an Integral Abutment Bridge through the Refurbishment of a Simply Supported Structure. Structural Engineering International SEI, Issue 3, 2007, pp. 228–234.

[58] Lan, C.: On the Performance of Super-Long Integral Abutment Bridges. Parametric Analysis and Design Optimization. Doctoral Thesis, Engineering of Civil and Mechanical Structural Systems, University of Trento, 24.04.2012.

[59] Barker R. M.; Duncan J. M. K.; Rojiani K. B.; Ooi, P. S. K.; Kim S. G.: Manuals for the Design of Bridge Foundation, NCHRP Rep. 343, Transportation Research Board, National Research Council, Washington D. C., 1991.

[60] Clough, G.; Duncan, J.: Foundation Engineering Handbook. Van Nostrand Reinhold, New York, 1991.

[61] American Petroleum Institute: Recommended Practice for Planning, Designing, and Constructing Fixed Offshore Platforms: Working Stress Design, RP 2A-WSD, API Publishing Services, Washington D. C., 2000.

[62] Bolina ingegneria http://www.bolinaingegneria.com/about.php?id=10.

Normen und Richtlinien

DIN 1054:2010-12: Baugrund – Sicherheitsnachweise im Erd- und Grundbau – Ergänzende Regelungen zu DIN EN 1997-1. Beuth Verlag GmbH, Berlin, 2010.

DIN 1076:1999-12: Ingenieurbauwerke im Zuge von Straßen und Wegen – Überwachung und Prüfung. Beuth Verlag GmbH, Berlin, 1999.

DIN 4018:1974-09: Baugrund; Berechnung der Sohldruckverteilung unter Flächengründungen. Beuth Verlag GmbH, Berlin, 1974.

DIN 4019:2015-05: Baugrund – Setzungsberechnungen. Beuth Verlag GmbH, Berlin, 2015.

DIN 4085:2011-05: Baugrund – Berechnung des Erddrucks. Beuth Verlag GmbH, Berlin, 2011.

DIN-Fachbericht 101:2009-03: Einwirkungen auf Brücken. Beuth Verlag GmbH, Berlin, 2009.

DIN EN 1990:2010-12: Eurocode 0: Grundlagen der Tragwerksplanung; Deutsche Fassung EN 1990:2002 + A1:2005 + A1:2005/AC:2010. Beuth Verlag GmbH, Berlin, 2010.

DIN EN 1991-1-1:2010-12: Eurocode 1: Einwirkungen auf Tragwerke – Teil 1-1: Allgemeine Einwirkungen auf Tragwerke – Wichten, Eigengewicht und Nutzlasten im Hochbau; Deutsche Fassung EN 1991-1-1:2002 + AC:2009. Beuth Verlag GmbH, Berlin, 2010.

DIN EN 1991-1-5:2010-12: Eurocode 1: Einwirkungen auf Tragwerke – Teil 1-5: Allgemeine Einwirkungen – Temperatureinwirkungen; Deutsche Fassung EN 1991-1-5:2003 + AC:2009. Beuth Verlag GmbH, Berlin, 2010.

DIN EN 1991-1-5/NA:2010-12: Nationaler Anhang – National festgelegte Parameter – Eurocode 1: Einwirkungen auf Tragwerke – Teil 1-5: Allgemeine Einwirkungen – Temperatureinwirkungen. Beuth Verlag GmbH, Berlin, 2010.

DIN EN 1991-2:2010-12: Eurocode 1: Einwirkungen auf Tragwerke – Teil 2: Verkehrslasten auf Brücken; Deutsche Fassung EN 1991-2:2003 + AC:2010. Beuth Verlag GmbH, Berlin, 2010.

DIN EN 1992-1-1:2011-01: Eurocode 2: Bemessung und Konstruktion von Stahlbeton- und Spannbetontragwerken – Teil 1-1: Allgemeine Bemessungsregeln und Regeln für den Hochbau; Deutsche Fassung EN 1992-1-1:2004 + AC:2010. Beuth Verlag GmbH, Berlin, 2011.

DIN EN 1992-2:2010-12: Eurocode 2: Bemessung und Konstruktion von Stahlbeton- und Spannbetontragwerken – Teil 2: Betonbrücken – Bemessungs- und Konstruktionsregeln; Deutsche Fassung EN 1992-2:2005 + AC:2008. Beuth Verlag GmbH, Berlin, 2010.

DIN EN 1992-2/NA:2013-04: Nationaler Anhang – National festgelegte Parameter – Eurocode 2: Bemessung und Konstruktion von Stahlbeton- und Spannbetontragwerken – Teil 2: Betonbrücken – Bemessungs- und Konstruktionsregeln. Beuth Verlag GmbH, Berlin, 2013.

DIN EN 1993-1-1:2010-12: Eurocode 3: Bemessung und Konstruktion von Stahlbauten – Teil 1-1: Allgemeine Bemessungsregeln und Regeln für den Hochbau; Deutsche Fassung EN 1993-1-1:2005 + AC:2009. Beuth Verlag GmbH, Berlin, 2010.

DIN EN 1994-1-1:2010-12: Eurocode 4: Bemessung und Konstruktion von Verbundtragwerken aus Stahl und Beton – Teil 1-1: Allgemeine Bemessungsregeln und Anwendungsregeln für den Hochbau; Deutsche Fassung EN 1994-1-1:2004 + AC:2009. Beuth Verlag GmbH, Berlin, 2010.

DIN EN 1994-2:2010-12: Eurocode 4: Bemessung und Konstruktion von Verbundtragwerken aus Stahl und Beton – Teil 2: Allgemeine Bemessungsregeln und Anwendungsregeln für Brücken; Deutsche Fassung EN 1994-2:2005 + AC:2008. Beuth Verlag GmbH, Berlin, 2010.

DIN EN 1997-1:2014-03: Eurocode 7: Entwurf, Berechnung und Bemessung in der Geotechnik – Teil 1: Allgemeine Regeln; Deutsche Fassung EN 1997-1:2004 + AC:2009 + A1:2013. Beuth Verlag GmbH, Berlin, 2014.

ÖNORM EN 1991-1-2:2013-01: Eurocode 1 – Einwirkungen auf Tragwerke – Teil 1-2: Allgemeine Einwirkungen – Brandeinwirkungen auf Tragwerke. Konsolidierte Fassung, Österreichisches Normungsinstitut, Wien, 2013.

ÖNORM EN 1991-1-5:2012-01: Eurocode 1 – Einwirkungen auf Tragwerke – Teil 1-5: Allgemeine Einwirkungen – Temperatureinwirkungen. Konsolidierte Fassung, Österreichisches Normungsinstitut, Wien, 2012.

ÖNORM B 1991-1-5:2012-01: Eurocode 1 – Einwirkungen auf Tragwerke – Teil 1-5: Allgemeine Einwirkungen – Temperatureinwirkungen – Nationale Festlegungen zu ÖNORM EN 1991-1-5 und nationale Ergänzungen. Österreichisches Normungsinstitut, Wien, 2012.

ÖNORM EN 1991-2:2012-03: Eurocode 1 – Einwirkungen auf Tragwerke – Teil 2: Verkehrslasten auf Brücken. Konsolidierte Fassung, Österreichisches Normungsinstitut, Wien, 2012.

ÖNORM B 1991-2:2011-04: Eurocode 1 – Einwirkungen auf Tragwerke – Teil 2: Verkehrslasten auf Brücken. Nationale Festlegungen zu ÖNORM EN 1991-2 und nationale Ergänzungen. 2011.

ÖNORM EN 1992-1-1:2015-02: Eurocode 2 – Bemessung und Konstruktion von Stahlbeton- und Spannbetontragwerken – Teil 1-1: Allgemeine Bemessungsregeln und Regeln für den Hochbau. Konsolidierte Fassung, Österreichisches Normungsinstitut, Wien, 2015.

ÖNORM EN 1992-2:2012-03: Eurocode 2 – Bemessung und Konstruktion von Stahlbeton- und Spannbetontragwerken – Teil 2: Betonbrücken – Bemessungs- und Konstruktionsregeln. Konsolidierte Fassung, Österreichisches Normungsinstitut, Wien, 2012.

ÖNORM B 1992-2:2014-09: Eurocode 2 – Bemessung und Konstruktion von Stahlbeton- und Spannbetontragwerken – Teil 2: Betonbrücken – Bemessungs- und Konstruktionsregeln – Nationale Festlegungen zu OENORM EN 1992-2, nationale Erläuterungen und nationale Ergänzungen. Österreichisches Normungsinstitut, Wien, 2014.

ÖNORM EN 15184:2006-11: Produkte und Systeme für den Schutz und die Instandsetzung von Betontragwerken – Prüfverfahren – Haftzugfestigkeit zwischen beschichtetem Stahl und Beton (Ausziehversuch). Österreichisches Normungsinstitut, Wien, 2006.

ÖNORM EN 15528:2013-01: Bahnanwendungen – Streckenklassen zur Bewerkstelligung der Schnittstelle zwischen Lastgrenze der Fahrzeuge und Infrastruktur. Österreichisches Normungsinstitut, Wien, 2013.

SIA 260:2013-08: Grundlagen der Projektierung von Tragwerken. Schweizerischer Ingenieur und Architektenverein, Zürich, 2013.

SIA 261:2014: Einwirkungen auf Tragwerke. Schweizerischer Ingenieur und Architektenverein, Zürich, 2014.

SIA 262:2013: Betonbau. Schweizerischer Ingenieur und Architektenverein, Zürich, 2013.

SIA 263:2013: Stahlbau. Schweizerischer Ingenieur und Architektenverein, Zürich, 2013.

SIA 264:2014: Stahl-Beton-Verbundbau. Schweizerischer Ingenieur und Architektenverein, Zürich, 2014.

Alberta Transportation Bridge Structures Design Criteria v.7.0: Appendix A: Integral Abutment Design Guidelines. 31.05.2012. http://www.transportation.alberta.ca/Content/docType30/Production/AppendixC.pdf.

ASTRA: Richtlinien für konstruktive Einzelheiten von Brücken. Kapitel 3: Brückenende. Bundesamt für Straßen ASTRA, Bern, 2011.

ÖBB Infrastruktur B50 – Teil 1 Oberbauformen. Ausgabe 01.11.2009.

ONTARIO: Ontario Department of Transportation. Appendix C – Guidelines for Design of Integral Abutments. 03.03.2003.

RE-ING:2013: Richtlinien für den Entwurf und die Ausbildung von Ingenieurbauten – RE-ING – Teil 2: Brücken – Abschnitt 5: Integrale Bauwerke. Bundesministerium für Verkehr, Bau und Stadtentwicklung, Berlin, 2013.

RiZ-ING:2015-12: Richtzeichnungen für Ingenieurbauten. Bundesanstalt für Straßenwesen, Bergisch Gladbach 2015.

RiZ Was 7:2012-12: Richtzeichnungen für Ingenieurbauten – Brückenentwässerung. Bundesanstalt für Straßenwesen BASt, Bergisch Gladbach, 2012.

RVS 13.03.01: Qualitätssicherung bauliche Erhaltung. Überwachung, Kontrolle und Prüfung von Kunstbauten. Monitoring und Überwachung von Brücken und anderen Ingenieurbauwerken. Österreichische Forschungsgesellschaft Straße – Schiene – Verkehr. Februar 2012.

RVS 13.03.11: Qualitätssicherung bauliche Erhaltung. Überwachung, Kontrolle und Prüfung von Kunstbauten. Straßenbrücken. Österreichische Forschungsgesellschaft Straße – Schiene – Verkehr. Oktober 2011.

RVS 15.02.12: Brücken, Entwurfs- und Planungsgrundlagen. Bemessung und Ausführung von integralen Brücken. Österreichische Forschungsgesellschaft Straße – Schiene – Verkehr. Noch nicht veröffentlichter Entwurfsstand, 2016.

RVS 15.06.11 Merkblatt: Brücken, Unterbau, Schleppplatten und Hinterfüllungen. Österreichische Forschungsgesellschaft Straße – Schiene – Verkehr. Dezember 2012.

UIC Kodex 774-3E: Interaktion Gleis – Brücke. Empfehlungen für die Berechnungen. Internationaler Eisenbahnverband UIC. ISBN 2-7461-0256-0, Paris, August 2001.

UK Highways Agency (2003-05): Design Manual for roads and bridges – The design of integral bridges. UK Highways Agency, Department for Transport, London, 2003.

ZTV-ING: Zusätzliche Technische Vertragsbedingungen und Richtlinien für Ingenieurbauten. Richtzeichnungen für Ingenieurbauten – Brückenabschlüsse.

Stichwortverzeichnis

Integrale Brücken: Entwurf, Berechnung, Ausführung, Monitoring, Erste Auflage.
Roman Geier, Volkhard Angelmaier, Carl-Alexander Graubner, Jaroslav Kohoutek.

S

T

U

V